Matière en grains

Étienne Guyon
Jean-Yves Delenne
Farhang Radjai

Matière en grains

Préface de Henri Van Damme

Odile Jacob

15, rue Soufflot, 75005 Paris

www.odilejacob.fr

ISBN : 978-2-7381-3857-6

Préface

Il est des coïncidences étonnantes et heureuses. Au moment où les auteurs mettent la dernière main au manuscrit de la *Matière en grains* se tient à Chambord l'exposition *Terre Loire* consacrée à l'œuvre de l'artiste japonais Kôichi Kurita. Depuis plus de vingt ans, cet artiste a arpenté son pays natal, puis la France, pour prélever des poignées de terre. Soigneusement débarrassés de leurs impuretés, ces prélèvements lui ont permis, au fil du temps, de constituer une gigantesque bibliothèque de plus de 40 000 échantillons, tous différents, de la substance la plus modeste qui soit, la terre. Dans une chapelle du château, l'artiste présente une formidable marqueterie de 1 000 terres grumeleuses disposées sur le sol en un rectangle de 12 mètres de long sur 5 de large, étonnante illustration à la fois de la diversité et de l'universalité de la matière en grains.

Presque dans le même temps se tenait au Pavillon de l'Arsenal l'exposition-exploration *Terres de Paris*, consacrée au devenir des dizaines de millions de tonnes de terre extraites chaque année du sous-sol francilien pour la construction de l'énorme partie enfouie de la ville – fondations et sous-sols de pavillons ou d'immeubles de grande hauteur, fondations et tracés de voirie, parkings, conduits de viabilisation et d'assainissement, tunnels routiers ou ferroviaires – dont nous soupçonnons difficilement l'ampleur. Avec la construction du Grand Paris Express, ce sont, d'ici 2030, près de

400 millions de tonnes de déblais – un tas gigantesque de grains de toutes sortes qui atteindrait presque deux fois la hauteur de la tour Eiffel – dont il faudra faire le meilleur usage possible. Le message fort de l'exposition est que ce qui est considéré jusqu'à présent comme un déchet encombrant et coûteux à évacuer et stocker, est en réalité une ressource utilisable quasiment sur place pour la construction de la partie aérienne de la ville. Encore faut-il pour cela maîtriser toutes les facettes – chimie, physique, mécanique, ingénierie, architecture – de la mise en œuvre de cette matière en grains, tantôt sableuse ou grumeleuse, tantôt collante, qui échappe aux classifications scolaires de nos cours de physique.

Longtemps considérée par les chercheurs comme marginale par rapport aux formes canoniques de la matière – gaz, liquide, solide – et pourtant omniprésente dans notre environnement, que ce soit sous forme minérale, alimentaire ou encore médicamenteuse, la matière en grains prendrait-elle enfin la place qu'elle mérite ? Au vu du nombre de publications et congrès scientifiques qui lui sont désormais consacrés, il semble bien que ce soit le cas, et les trois auteurs de ce livre y sont pour beaucoup. Avec une communauté internationale dans laquelle la participation française a joué un rôle clé, ils explorent depuis plus de vingt ans la science des populations denses d'objets, petits mais pas trop, qui se cognent, se frottent, glissent, se repoussent ou s'attirent dans un joyeux désordre. Mêlant le plus souvent physique et mécanique, ils s'efforcent de comprendre comment émerge le comportement collectif de ces assemblées qui tantôt se bloquent, tantôt s'écoulent, tantôt se prennent en masse, ou tantôt se ségrèguent en sous-populations, fruit des caractéristiques des grains et du désordre de leur empilement et de leurs interactions.

Quelle différence, me direz-vous, avec la science, plus familière à la majorité des chercheurs, des populations d'objets plus petits, les atomes et les molécules ? Techniquement, la réponse est relativement simple : à la base, c'est la nature des interactions qui fait la différence. Le frottement (lorsque les grains sont secs) et la lubrification (lorsqu'il y a un fluide entre les grains) sont des interactions qui n'existent pas entre deux molécules. Elles sont propres aux échelles de tailles supérieures à l'échelle moléculaire, et ce sont elles qui font émerger à l'échelle du tas un comportement particulier. Mais on peut aussi chercher une réponse plus générale. Au risque de provoquer un débat, on pourrait dire que, toutes proportions gardées, le comportement des populations de grains est parfois plus proche de celui d'un banc de poissons, d'un vol d'hirondelles, d'un peloton de cyclistes, d'un flot de voitures, ou même d'une foule humaine que d'une assemblée de molécules. Et cela a des conséquences directes sur la manière dont on modélise désormais le trafic autoroutier ou le transit des passagers dans les gares. Jadis – en réalité, il n'y a pas si longtemps que cela – on décrivait un flot de voitures ou de passagers comme le flot continu d'un liquide dont on ajustait un peu artificiellement les propriétés pour rendre compte de tout ce qui peut arriver dans la réalité. Ces modèles de mécanique des fluides, déconnectés de la réalité discontinue, ont désormais cédé la place à des modèles d'assemblées d'« agents » – en fait, des grains un peu particuliers – interagissant comme le font des conducteurs ou des piétons, tantôt prudents, paisibles et respectueux d'autrui, tantôt imprudents, pressés et agressifs. Aussi étonnant que cela puisse paraître, la science de la matière en grains (la « vraie ») est la principale source d'inspiration de ces modèles.

Sans déborder, par choix, ni sur le monde des molécules, ni sur celui des objets aussi complexes que les « grains d'humanité » que sont les humains, sauf à le mentionner, le livre d'Étienne Guyon, Jean-Yves Delenne et Farhang Radjai est un panorama très complet de la formidable diversité de comportements que nous offrent les grains, dès lors qu'ils se mettent à interagir entre eux, avec un fluide, ou avec une paroi. Ses auteurs réunissent un double sinon un triple talent, en dehors de celui de parfaitement maîtriser leur sujet. Le premier est de ne jamais perdre le contact avec la réalité. Les grains, entités abstraites ou idéales, se matérialisent toujours très vite sous des formes diverses qui nous sont proches : sol, béton, nappe phréatique, réservoir de pétrole, château ou tempête de sable, avalanche, silo de blé ou sac de riz, comprimé d'aspirine… Le second est de savoir nous faire partager le goût de l'expérience, en particulier de l'expérience dite « de coin de table ». Un sablier, une salière humide, ou un percolateur deviennent alors des instruments aussi précieux qu'un accélérateur de particules. Le troisième talent dont nos auteurs font indéniablement preuve est leur capacité à nous faire comprendre, ou plutôt nous faire construire avec eux, comme allant de soi, les équations fondamentales de leur domaine. C'est un pari risqué dans un ouvrage de vulgarisation, mais ils y réussissent très bien. Et c'est rare.

Henri VAN DAMME

Avant-propos

Les matériaux composés d'un très grand nombre de petits grains constituent avec l'eau la plus abondante espèce matérielle présente sur Terre. Les nombreux secteurs qui en dépendent ont développé, souvent de façon indépendante, des concepts et des outils d'analyse pour décrire leurs propriétés polyvalentes, tantôt comme un fluide, tantôt comme un solide. La réflexion sur les états physiques de la matière condensée – solide et liquide – ou diluée – gaz et matière moléculaire – s'est inspirée, depuis l'époque de la Grèce classique, de modèles de grains. Dès l'aube du siècle des Lumières, Charles Augustin Coulomb s'intéresse aux avalanches sur une pente. Plus tard, Osborne Reynolds s'étonne devant la complexité que le frottement et les encombrements géométriques entre grains procurent à ces matériaux granulaires. Mais il n'y a que dans les années 1960 que les premiers modèles applicables à l'ingénierie des sols ont vu le jour. De même, dans les secteurs de grande valeur économique, tels que le génie des procédés, l'agronomie ou les produits pharmaceutiques, des modèles simples d'écoulement des grains sont développés.

Dans les années 1980, un effort sera fait pour unifier les études faites par secteurs séparés dans une science unifiée des milieux granulaires. Il s'appuie sur la science du sac de billes, comme un modèle de cette matière en grains riche en paradoxes et si différent de la classique physique des solides. Ce sac de billes est devenu alors un véritable alphabet du sujet, le paradigme du milieu granulaire : il devient une source d'expériences simples de coin de table pour les uns, d'expositions interactives ainsi que sujet de recherche de haut niveau pour les autres.

Du sac de billes au tas de sable a rendu compte de ces progrès et des recherches initiées, tout particulièrement en France jusqu'en 1990 dans une communauté ouverte dite des MIAM (milieux aléatoires macroscopiques) que nous avions mise en place avec Pierre-Gilles de Gennes, lauréat du prix Nobel. Cet effort initial sera à l'origine d'une intense activité au niveau international. Nous ne sommes plus surpris de trouver aujourd'hui un château de sable en couverture de la sérieuse revue *Nature*, ou de voir étudiée sa stabilité en fonction de sa teneur en eau dans des expériences au synchrotron de Grenoble, ou dans des vols paraboliques en impesanteur. Des applications importantes sont obtenues par exemple dans la petite révolution technologique des bétons à haute performance qui sont utilisés dans tous les récents grands ouvrages d'art, bénéficiant d'une meilleure compréhension de la microstructure au niveau des grains de ces matériaux.

Si les expériences modèles continuent à jouer un rôle important dans ces observations et études, une donnée nouvelle tient aujourd'hui à l'utilisation intensive des expériences numériques. Dans les années 1960 à 1980, l'usage naissant de l'informatique a permis de décrire les phases désordonnées et denses de la matière à l'échelle atomique – les liquides et les verres. Les méthodes mises en place alors ont profité à l'étude des systèmes granulaires macroscopiques. Ces études ont ouvert la voie à l'investigation des forces dans l'intimité des grains, et des effets de mouvement collectif des grains à l'origine de la riche phénoménologie des matériaux granulaires.

Ce nouvel ouvrage associe deux acteurs de ces nouveaux développements (Jean-Yves Delenne et Farhang Radjai) à un auteur (Étienne Guyon) d'un premier livre sur le sujet. Il introduit de nouveaux secteurs d'application relevant en particulier de la science des sols ou de l'agronomie. Avec cette vision renouvelée, il s'efforce de répondre à la curiosité d'un public très varié. Il prend en compte les études récentes de la microstructure des milieux granulaires, basées en particulier sur des simulations numériques à 2 et 3 dimensions, que nous nous sommes efforcés de relier à la réalité physique des systèmes étudiés. Par ailleurs, les possibilités nouvelles d'imagerie à trois dimensions permettent de concevoir des ensembles organisés de grains macroscopiques (des métamatériaux) offrant une grande diversité de géométries et de compositions contrôlées avec des propriétés optiques, mécaniques ou acoustiques tout à fait originales, riches en applications potentielles.

Si cet ouvrage s'adresse à une large communauté scientifique curieuse de cette matière omniprésente qui échappe à la classification en termes de phases : solide-liquide-gaz, elle apparaît comme un système modèle dans de nombreux autres domaines de la pensée humaine et est susceptible d'intéresser différents publics. La description du désordre, les problèmes d'encombrement, les flots de grains peuvent être mis en correspondance avec des exemples des sciences humaines et sociales. Le passage du grain au tas, qui efface une réalité pour en faire apparaître une autre à une échelle supérieure, sert de métaphore à l'argument philosophique du *sorite*. L'étude de ces milieux est alors utilisée à des descriptions de comportements collectifs de milieux désordonnés.

L'ouvrage débute par la description d'un grain unique (minéral ou végétal) dans ses manifestations diverses. Nous regardons ensuite (chapitre 2) comment se fabrique ce grain de matière et, tout particulièrement, comment nous le préparons pour des applications : cette élaboration est très coûteuse sur le plan énergétique. Ce sont de tels grains empilés que nous examinons dès le chapitre 3 où nous faisons essentiellement usage de grains modèles qui nous donnent l'occasion de recourir à des descriptions géométriques très illustrées. Revenant aux milieux désordonnés, nous abordons, dans le chapitre 4, le problème crucial de la compacité des milieux granulaires, à l'origine de leurs propriétés d'usage. Les petites déformations des grains dans un tas désordonné, sollicité de l'extérieur, sont étudiées dans un chapitre 5 qui utilisera en particulier la notion de friction. Il est temps ensuite d'examiner les propriétés de ces matériaux si courants en commençant, au chapitre 6, par présenter une description générale de différents modes de désordre. L'utilisation des lignes de force, au chapitre 7, nous permet d'aller plus loin dans la compréhension de milieux granulaires au repos soumis à une contrainte. Au chapitre 8, nous voyons ces grains s'écouler et introduisons une présentation nouvelle qui prend en compte à la fois les collisions et la friction entre grains. Nous ajoutons, au chapitre 9, un fluide entre les grains ; le modèle peut être le château de sable où l'eau crée, par effet de capillarité, de la cohésion. Une cohésion permanente (ce n'est pas le cas du château de sable !) est obtenue par des soudures entre grains dans les situations très diverses de matériaux consolidés (chapitre 10). Ce même fluide peut s'écouler entre les grains : nous considérons dans le chapitre 11 la situation d'un milieu poreux où les grains gardent une position moyenne fixe. Le chapitre final décrit les écoulements de grains placés dans un fluide. À partir d'une présentation simple où sont pris en compte les effets d'écoulement accompagnant les déplacements des grains, il évoque comment ce mouvement doit prendre en compte la friction et les collisions entre grains. Ce chapitre généralise le modèle du chapitre 8, qui ne considérait pas le rôle d'un fluide. Cette ultime présentation est schématique et ouvre l'immense variété des situations, rencontrées dans la nature et les applications, vers des traités spécialisés.

CHAPITRE 1

Grains, graines et poudres

« Voir le monde dans un grain de sable
Et le paradis dans une fleur sauvage
Tenir l'infini dans le creux de sa main
Et l'éternité dans une heure. »

William BLAKE.

De tailles et d'origines très diverses, les grains de matière occupent une place majeure dans notre environnement. La matière granulaire, objet de cet ouvrage, est le résultat de la mise en commun de très nombreux grains, tout comme une foule est le regroupement de nombreux piétons. Le tas qui nous accompagnera dans cet ouvrage est une réalité dont nous voyons de nombreux exemples autour de nous, à notre échelle. Mais, dans ce premier chapitre, intéressons-nous d'abord à cet élément de matière, à ce petit objet que, par analogie avec la semence des plantes (*granum* en latin), nous appelons grain.

Observons un grain

Beaucoup de puissances de dix

La description de la matière en grains part de celle d'un grain unique. Le champ d'exploration est bien vaste. Tous les états de matière peuvent être décrits à partir d'une association de particules à des échelles de tailles très variables, même si, de fait, certaines propriétés d'organisation des tas se retrouvent à des échelles très différentes : les atomes d'un cristal peuvent s'empiler comme un tas d'oranges ! À une limite inférieure de la matière, on a donc les atomes et les molécules qui sont les constituants élémentaires de la matière. Pour le physicien nucléaire, ces atomes eux-mêmes sont vus comme un assemblage de *particules élémentaires*. À l'autre extrême, nous pouvons prendre comme exemple une grosse météorite. Entre un grain d'une matière dite *colloïdale* (comme les particules en suspension dans du lait) ou une poudre dont le poids n'excède pas un millionième d'un millionième de gramme et cette grosse météorite, il y a quelque vingt-quatre puissances de dix !

Dans cet ouvrage, nous limiterons nos ambitions à des grains de taille intermédiaire pour lesquels, nous le verrons dans l'encart plus bas, l'*agitation thermique**[1] qui est une manifestation naturelle de la température absolue sera le plus souvent négligeable. Ce sera le cas pour des poudres ou pour les grains d'une plage de sable d'une centaine de micromètres de diamètre. Il est souvent difficile de réaliser que ces grains, au cœur de notre ouvrage, représentent la matière la plus utilisée sur terre après l'eau.

Dans la suite de ce chapitre, nous allons définir notre grain. Associé à beaucoup d'autres pour former un tas, il nous tiendra

1. Les noms ou expressions suivis d'un astérisque sont expliqués dans le glossaire p. 303.

compagnie tout au long de cet ouvrage. Nous allons d'abord décrire les propriétés de ce grain unique en nous limitant aux caractéristiques qui seront utiles par la suite.

Une distinction en termes de caractéristiques physiques et chimiques serait certainement nécessaire si nous nous intéressions à une utilisation de ces grains dans des réactions chimiques ou si nous cherchions à en caractériser les propriétés mécaniques ou électriques. Nous le ferons plus tard, au fur et à mesure des besoins de notre exploration, et nous limiterons ici à une description géométrique.

Des tout petits grains

Un cristal peut être considéré comme un ensemble de grains atomiques bien rangés et fixes. Dans un liquide au contraire, les atomes ou molécules sont aussi dans un état compact mais en désordre et mobiles. Dans un gaz enfin, ces mêmes éléments moléculaires sont dispersés et dilués ; on peut se le représenter comme un manège d'autotamponneuses *nanoscopiques**. Il existe des chocs incessants des grains de quelques angströms ($1Å = 10^{-10}m$) de diamètre entre eux : c'est une manifestation de la température absolue de ce gaz. À ce mouvement peuvent se superposer des écoulements continus moyens qui sont le domaine d'étude, à plus grande échelle, de la mécanique des fluides.

Aux échelles un peu plus grandes que celles des atomes, on rencontre des petites particules ou des micrograins dispersés dans un liquide. C'est le cas des microgouttelettes en suspension dans le lait, qui sont responsables de sa couleur blanchâtre. Elles conservent un mouvement d'agitation thermique qui est d'autant moins important que la masse des grains augmente. On peut passer continûment d'objets de la taille d'une molécule à celle de ces *colloïdes** 10 à 1 000 fois plus grandes qu'un atome, qui se caractérisent par une agitation thermique d'autant plus faible qu'ils sont gros.

La recherche et les applications dans ce domaine des nanosciences ont pris récemment un développement considérable avec les possibilités de nano-observations et manipulations et méritent une étude indépendante. Nous nous limiterons le plus souvent à des objets de taille supérieure à quelques microns pour lesquels ce mouvement d'agitation thermique est négligeable ; ce sont ces grains que l'on sent dans notre main.

L'agitation thermique

En 1827, le botaniste Robert Brown décrit le mouvement permanent et désordonné de petits grains de pollen en suspension sur l'eau, redécouvrant une observation faite par Lucrèce ! C'était une manifestation de l'agitation thermique à laquelle sont soumises les particules inertes de matière, qui s'entrechoquent en permanence. La moyenne du carré de la vitesse de ces particules v_T est liée à leur masse m et à la température absolue T par $\frac{1}{2}mv_T^2$ de l'ordre de kT où k est la constante dite de Boltzmann qui est universelle. Appliquée aux molécules d'un gaz, la formule donne une vitesse de quelques centaines de mètres par seconde dépendant de la valeur de m. Cette vitesse reste visible sous microscope pour des particules colloïdales de quelques milliers d'angströms de diamètre, et de masse un million de fois plus forte. Elle est, au contraire, totalement négligeable pour des grains de matière de taille supérieure à quelques microns que nous étudierons principalement dans cet ouvrage. L'agitation thermique des particules qui sédimentent dans un fluide limite l'effet d'accumulation au niveau inférieur : elle est suffisamment grande pour que la pesanteur de la Lune ne retienne pas l'oxygène au voisinage de sa surface. De façon générale, la densité de particules browniennes décroît très vite (de manière exponentielle) lorsqu'on s'élève en altitude. L'étude du mouvement brownien par Jean Perrin, utilisant cette loi (figure 1-1) et faisant suite au travail théorique d'Albert Einstein sur le même sujet quelques années plus tôt, lui a permis de déterminer la valeur du nombre d'Avogadro N_A (qui est le nombre de molécules gazeuses dans un volume de 22,4 litres).

Le tracé de la figure 1-1 aurait pu représenter le déplacement désordonné de bactéries induit par les mouvements de leur flagelle. Néanmoins, on ne sait pas bien définir l'équivalent d'une température pour caractériser l'agitation de l'ensemble de tels « objets biologiques » *actifs* comme le sont les autotamponneuses mentionnées plus haut. Ce livre se limitera à des objets *passifs* qui ne possèdent pas de moteur interne. Des grains macroscopiques agités, comme des palets sur une table soufflante, peuvent être maintenus en agitation permanente en les secouant ; mais ils restent cependant des objets passifs !

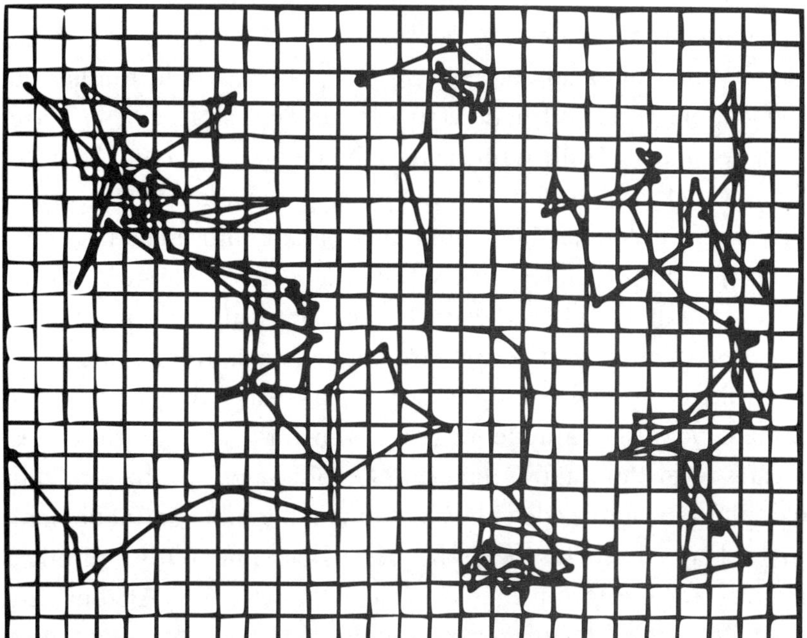

Figure 1-1. *Observation sous microscope et tracé du mouvement aléatoire d'une particule de mastic de 1 µm par Jean Perrin.*

Des gros grains

Nous avons éliminé de notre champ d'étude les trop petits grains. Mais existe-t-il à l'autre extrémité des échelles une limite pour les plus gros ? Un objet planétaire isolé constitue-t-il un grain ? Les anneaux de Saturne, que l'on peut voir aisément avec un petit télescope, sont constitués d'une très mince couche de particules de glace et de poussières qui ont des tailles comparables à celles que nous étudierons sur Terre. La limite est donc ici plus délicate : les météorites qui bombardent la Terre – les « pierres de Ciel » – ont des tailles, des formes, des compositions chimiques qui les feraient confondre avec des « pierres de Terre ». Et, après tout, est-ce bien surprenant si nous admettons que nos pierres sont le résultat de dégradations et reconstructions successives de la surface de la Terre qui, elle-même, résulte d'une agrégation de pierres venant du ciel ? Notre planète a bien été construite par agglomération de météorites suivie d'une différenciation chimique de grains, provenant peut-être de l'explosion préalable d'une supernova ; certains éléments sur la Terre, comme l'or et les métaux lourds, sont issus majoritairement de cette explosion et n'ont pu être synthétisés dans les étoiles. Les éléments se sont collés entre eux et séparés par sédimentation, les éléments lourds comme le fer se rassemblant dans le noyau et des silicates légers formant le manteau. Ce processus s'est bien ralenti mais plusieurs tonnes de grains continuent à tomber annuellement sur la Terre. Les plus petits ne pèsent pas plus d'un gramme ; la grosse météorite qui creusa Meteor Crater dans l'Arizona, en revanche, pesait, elle, plusieurs millions de tonnes ! Aujourd'hui la physique des milieux granulaires concerne aussi les planétologues ; nous y reviendrons.

Le grain qu'on tient dans la main

Dans son poème prophétique, William Blake invite à reconnaître un monde dans un grain de sable. Nous allons suivre cette recommandation et examiner *un* grain unique que l'on peut sentir dans le creux de sa main, qui se prête à l'observation directe visuelle et sensible, celui dont la loupe et le microscope permettent de détailler la forme et l'état de surface. L'*infini* est celui de ce voyage sur des temps géologiques qu'a pu faire un grain sur Terre, jusqu'à ce jour. Ce grain, trop gros pour être sensible à l'agitation thermique, réagit aux effets du poids et des forces externes. Nous marchons sur toute une histoire passée et sur un ensemble de transformations passées du monde minéral et animal. Nous retournons sans le savoir des documents d'archives de la surface de la Terre.

Figure 1-2. *Parmi tant d'autres, ce sable collecté sur une plage de Crète illustre la diversité des tailles, des formes, des couleurs et de la nature même des grains (collection musée du sable, Château-d'Olonne).*

a)

b)

Figure 1-3. *a) Cailloux de formes variées mais arrondies. b) Grèze composée de cailloux de formes très anguleuses. Les formes différentes de ces grains nous renseignent sur leur histoire. Le marteau du géologue placé sur l'image donne une indication de l'échelle de taille.*

Un professeur et ses élèves, collecteurs de grains ou *arénophiles*, mettent en œuvre un musée du sable à Château-d'Olonne, *planète sable*, et aiment faire admirer la riche variété des échantillons qu'ils ont rassemblés dans des bocaux en montrant leur esthétique sous une loupe et en évoquant la mémoire des grains (figure 1-2). Leur démarche est voisine de celle d'un géologue observant une pierre comme on conduit une enquête. C'est d'ailleurs la loupe à la main qu'ils recherchent les indices. Il fallait avoir suivi Maurice Mattauer, un Sherlock Holmes de la pétrographie. Professeur à l'université de Montpellier, auteur du remarquable ouvrage *Ce que disent les pierres*, il aimait vous guider dans une promenade géologique de ses Cévennes. Un coup de langue sur le caillou qui est soupesé, tourné, sans trop même tenir compte de son environnement immédiat car il a voyagé… et voici une histoire reconstituée, un âge, une famille. Ce coup de langue gomme les imperfections de surface, diffusant la lumière ainsi que le ferait un polissage en laboratoire, et réveille les contrastes et les formes internes de pierres d'apparence extérieure bien banale. Le moindre caillou devient alors joyau digne d'une vitrine de bijoutier. Y sont dessinées des structures qui peuvent être dues à l'hétérogénéité de sa composition autant qu'aux *déformations** qu'il a subies dans son aventure tectonique et dont les effets sont souvent observables sous forme de stries, de plis ou d'inclusions. Bien sûr, nous n'oublions pas en chemin les modestes cailloux que nous rencontrons sur nos sentiers et qui ont aussi une histoire à raconter (figure 1-3).

Appliquons cette démarche au grain unique. Mais lequel choisir dans la poignée que nous avons ramassée sur la plage, au hasard de propriétés et d'origines si diverses ? Qu'y a-t-il de commun entre un grain de sable blanc, légèrement translucide, et le grain voisin tout noir, qui ont parcouru l'un et l'autre des milliers de kilomètres avant de se retrouver côte à côte sur une plage, par accident. Le premier est du quartz, résultat peut-être de la déstructuration d'un *grès**. Plus anguleux, il pourrait bien provenir d'un cristal inclus dans une roche granitique. Le grain de quartz est si dur que les va-et-vient des grains se frottant l'un contre l'autre sous l'effet des mouvements des vagues arriveront à peine à adoucir ses formes. C'est donc encore la mémoire de ses origines qui lui donne sa forme. Un second, plus dense, est peut-être un fragment de lave basaltique qu'on trouvera sur les plages noires des îles volcaniques comme Hawaii ; bien différent, ce grain noir sera rapidement attaqué et dissous par l'humidité.

Nous pouvons encore trouver des grains colorés, bariolés, dont la forme irrégulière révèle directement l'origine : il s'agit d'éléments de coquillages carbonatés, brisés, érodés, qui ont subi une dissolution chimique limitée dans des mers déjà riches en carbonates. Le grain a pu résulter de la fissuration d'une roche par l'effet du gel ou de la foudre. Il a été cisaillé et rodé dans l'écoulement lent d'un glacier ; il a été fragmenté par des chocs successifs, transporté dans un lit de rivière, entraîné par le vent dans un processus dit de saltation en faisant des bonds sur le sol avant de s'arrêter dans la formation d'une dune, parfois même transporté à plusieurs milliers de mètres d'altitude sur des milliers de kilomètres de distance tel ce sable du Sahara que l'on retrouve formant des taches rouges dispersées sur un glacier nordique. Peut-être ce grain de sable a-t-il même déjà été « recyclé » : à partir d'une roche originale fragmentée et soumise à une abrasion par l'air ou l'eau, ce grain aura peut-être sédimenté une première fois et aura été intégré dans un bloc de grès ; c'est de cette *roche sédimentaire** qu'il se sera de nouveau exclu, et c'est après cette seconde naissance que nous l'avons saisi entre nos doigts. Ce « cycle géologique » est le moteur même de l'évolution de la surface de la Terre (figure 1-4). L'enquête peut se poursuivre en regardant les marques de déformations qu'a subies ce grain. S'il s'agit d'une pierre de taille suffisante, les sollicitations et contraintes qu'elle a subies laissent leur marque indélébile.

Cette histoire va nous permettre d'établir une carte d'identité des grains. Pendant longtemps, les mécaniciens des sols ont fait référence aux origines géologiques des grains pour les désigner. La science des sols elle-même, la *pédologie**, est restée longtemps le domaine d'étude des naturalistes et des chimistes comme Walter Liebig (mieux connu pour un certain bouillon ou par ses conflits avec Louis Pasteur). C'est au cours du XXe siècle que des méthodes de caractérisation mécanique et physique des grains ont été inventées. Les projets des grands ouvrages d'art (barrages, tunnels…), notamment après la Seconde Guerre mondiale, ont contribué à ces approches quantitatives et au développement des modèles de comportement des sols. Ces approches sont basées sur deux ingrédients : à un niveau élémentaire, la caractérisation des grains ; à plus grande échelle, la mesure de la texture et de la déformation d'un assemblage de grains. C'est à partir d'une telle démarche que Pierre Dantu, ingénieur des Ponts et Chaussées, a été le premier à observer le caractère hétérogène de la transmission des forces, par la méthode *photoélastique** que nous examinerons en détail au chapitre 7. C'est aussi à partir de ces caractérisations que la mécanique des sols a pu être de plus en plus normalisée et, plus récemment encore, automatisée.

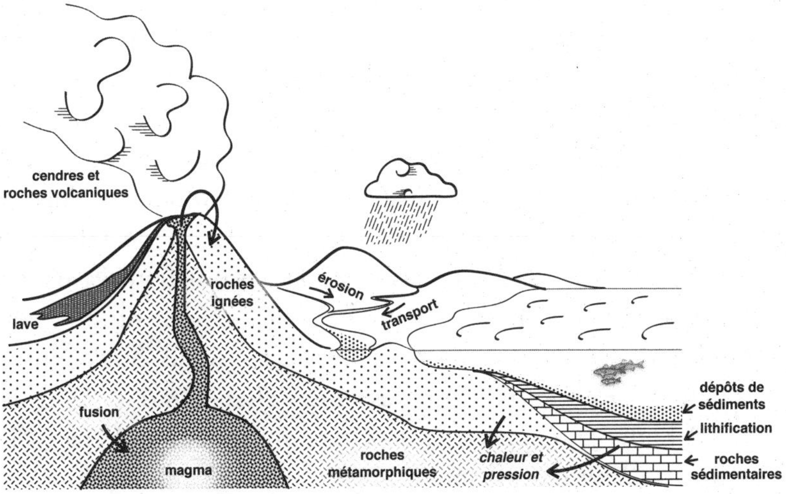

Figure 1-4. *Cette illustration schématise des cycles possibles dans la longue vie d'un grain. L'eau qui tombe du nuage est à la source du transport ultérieur par l'eau dans les sols.*

Nous n'irons pas beaucoup plus loin dans une visite détaillée que pourrait faire un géologue. Nous allons bien sagement nous limiter à notre démarche de physiciens-mécaniciens en identifiant les grains par leur taille, leur forme, leur état de surface, leur masse, leur dureté et les interactions qu'ils ont entre eux. Ces paramètres nous renseigneront sur l'origine et l'histoire des déformations subies. Un caillou de forme arrondie témoigne de son transport par le vent ou par la rivière. Les collisions successives d'un caillou avec d'autres cailloux au cours du transport contribuent à effacer les irrégularités de surface. Dans les déserts, les plus petits grains sont transportés par les vents qui ne laissent en pratique dans les dunes que des particules arrondies de taille uniforme. On peut retracer pour des grains assez gros, à partir des fractures observées sur la surface des galets, les empreintes des déformations induites sous l'effet des mouvements tectoniques ou sismiques.

Les grains sont aussi ceux du monde végétal. C'est au Dévonien que naissent, de façon encore très mal expliquée à ce jour, les premières plantes à graines. On en a découvert tant de groupes que l'on a pu qualifier cette évolution rapide, qui se poursuivra au Carbonifère, d'explosion végétale du Dévonien. Alors que les plantes, dont l'ancêtre commun est l'algue, avaient encore beaucoup de mal à se passer de l'eau pour vivre, et devaient se reproduire en milieux aqueux souvent dans des temps très courts, les premières véritables graines apparaissent. Elles renferment un embryon ou germe capable d'entrer en hibernation ou en vie ralentie si les conditions ne sont pas favorables à la germination. Et c'est là une faculté majeure qu'a la graine de pouvoir subir un processus de déshydratation intense, la rendant résistante aux prédateurs et aux attaques des micro-organismes et des champignons. Ainsi, les plantes à fleurs, qui apparaissent plus tardivement au Crétacé, il y a environ 130 millions d'années, produisent des graines dont certaines peuvent entrer en dormance sur de très longues périodes. Des graines de lupin par exemple ont pu germer après un séjour de dix mille ans enfouies dans le sol gelé du Nord canadien. Quelle invention exceptionnelle par la nature ! Comme dans un vaisseau au gré du vent et des courants, l'embryon est protégé par une enveloppe résistante aux chocs, aux prédateurs et aux fluctuations d'humidité et de température. Certaines graines ont développé des stratégies pour améliorer leur dissémination, par exemple les akènes à aigrettes de la fleur de pissenlit ou les samares des érables, souvent appelées hélicoptères par les enfants. Cette exploitation naturelle de l'hydrodynamique a inspiré beaucoup de chercheurs et de concepteurs. Aujourd'hui encore, on s'inspire de la nature, espérant bénéficier d'une expérience d'optimisation naturelle fondée sur des millions d'années d'évolution.

Compter des grains

Dans son live *L'Aventure des nombres*, Gilles Godefroy, mathématicien, relate l'histoire de ces guerriers écossais qui, partant en guerre, avaient pour usage de déposer chacun un caillou sur un tas. De retour chez eux, les survivants reprenaient leur pierre. En comptant les restantes on dénombrait les disparus. Après tout, *calculus* ne veut-il pas dire petit caillou ! Pour évaluer le nombre approximatif de grains dans un tas, il suffit de peser le tas et de connaître le poids moyen d'un seul grain si ces grains ont des tailles assez voisines. Une telle évaluation peut conduire à des nombres faramineux. Dans *L'Arénaire*, Archimède s'emploie à évaluer le nombre de grains de sable nécessaires pour remplir l'Univers. David Louapre, auteur du livre *Mais qui a attrapé le bison de Higgs ?*, détaille ses vingt questions scientifiques essentielles et affirme qu'il y aurait autant de grains de sable sur la Terre que d'étoiles dans l'Univers, deux nombres à donner le vertige ! De façon bien plus modeste, on peut se contenter de compter des particules en les faisant défiler une à une devant un faisceau de lumière qu'elles occultent temporairement, comme lorsqu'on passe devant un banal guichet. Pourtant cette méthode de comptage n'est efficace que si la concentration des particules est assez faible pour que notre portier optique puisse les séparer l'une de l'autre. Bien d'autres méthodes expérimentales généralement optiques existent sur le marché pour étudier un ensemble dilué de grains qui donnent, en général, une information plus riche qu'un simple comptage de particules. En particulier, la façon dont la lumière traverse un milieu contenant des grains en suspension diluée donne des indications moyennes sur leurs densités et leurs tailles. Si les grains ont une taille beaucoup plus petite que la longueur d'onde de la lumière, une suspension aqueuse reste transparente. Lorsque la taille des grains devient de l'ordre du dixième de la longueur d'onde de la lumière, celle-ci est diffusée, comme dans l'exemple du lait. Cette diffusion dite *Rayleigh* est due au fait que la densité et, par suite, l'indice du liquide colloïdal, fluctue dans l'espace au cours du temps. En éclairant par un faisceau de lumière blanche un récipient en verre contenant un peu de lait dilué dans l'eau, on constate que la diffusion fait que la lumière est rougeâtre dans l'axe de la lumière et bleutée transversalement : les diverses longueurs d'onde de la source sont sensibles à l'échelle de ces fluctuations ; cette expérience modèle simule la diffusion bleue du ciel à partir de la lumière solaire. Pour des tailles plus grandes de particules, il faut tenir compte du fait que celles-ci font une ombre à la lumière transmise. Il s'agit de la diffusion de *Mie.* Le rôle de la longueur d'onde est moins important et la diffusion n'introduit pas de dispersion de couleur. C'est le cas de l'effet des petites particules d'eau dans les nuages blancs, par exemple.

Mesurer des grains

Pour comprendre comment s'organise la matière en grains, il faut évaluer quantitativement certaines propriétés des éléments qui la composent. Il nous faut donc commencer par établir la carte d'identité d'un grain. La caractérisation géométrique d'un grain, si elle nécessite parfois des outils très élaborés, n'est pas bien compliquée dans ses principes. En général, elle s'effectue sur un échantillonnage de population : nous obtenons, comme pour un être humain, un poids, une taille, un tour de taille. Le grain a-t-il la peau lisse, est-il rondouillard, a-t-il un profil anguleux ? Si une seule dimension permet souvent de caractériser un grain de sable roulé, deux ou trois paramètres seront utiles pour des grains en forme d'aiguille ou de plaquette, plus parfois pour des grains de forme quelconque. Avant d'aller plus loin dans une énumération qui finirait par être lassante, il nous faut rappeler deux principes qui sont utiles en mesures physiques.

Le physicien et l'ingénieur s'intéressent aux grains

Pour un physicien, un premier principe est celui d'économie dans l'obtention des données : chaque fois que nous introduisons des nouveaux paramètres dans un problème, nous devons mettre en place de nouveaux instruments de caractérisation, de nouveaux diagnostics ; nous avons de nouvelles données à stocker, de nouvelles moyennes à établir. Le second principe, intimement lié au premier, est une économie dans la gestion de ces données. Son modèle idéal est celui qui, partant d'un nombre réduit de données, s'approche le plus de la réalité en laissant de côté des caractéristiques jugées secondaires pour un problème particulier : telle donnée sera pertinente pour un problème, pas pour un autre ; une bille polie ou dépolie, claire ou mate, aura la même vitesse de chute dans un liquide visqueux ; en revanche, le suivi optique de cette chute mettra en place des outils différents. Au contraire, un ingénieur devra prendre en compte tous les détails du système pour arriver à une présentation quantitative précise. Les grains et leurs assemblages sont ces objets qu'il doit connaître en détail. Il devra établir des catalogues et des règles de bon sens pour ses études. Les catalogues étant faciles à gérer par les bases de données numériques, les ingénieurs continuent à fonctionner avec beaucoup de paramètres que savent traiter les ordinateurs actuels ! Nous intéressant à la mécanique des enchevêtrements de fibres de verre dans des rouleaux isolants que l'on pose sous les toits, nous avons rencontré un modèle numérique d'ingénierie à quatorze paramètres... qui semblait d'ailleurs encore insuffisant pour rendre compte des propriétés mécaniques ! Lorsqu'on se souvient que des mathématiciens peuvent tracer une courbe ayant la silhouette d'un éléphant avec seulement cinq paramètres, on peut se demander si le modèle ne va pas trop loin dans le catalogue des propriétés à identifier.

C'est, de façon schématique, la différence entre les approches du scientifique et de l'ingénieur. Le physicien cherche l'ordre caché sous la forme de lois physiques les plus générales possible ; les grains ne portent pas seulement une histoire, mais aussi des éléments de lois de la physique sous la forme de symétries et d'échelles. Notre approche visera à rapprocher les éclairages de la physique et de l'ingénierie.

Au lieu d'énumérer des propriétés géométriques détaillées des grains, demandons-nous, pour chaque problème, de quoi nous avons absolument besoin. Le modèle le plus simple auquel nous ferons appel possède un seul paramètre : qui dit mieux ! Il porte le nom de *sphères dures**, ou plus banalement de sac de billes, et est constitué de sphères indéformables et toutes de même diamètre. Le seul paramètre ajustable est alors le nombre de particules par unité de volume. L'universalité de ce modèle est séduisante, mais sera insuffisante pour de nombreux problèmes : essayez donc de descendre un éboulis qui serait fait de billes d'acier !

Partant de ce grain sphérique de référence, nous pouvons décrire la déviation à la sphéricité d'un grain par l'allongement, qui est le rapport de la plus grande dimension à la plus petite. Des appareillages (vidéo-granulomètres) consistant à faire tomber des grains, en utilisant plusieurs images simultanées vues sous des angles différents, permettent de rendre compte de cet effet de forme. Nous pouvons aussi décrire cette déviation en traçant la plus petite sphère qui englobe tout le grain et la plus grosse complètement incluse dans le grain (décrit figure 4-4). Pour un grain presque sphérique, le rapport des rayons sera peu différent de l'unité.

La surface d'un grain

Le poli ou, au contraire, la rugosité d'un grain et son angularité sont des paramètres essentiels pour comprendre comment il va cohabiter avec des voisins dans un tas, et quels seront leurs mouvements relatifs. Il suffit d'avoir participé à une manifestation dans une large foule compacte et d'avoir cherché à se déplacer au milieu des manifestants pour imaginer leurs mouvements relatifs mettant en jeu des contacts, des frottements et des chocs.

Les caractéristiques de surface des grains ou des pierres témoignent de leur voyage. Il est un cas particulier où l'étude de l'état de la surface d'un caillou intéresse directement les historiens, c'est celui de la pierre préhistorique. Elle aussi parle à qui sait l'entendre. Un béotien confondra ce silex taillé et un caillou cassé accidentellement. Mais on peut reconstituer la préparation et l'utilisation d'un silex (une roche constituée d'agrégats désordonnés de quartz et d'un ciment siliceux de calcédoine) en reproduisant le geste de notre lointain ancêtre avec ses outils présumés (le percuteur en bois ou en os, ou une pierre), à partir d'une observation des déchets laissés au cours de sa fabrication, de surfaces de fractures, des retouches, voire des grignotages qui ont été introduits lors de sa fabrication et de son utilisation ultérieure. Un silex (figure 2-1) nous parle ainsi de notre aïeul qui, du Paléolithique jusqu'au Moyen Âge, l'a utilisé comme arme, outil ou bijou. On peut même aujourd'hui estimer son âge en étudiant comment des éléments légers comme le fluor, qui se trouvait initialement à l'intérieur d'un grain, ont diffusé jusqu'à la surface au cours du temps.

L'étude de la surface d'un caillou est donc essentielle pour en faire la connaissance. Un cas particulièrement important d'état de surface est celui de surfaces uniformément rugueuses qui peuvent être obtenues lors de la fracture d'un matériau. Si le clivage d'un cristal peut donner des faces planes à l'échelle atomique, la fracture d'un matériau présentant des hétérogénéités possède généralement des rugosités d'échelles variées dont dépendent de nombreuses propriétés de voisinage, et renvoie au mot *fractal** dont nous parlerons plus bas. Il existe des outils d'étude directe qui permettent de caractériser l'état d'une surface et d'en mesurer la rugosité. Ils utilisent de véritables palpeurs que l'on promène sur la surface et dont les déplacements verticaux enregistrés reproduisent l'état de cette surface. Le plus remarquable des dispositifs basés sur ce principe est le *microscope à force atomique** (AFM) qui, sous une forme originale différente, a valu le prix Nobel de physique 1986 aux physiciens suisses d'IBM, G. Binnig et H. Rohrer : on peut sentir, voire déplacer, des atomes ou des molécules uniques sur une surface qui ressemble ainsi à celle d'une couche de billes (figure 3-2).

Il est aussi possible de caractériser l'état moyen d'une surface par des techniques indirectes. Une quantité d'atomes plus importante pourra se placer sur une surface plissée que sur une surface lisse. Une situation limite de surface présentant des anfractuosités à toutes les échelles correspond à une géométrie très irrégulière de type fractale. On peut, par exemple, absorber une couche monoatomique de gaz sur la surface. Dans le cas d'une surface rugueuse, plus les atomes seront petits, plus ils auront accès à des petites anfractuosités (une barque de pêche aura plus de zones de mouillage possibles qu'un paquebot !). Considérons un empilement de poudre fait de grains sphériques de 1 micron de diamètre. On peut évaluer géométriquement la surface totale de ces grains empilés et l'on trouve 1 000 mètres carrés pour 1 litre de grains. Le rapport est mille fois plus grand pour le même volume de grains de charbon actif ou de poudre de zéolite que l'on utilise dans des adsorbants industriels des pots catalytiques. Cela vient de ce que ces grains possèdent une surface extraordinairement rugueuse incorporant des vides internes. La rugosité d'un grain contrôle son accessibilité :

une augmentation de sa surface à volume constant augmente son efficacité ; les filtres de hottes de cuisine utilisent ce principe. Dans une pile à électrodes percolantes, les électrodes finement divisées permettent d'augmenter la surface de contact avec l'électrolyte, et ainsi l'efficacité de la pile.

Une autre technique de mesure de cette rugosité consiste à éclairer une surface avec une onde lumineuse de longueur d'onde λ : la lumière est renvoyée dans toutes les directions, c'est-à-dire diffusée, par les irrégularités de la surface. La distribution d'intensité suivant l'angle de diffusion renseigne quantitativement sur l'état de cette surface. On dispose aujourd'hui de sources de lumière intense, dans des grands instruments dits de lumière *synchrotron** (Soleil à Orsay, ESRF à Grenoble), qui émettent un rayonnement électromagnétique intense depuis la courte longueur d'onde des rayons X jusqu'à la lumière visible. Varier la longueur d'onde, c'est un peu comme varier l'échelle des traits d'un réglet qui permette de mesurer la taille des défauts de la surface. Celle-ci pourra avoir l'air lisse lorsqu'elle est éclairée par une onde de grande longueur d'onde, et rugueuse aux petites valeurs de λ.

Cette analyse nous permettra dans la suite de caractériser le contact entre grains, que l'on peut décrire par la métaphore d'un contact entre deux individus : permanent ou temporaire, rugueux ou lisse, dur ou tendre. Ils mettent souvent en jeu un troisième partenaire intermédiaire (l'eau, un lubrifiant ou une colle).

*

* *

Nous allons prolonger l'étude du grain en regardant comment il est fabriqué. Cependant la description d'un grain et des contacts entre grains ne nous permettra pas à elle seule de connaître les propriétés d'une assemblée de nombreux grains possédant des contacts avec plusieurs voisins immédiats. Il faut se méfier d'une approche

« réductionniste » : il ne suffit pas de bien connaître ce qui se passe à une petite échelle de taille pour bien décrire ce qui se passe à une échelle plus grande, englobant les détails à petite échelle. Le tas est bien plus qu'une simple somme de grains !

CHAPITRE 2

La fabrique des grains

« Sur la route de Louviers,
Y avait un cantonnier
Et qui cassait des tas d'cailloux… »

Chanson populaire.

Comment produire des grains ? Bien souvent, nous ne disposons pas de grains de matière de la taille nécessaire pour l'utilisation souhaitée. Le sable ou le gravier extraits des rivières ou de la mer par dragage sont des exceptions : ils ont de nombreux usages sans que l'on ait à en ajuster la taille. On estime la quantité utilisée dans le monde pour les plages… ou les bacs à sable, mais aussi pour l'industrie du verre et la chimie, à plus de 15 milliards de tonnes annuellement. Aujourd'hui, il faut être vigilant devant une exploitation abusive du sable responsable en particulier de l'érosion côtière.

Pour obtenir des grains d'une taille voulue, comme aurait pu le dire le seigneur de La Palice, deux approches opposées s'offrent à nous : partir de plus gros objets et les briser ; partir de plus petits et les coller. Nous avons vu dans notre brève excursion géologique que ces deux procédés existent naturellement. Bien qu'ils soient opposés, il est possible d'en donner des descriptions parallèles.

Faire du petit avec du gros…

Une histoire ancienne

Nous sommes au Néolithique. Les humains cherchent à échapper aux aléas climatiques, aux disettes, et se sédentarisent. Toutes sortes de corps de métier apparaissent, et les innovations techniques se multiplient. Parmi elles émergent la céramique, la métallurgie, le polissage des pierres pour la fabrication de haches, et l'agriculture. Chacune de ces entreprises fait appel à la matière granulaire existant naturellement, ou qu'il faut produire. Explorons-les rapidement.

Ce *Néolithique*, âge de « la pierre nouvelle », est marqué par l'émergence de l'agriculture qui nécessite des outils pour défricher la forêt et pour récolter les céréales dans les champs. Les méthodes de polissage, ancêtres de l'usinage, permettent de façonner les pierres et de les rendre plus résistantes (figure 2-1). On fabrique des haches, des herminettes aux tranchants réguliers, à partir de roches dures en silex, basalte, ou jade. Frottée pendant de longues heures sur des polissoirs dormants ou mobiles en grès ou en granite, auxquels on rajoute régulièrement du sable de quartz très dur et de l'eau, l'ébauche prend forme, et l'état de surface devient brillant, presque comme un miroir. C'est aussi le début de grandes exploitations minières : on retrouve encore aujourd'hui des exploitations de silex parfois dans des puits profonds, ainsi que des débris en surface, témoins de l'existence d'ateliers préhistoriques.

L'agriculture, et notamment la culture des céréales telles que l'orge, le blé ou le millet en Europe, le riz en Asie et le maïs au Mexique, a permis l'essor de grandes civilisations en assurant aux populations une alimentation régulière et abondante. Elle est aussi à l'origine de techniques nouvelles pour réduire les grains de blé en poudres et séparer les fractions d'enveloppe impropres à la consommation. Les instruments de broyage peuvent être transportables comme les meules

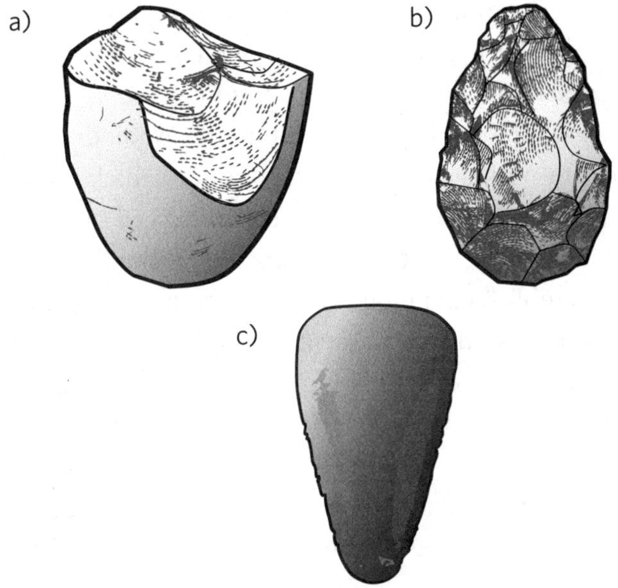

Figure 2-1. *Quelques outils préhistoriques : a) galet taillé ; b) biface ; c) hache polie.*

dormantes, pierres plates à la surface devenue légèrement concave à l'usure et qui sont posées sur le sol. Sur cette pierre, on vient frotter et rouler une pierre oblongue ou cylindrique, appelée molette, qui tient dans la main, ou parfois se manipule un peu à la manière du rouleau à pâtisserie, et qui écrase et moud les grains. À partir de cette époque, les technologies de broyage ne cesseront pas de s'améliorer.

La *céramique**, ou terra cota, la terre cuite, est un matériau étonnant qui n'existe pas dans la nature et à partir duquel notre lointain ancêtre a produit récipients, tuiles et tuyaux imperméables et insensibles au feu. Il lui faudra choisir l'*argile** la plus pure et faire un mélange avec l'eau pour la rendre malléable. En ajoutant des grains soigneusement choisis, on limite le retrait de l'argile en formant une armature interne empêchant les déformations. Dans les poteries du Néolithique, on trouve du sable ou de la chamotte (anciens fragments de céramiques), mais aussi diverses poudres telles que de la calcite broyée, des coquillages pilés ou des fragments d'os.

L'étude des argiles (chapitre 9) et des céramiques (chapitre 10) seront vues plus tard, quand nous nous intéresserons aux mécanismes de *consolidation** des milieux granulaires.

Alchimiste ou sorcier, l'artisan métallurgiste extrait du minerai de cuivre. Avec un outillage adapté composé de maillets, percuteurs, galets à cupules, marteaux à rainure et mortiers, il concasse, trie, lave et finalement enrichit étape par étape le minerai tiré de la roche mère. Cet ensemble d'opérations est resté de tout temps la phase peu noble mais indispensable de la métallurgie. Traité ensuite dans un four relié par une tuyère en céramique à un soufflet, notre lointain ancêtre attisera le feu pour dépasser les 1 100 degrés nécessaires à la fusion du cuivre. Il en obtiendra un lingot ; en rajoutant de l'étain, il obtiendra du bronze dont on pourra faire par moulage couteaux, épingles, haches et bijoux divers. À peu de chose près, ces techniques rustiques sont toujours présentes dans de nombreuses parties du monde. Sous des formes plus sophistiquées, ce sont les mêmes qu'utilisent l'artisanat et l'industrie d'aujourd'hui.

L'illustration de la figure 2-2 représente un certain nombre d'opérations en relation avec les travaux de la mine. Elle est tirée d'un ouvrage classique écrit au milieu du XVIe siècle par Agricola, « le père de la métallurgie », et reprend plusieurs de ces opérations ; regardons-les de plus près.

Partons de gros grains. Nous pouvons les briser entre un marteau et une surface dure. L'équivalent actuel au niveau industriel consiste à les disposer dans un broyeur à boulets, un équipement classique des grandes cimenteries. C'est un très long cylindre presque horizontal tournant, contenant de grosses sphères métalliques qui, en retombant, écrasent les grains. Supposons que nous nous intéressions à la façon dont varie la population de grains d'une taille plus petite – disons de masse dix fois plus faible – que celle des gros blocs de départ. Cette population intermédiaire va évoluer sous l'action de deux effets antagonistes : d'une part, en se fragmentant, un gros grain peut donner un éclat de taille plus petite ; d'autre part,

***Figure 2-2.** Comment casser et trier des grains pour une utilisation industrielle. Gravure extraite de* De Re metallica.

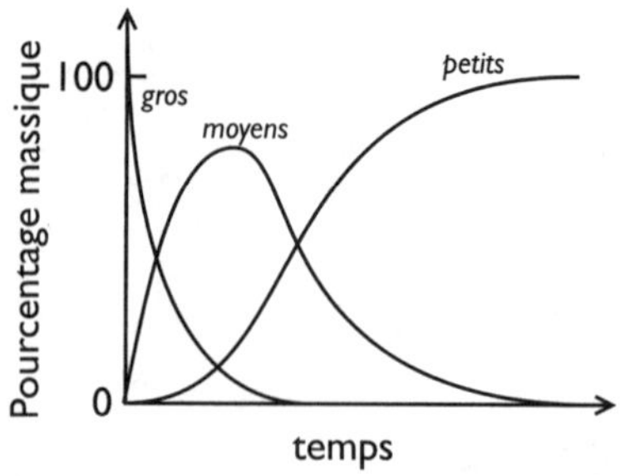

Figure 2-3. *Distribution, en fonction du temps, de trois populations de grains au cours du broyage. La limite des petits grains en dessous desquels on ne peut plus broyer dépend du dispositif (le réglage de l'ancien moulin à café !).*

un grain initialement de cette taille intermédiaire se brise en plus petits fragments et disparaît du comptage. Une telle loi d'évolution, appelée parfois « règle d'or », permet de caractériser les opérations de broyage, sans toutefois nous renseigner sur les processus mécaniques et physiques qui conduisent à la fragmentation.

Pensons à ce qui se passe dans un moulin à café. Si, partant d'une masse donnée de gros grains, on laisse le processus se développer assez longtemps, la population de grains de taille intermédiaire choisie va croître dans un premier temps, puis diminuer alors que toute la matière aura tendance à être réduite en plus fine poudre (figure 2-3). Le processus physique de broyage nous dira jusqu'à quelle finesse ultime on peut conduire l'opération. Il n'est pas sûr d'ailleurs que l'industriel recherche une granulométrie très fine. En fait, pour en savoir plus sur le broyage et le triage qui sont des processus industriels de grande échelle, rien ne remplace la visite d'une mine ou d'une cimenterie. Comme dans d'autres domaines de la science et de la technique, le passage de l'échelle du laboratoire à celle des essais à échelle plus grande – on parle alors de « mi-gros » – puis à l'étape industrielle, conduit à revoir à chaque étape les notions acquises dans des expériences modèles faites à une échelle inférieure.

Le problème du rendement des opérations de broyage est d'importance cruciale compte tenu des énergies mises en jeu, et est un facteur important dans le coût final, alors même que la matière première peut être bon marché. Le coût énergétique total de l'ensemble des opérations de broyage est supérieur à celui de l'ensemble du secteur économique du transport ! La quantité de matière que l'on doit briser et broyer pour l'ensemble des opérations industrielles du génie civil, du traitement de minerais et de roches en passant par les opérations alimentaires, est estimée à une tonne rapportée à un habitant et par an !

La fragmentation

Les processus de *fragmentation* (figure 2-4) par lesquels la taille de l'objet diminue dépendent de sa forme initiale, de sa dureté, de défauts initiaux présents accidentellement ou non. Regardons simplement quelques opérations courantes effectuées dans notre

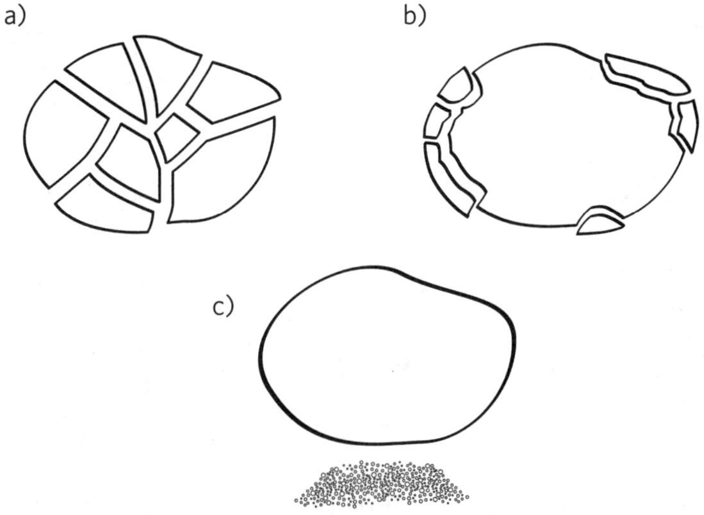

Figure 2-4. *Le broyage par a) fracture, b) écaillement, ou c) abrasion, conduit à des distributions de grains différentes, qui sont fonction de l'outil et du matériau utilisés.*

cuisine. La râpe à gruyère produit directement des grains de taille régulière par un mécanisme d'attrition ou d'écaillement. On parle plutôt d'abrasion lorsqu'on produit une poudre fine de parmesan. Le boucher découpe les côtes par impact brutal d'une lame tranchante. C'est aussi ainsi que l'on clive un cristal si l'on veut obtenir une face plane et propre… tant que la pollution de l'air ambiant ne l'aura pas recouverte d'une couche microscopique. Une noix se brise sous l'effet de la compression où l'on tire profit de la séparation naturelle qui ouvre la coque en deux moitiés égales.

Le rendement énergétique du broyage est faible. Lorsque nous clivons un cristal, nous laissons de part et d'autre deux plans face à face constitués d'atomes disposés périodiquement. Cliver un cristal suivant des directions favorables, c'est un peu comme couper un

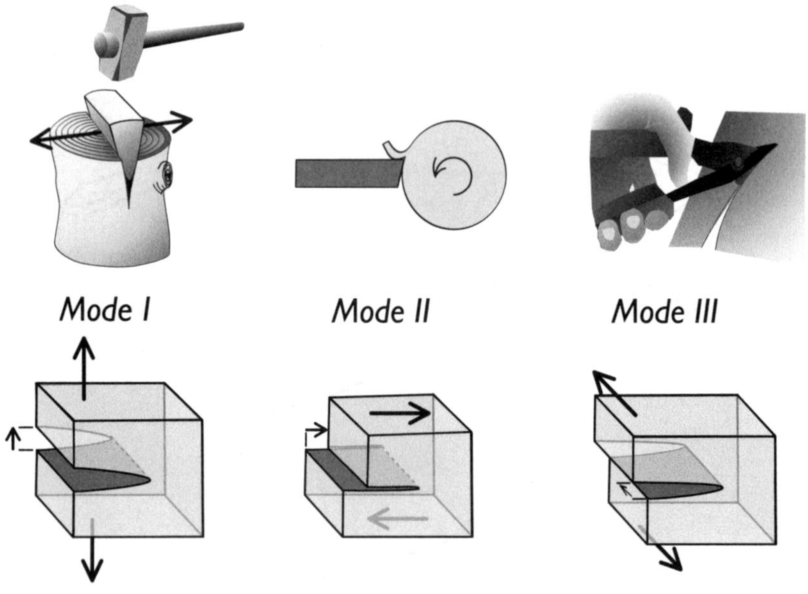

Figure 2-5. *Les trois modes de rupture correspondent à des opérations classiques : fendre, arracher, cisailler et des opérations courantes leur correspondant. Les modes se caractérisent par la direction de la ligne de tête de fissure par rapport aux forces : traction pour I, cisaillement pour II et III.*

tissu en respectant les directions de chaîne ou de trame du tissu. L'énergie minimale élémentaire à fournir est donc celle qu'il faut pour couper une liaison chimique de l'ordre de 10^{-19} joules, soit un électronvolt (qui est l'unité de l'énergie pour une liaison chimique), entre deux atomes situés de part et d'autre du plan de coupe. Si l'on multiplie cette valeur par le nombre d'atomes par unité de surface, disons 10^{14} par centimètre carré, on trouve une énergie de 10^{-5} joules par centimètre carré. Rapporté à un volume de matière à broyer, cela reste faible. En fait, la facture que va réellement payer l'industriel lorsqu'il aura créé une très grande surface de matériau par des divisions successives, sera considérablement plus élevée, au moins dix fois plus grande que celle qui correspondrait à cette énergie minimale. Plus le produit du broyage est fin, plus on aura une grande surface à partir d'un volume donné et plus le coût sera élevé.

Cette énergie supplémentaire est, comme bien souvent, de la chaleur, cette forme dégradée de l'énergie. Une petite partie peut aussi se retrouver sous forme d'énergie acoustique : il ne faut pas oublier le bruit assourdissant de certains broyeurs ! Lorsqu'on connaît le coût total de l'énergie consommée par le broyage, on réalise que tout effort même minime pouvant améliorer le rendement très loin d'un optimum, sera très précieux pour l'industriel.

L'étude mécanique de la rupture fait intervenir plusieurs modes de rupture illustrés sur la figure 2-5. Partons d'une fissure amorcée dans un matériau quelconque. Ces modes de sollicitation, classiquement appelés modes I, II et III, permettent de propager une brisure de grains. Ils diffèrent par la façon dont les efforts sont appliqués par rapport à l'orientation de l'extrémité de la fissure. Ce sont eux qui interviennent dans la rupture des grains.

L'exemple de la meunerie

L'histoire des moulins illustre aussi bien les progrès des techniques de broyage que l'exploitation de nouvelles sources d'énergie.

Figure 2-6. *Meule tournante en grès découverte sur le site gallo-romain du Mont-de-Gif à Arnouville (photo R. Guadagnin).*

Installés dans des embarcations, les moulins flottants ou moulins à nef, très répandus en France, ne disparaîtront qu'au cours du XIXe siècle. Leur roue tournant au fil de l'eau utilisait la force motrice des rivières.

Les technologies de broyage ont beaucoup évolué ; mais ce n'est qu'au XIXe siècle que la meule en pierre (figure 2-6) est détrônée par les cylindres métalliques qui améliorent grandement les rendements. La mouture du blé tendre, par exemple, est une opération complexe à cause de la présence d'un sillon dans la graine qui rend impossible son décorticage. Elle met en jeu un nombre important d'étapes de broyage et de séparation dont la finalité est d'ouvrir la graine et d'en gratter progressivement l'intérieur. Pour ne pas se perdre dans ces étapes, les meuniers utilisent un diagramme de mouture, véritable algorithme du déroulement des opérations. On distingue par exemple le *broyage*, où les grains sont écrasés entre différentes séries de cylindres cannelés, du *claquage*, qui est une opération de réduction de la taille des semoules entre cylindres lisses permettant d'exploiter la différence d'élasticité entre l'amande et les restes d'enveloppes pour les séparer. Enfin, le *convertissage* qui consiste en plusieurs passages à travers des cylindres lisses séparés d'une distance de plus en plus réduite conduit à l'obtention des produits les plus fins. À chaque étape, les plansichters, tamis perfectionnés, effectuent un tri granulométrique et réorientent les fractions de tailles inappropriées vers les différents broyeurs.

L'importance des milieux granulaires dans le génie des procédés

Toutes ces opérations de réduction de taille par division d'un objet ont toujours cours ; les techniques se sont perfectionnées sans qu'il y ait de véritable révolution. Elles peuvent apparaître comme des

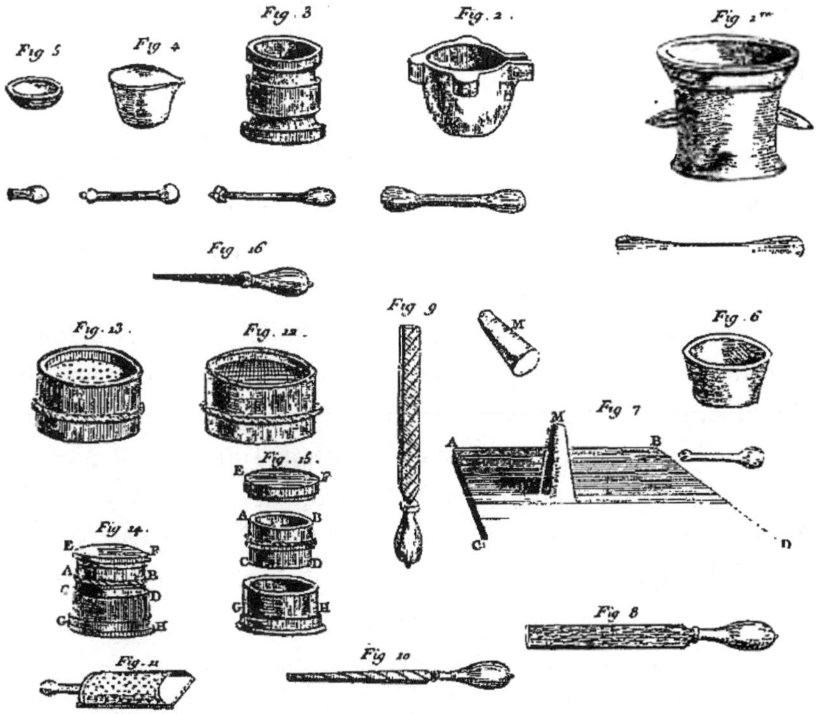

Figure 2-7. *Extrait du* Traité de chimie *de Lavoisier soulignant l'importance de diviser la matière.*

opérations frustes et bonnes pour des forçats ! Elles n'en demeurent pas moins les opérations les plus importantes du génie des procédés pour obtenir la plus grande surface possible afin de faire réagir la plus grande quantité possible de surface de matière solide avec le fluide qui l'entoure. Au point que, en 1789, le traité fondamental de chimie de Lavoisier (figure 2-7) y consacre toute une section.

Les processus naturels de fragmentation/érosion

Les déplacements de matériaux sont accompagnés naturellement de dégradation et de production de matière granulaire ; la majeure partie des grains que nous utilisons sur Terre provient de ces actions naturelles. L'étude des matériaux granulaires intéresse aussi largement les astronomes. Les planétologues sont une des communautés les plus intéressées par cette étude. La surface de la Lune est un sujet d'étude passionnant, surtout lorsqu'on s'intéresse aux plus petits grains qui s'y trouvent. Comment expliquer la présence d'autant de petits morceaux de roche et des poussières sur un astre inerte où la nature semble paisible, sans volcan ni pluie ? La réponse vient de l'espace : en permanence, le sol lunaire est bombardé par des météorites. Lors de l'impact, les plus gros grains sont fragmentés en grains plus fins. Parfois, ayant atteint une très petite taille, sous la pression du choc, ils se collent de nouveau en agrégats. La taille moyenne des grains de cette poussière est très petite, de l'ordre de 50 microns, ce qui a posé beaucoup de problèmes lors des expéditions *Apollo*. En effet à cette taille, sans humidité, et sous une gravité six fois plus faible que sur la Terre, les forces électrostatiques sont suffisamment importantes pour rendre ces grains collants, s'accrochant aux combinaisons spatiales et s'insinuant partout.

Sur Terre, l'altération est une affaire bien plus complexe tant les forces en présence sont nombreuses. Les blocs rocheux déstabilisés sur les flancs des montagnes finissent fracturés, usés, roulés au cœur des glaciers et des rivières, ou transportés par le vent. Dans les climats froids et humides, l'eau, qui s'infiltre dans les fractures des roches, agit comme un coin lorsqu'elle gèle, provoquant la propagation de fissures. De manière comparable, des variations de température de plus de 40 °C entre jour et nuit, telles que l'on peut les rencontrer au Sahara, génèrent une dilatation thermique à l'origine de fissures. Les minéraux ou les sels lors de leur cristallisation exercent une pression apte à fragiliser et à fracturer les roches.

Les roches sont rarement homogènes. Le granite, par exemple, est composé de quartz, feldspath et mica, qui ont cristallisé en petits grains dans les profondeurs de la Terre. Cet assemblage très résistant se dégrade avec le temps. Au contact de l'air et de l'eau, les micas ou les feldspaths se transforment en d'autres espèces minérales, par exemple en *argiles**, ou en grains très fins, dont la taille peut être inférieure au micromètre ; le granite n'est plus qu'une pierre cassante qui se détache et se retrouve éclatée au pied de la roche mère en une multitude de petits morceaux. Ce sol acide, filtrant, formé d'une arène granitique faiblement altérée appelée gore, souvent colorée et riche en oligo-éléments, est particulièrement apprécié des viticulteurs du Beaujolais.

L'action de la chimie peut être plus agressive en dissolvant directement la roche. Les grottes karstiques, que l'on rencontre dans les calcaires des Causses au sud du Massif central et dans lesquelles on trouve des stalactites et stalagmites, sont une manifestation souvent spectaculaire de cette dégradation. En surface, la dissolution progressive de la roche combinée à la pression de l'eau dans les joints, diaclases et failles, façonne le paysage en un relief tourmenté, ruiniforme, véritable gruyère de blocs rocheux.

Beaucoup d'autres réactions chimiques peuvent apparaître telles que l'hydrolyse, l'oxydation ou la réduction, l'hydratation ou la déshydratation. Ces réactions, souvent complexes, peuvent favoriser la dissolution des minéraux ou transformer une espèce chimique en une autre. La végétation elle aussi participe à l'altération des roches et des sols ; les racines des arbres s'insinuent dans les jointures des roches et les fracturent ; en captant les ions mis en solution, elles créent un déséquilibre chimique qui entretient les réactions d'altération. Les bactéries, enfin, participent à la décomposition des minéraux, et parfois même à leur précipitation sous forme de solutés qui cimentent entre eux les petits fragments de sable et forment des agrégats de la taille de gros cailloux. Cette altération chimique et biologique est favorisée dans les climats humides et chauds. Les roches altérées et fragmentées se trouvent libérées de la roche mère. De tailles plus ou moins grandes, elles feront un long voyage dans les rivières qui les conduiront jusqu'aux fonds marins. Cette érosion mobilise les produits de l'altération et peut prendre différentes formes. Dans les régions arides où la végétation ne protège plus les sols, le vent transporte les grains qui peuvent se regrouper sous la forme de dunes. Les eaux de ruissellement transportent des blocs rocheux qui au long de leur périple vont devenir des grains de plus en plus petits que transporteront les fleuves. Ainsi, le Rhône charrie à son embouchure, à lui seul, près de dix millions de tonnes de matière granulaire par an, résultat de cette dégradation des roches et de l'érosion tout au long de son parcours.

… et faire du gros avec du petit

> « L'attraction paraît adhérente à la matière… elle arrondit en gouttes de pluie la vapeur qui nage en l'air, et la cristallise en étoile de neige à six rayons, lorsqu'elle s'en échappe. Elle agrège dans le sein de la terre les grains de sable en cristaux… »
>
> Bernardin DE SAINT-PIERRE,
> *Harmonies de la nature*, livre V.

Généralités sur l'agrégation

Il y a mille et une façons de coller des petits grains les uns aux autres pour en faire de plus gros. Suivant la façon de les empiler, les grains obtenus seront plus ou moins compacts et formeront des objets plus ou moins gros. Nous ne considérons ci-dessous que l'agrégation d'un tout petit nombre de grains qui forment un macrograin unique. Les particules que l'on obtient dans les deux premières familles restent limitées à une taille maximale de l'ordre du micron.

L'*agrégation* est bien l'opération symétrique de la fragmentation. Le diagramme de la figure 2-3, si l'on change le sens du temps, décrit l'évolution de la population d'amas, des petits jusqu'aux gros. C'est le physicien polonais Smoluchowski qui, le premier, a formulé cette loi régissant l'agrégation qu'il a appliquée aux colloïdes dont il étudiait le mouvement brownien.

Des agrégats cristallins...

Les cristaux sont dus à l'empilement ordonné, parfois très lent, d'atomes formant des réseaux périodiques que nous décrirons au chapitre 3. La taille de cristaux que l'on peut synthétiser par un empilement périodique d'atomes peut varier entre celle des micro-édifices cristallins visibles seulement au microscope, et les cristaux naturels géants du Muséum d'histoire naturelle de Paris, ou ceux présents dans les grottes de Naïca découvertes au Mexique dans les années 2000 avec ses cristaux de gypse sélénite atteignant 1 mètre de diamètre et plus de 11 mètres de longueur. À une échelle intermédiaire, des empilements de sphères ou de grains réalisent des *méta-matériaux** aux propriétés originales par rapport à celles de solides usuels, et qui commencent à connaître des applications pratiques.

... aux grains de couscous

Ici encore, nous pouvons identifier quelques-uns des mécanismes en jeu dans une simple cuisine. Avez-vous vu rouler la semoule de blé dur pour faire des grains de couscous ? Sa fabrication traditionnelle au Maghreb nécessite un coup de main que les jeunes filles mettent plusieurs années à maîtriser. Par petites quantités, la semoule de blé dur est d'abord déposée en périphérie d'un grand plat. Après avoir trempé les doigts dans l'eau salée, on dépose quelques gouttes au centre du plat sans mouiller directement la semoule qui ferait alors des grumeaux. D'un geste rapide, pour éviter la formation de gros agrégats, on humidifie la semoule ; par un mouvement continu de roulage entre la paume de la main et le plat, les grains de couscous ainsi créés vont grossir progressivement en s'agglomérant à de petites particules de semoule sèche (figure 2-8). Vient ensuite l'étape de tamisage entre deux tamis superposés. Le tamis du bas à petite maille récupère le couscous calibré alors que les particules trop fines qui passent à travers sont recyclées avec la semoule. Il reste dans le tamis du dessus d'éventuelles grosses boulettes qui pourront servir pour une galette par exemple. Enfin, le couscous est séché dans un local aéré ou une corbeille au soleil.

Figure 2-8. *Photographie au microscope électronique à balayage d'agglomérats de couscous dans les premiers stades de leur croissance (photographie Thierry Ruiz et Didier Cot).*

Les colloïdes

Les suspensions de petites particules d'or stables faites de grains métalliques de quelques nanomètres étaient déjà connues des alchimistes du Moyen Âge et utilisées pour colorer les vitraux des cathédrales ou l'enluminure de manuscrits. Michael Faraday les a étudiées expérimentalement et en a préparé il y a cent soixante ans, qui se sont conservées sans altération jusqu'à nos jours ! Cependant, par addition contrôlée d'un produit qui neutralise les charges qui maintenaient les grains séparés et assure la stabilité d'une suspension colloïdale, il se forme des petits agrégats tels que celui présenté par la figure 2-9. Ces poussières d'or se sont collées progressivement entre elles pour former des agrégats colloïdaux formant une structure désordonnée lâche et ramifiée avec une division en doigts de tailles différentes. On peut comprendre simplement la structure arborescente de ce grain de colloïde : des particules d'or en solution viennent s'ajouter à ce grain en cours de croissance en s'en approchant par une *marche au hasard** tortueuse, résultat de l'agitation thermique des petits grains. Il leur est relativement facile de se coller sur les pointes, qui sont les caps de cette île déchiquetée. En revanche, il leur sera très difficile d'arriver au fond d'une baie sans avoir au préalable touché une berge latérale et s'y être collés. On a un véritable effet de pointe, comme si le grain colloïdal était un objet conducteur sous vide porté à un potentiel électrique : c'est au niveau des pointes du grain que le champ électrique serait le plus élevé.

Les formes fractales

Une caractéristique essentielle de ces objets colloïdaux est que l'agrandissement (le zoom) d'une partie de l'agrégat a la même structure moyenne que l'agrégat dans son ensemble. Cela est la caractéristique de ce que l'on appelle un objet *fractal**. De fait, de très nombreux objets ont la même structure alors qu'ils apparaissent dans des situations expérimentales très différentes. On peut aussi les produire sur ordinateur en distinguant, par exemple à partir de jeux de couleurs, les temps d'arrivée successifs des grains. Cela a fait l'objet de très nombreux travaux sur ordinateur d'une élégance esthétique indéniable, débordant souvent les travaux expérimentaux sur le même sujet.

Cet ensemble de grains de colloïdes d'or va être un prétexte pour introduire les formes fractales, premier outil de notre science du désordre (figure 2-9). Mais, laissons plutôt nous en parler Jean Perrin dans l'éblouissante introduction de son livre *Les Atomes* écrit en 1905 :

> « Observons, par exemple, un des flocons blancs – un colloïde –, qu'on obtient en salant de l'eau de savon. De loin, son contour peut sembler net, mais sitôt qu'on s'approche un peu, cette netteté s'évanouit. Si l'on prend une loupe, un microscope, l'incertitude

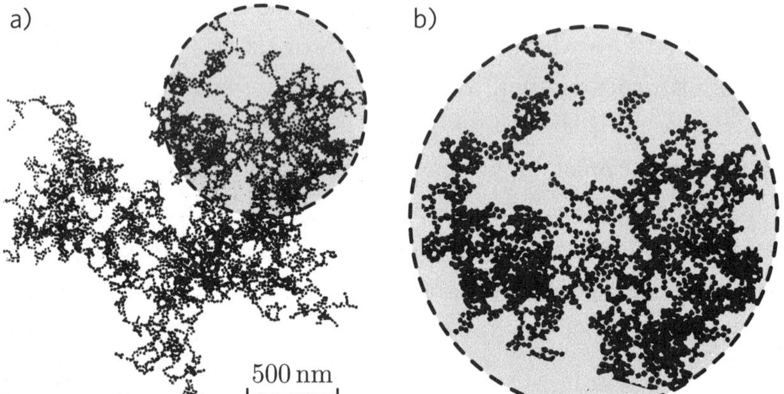

Figure 2-9. *Image au microscope électronique d'un amas colloïdal d'or, composé de particules individuelles d'une dizaine de nanomètres. Sa structure est semblable à elle-même à différents grossissements, comme le suggère b) l'image agrandie d'une partie de l'agrégat. Sa* dimension fractale* *D_F est intermédiaire entre celle d'une ligne (D = 1) et celle d'une surface (D = 2) (document David Weitz).*

reste aussi grande, car, chaque fois qu'on augmente le grossissement, on voit apparaître des anfractuosités nouvelles, sans jamais éprouver l'impression nette et reposante que donne, par exemple, une bille d'acier poli... »

On rencontre dans la nature de nombreux exemples multi-échelles où se retrouve la même forme moyenne mais à des grossissements différents.

De la poussière à l'étoile

« Que savons-nous si des créations de mondes ne sont pas déterminées par des chutes de grains de sable ? » Victor Hugo, en visionnaire, envisage l'Univers comme un ensemble qu'il faut décrire en bloc du tout petit au plus grand. Tout comme Pascal, qui décrit un Univers fait de cette multiplicité d'échelles, il exprime que *tout est en équilibre dans la nécessité.*

L'histoire de la planète débute au voisinage d'une étoile naissante entraînant autour d'elle un nuage de gaz et de poussières. Comme le patineur qui tourne sur lui-même et rapproche ses bras de son corps pour se transformer en toupie, la rotation s'accélère à mesure que le nuage s'effondre sur lui-même sous l'effet de la gravitation. Ce phénomène conduit à l'apparition d'un disque protoplanétaire formé de différents éléments simples mais dans lequel on trouve aussi des composés métalliques ou minéraux accrétés en petits grains de matière à mesure que la température augmente quand on se rapproche de l'étoile. Proches de l'intérieur du disque, où il fait chaud, on trouvera des éléments réfractaires, des roches. Là où il fait plus froid, la condensation des éléments plus volatils est rendue possible. Ceux-ci peuvent devenir solides comme l'eau sous forme de glace. En partant du Soleil, il existe un peu avant Jupiter une transition dite « ligne des glaces » en deçà de laquelle les molécules simples se condensent. Cette ligne marque la limite entre les

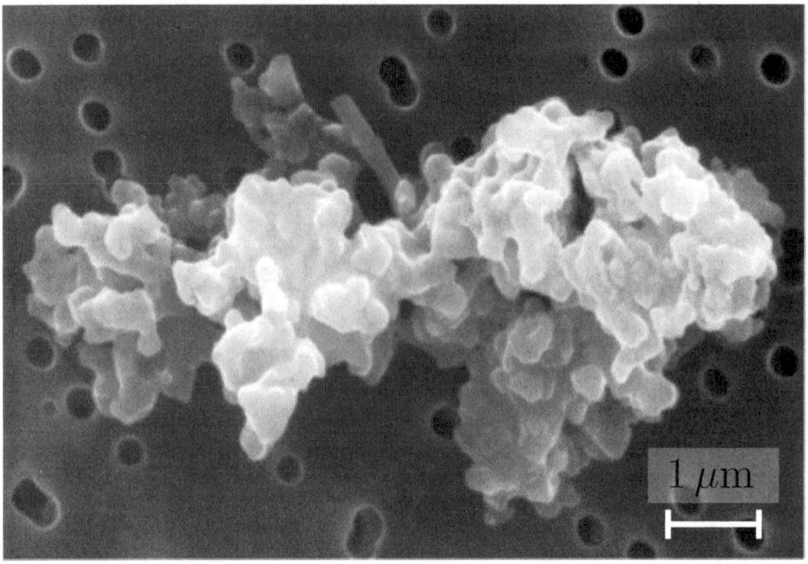

Figure 2-10. *Poussière cosmique de quelques microns. Herbert A. Zook de la Nasa a estimé à 40 000 tonnes la quantité de poussière récoltée chaque année par la Terre.*

planètes telluriques petites, proches du Soleil, qui n'ont pu retenir qu'une quantité limitée de ces molécules légères (comme celle de l'hydrogène ou celle de l'hélium), et les géantes gazeuses qui, au contraire, les ont accrétées sous forme de liquides ou de glaces.

La mission Stardust (bien nommée poussière d'étoile) de la Nasa a permis de collecter des grains interstellaires perdus dans le vide interplanétaire. Il semble clair que ces minuscules agrégats fractals (figure 2-10) de quelques centaines de microns sont la matière originelle qui a donné naissance à nos planètes. Mais les mécanismes physiques conduisant à leur accrétion sont actuellement l'objet de nombreuses recherches qui font appel aux plus gros calculateurs numériques pour tester différentes hypothèses. On imagine que ces petites poussières vont entrer en collision et grossir progressivement jusqu'à former des roches. On obtient alors des petits corps appelés planétésimaux qui ressemblent à des astéroïdes. Devenus assez gros pour attirer la matière par gravité, ils sont capables de capter les poussières qui ne sont pas dans leur trajectoire directe. Dans notre système solaire, il y a eu probablement plusieurs centaines de petites planètes ou embryons planétaires.

Trier les grains

« Séparer le bon grain de l'ivraie. »

Évangile de MATTHIEU.

Le tri

La citation de l'apôtre Mathieu fait référence aux travaux de la terre où il fallait retirer la mauvaise herbe qui pousse au milieu des champs de céréales et dont les grains toxiques gâcheraient la récolte. Aujourd'hui encore, la production de graines ou de fruits nécessite de nombreuses étapes de séparation. Les opérations de tri mettent en jeu des phénomènes très divers, et parfois plusieurs à la fois. Les céréales sont récoltées par la moissonneuse-batteuse, emblématique de l'évolution rapide de l'agriculture et l'un des plus grands progrès en machinisme agricole. Avant leur conditionnement ou leur transformation, les grains séparés des épis lors du battage vont devoir être triés minutieusement.

La formulation d'un *béton** à haute performance ou d'un enrobé bitumineux drainant, la maîtrise de la vitesse de dissociation d'un comprimé en pharmacie dite *galénique*… sont d'autres exemples où il faut disposer de grains de tailles ou de distributions de tailles bien contrôlées. Le produit fini dépendra tout autant d'un choix judicieux des fractions de grains que de leur composition chimique. Nous allons examiner de façon générale un certain nombre de procédés de tri en les classant à partir de la propriété qui permet de les distinguer et de les séparer. Nous examinerons le cas de la *filtration** qui permet de séparer des gros et des petits grains avec les problèmes de milieux poreux en fin d'ouvrage.

UTILISER LA DIFFÉRENCE DE NATURE DES GRAINS

Séparer un grain de sable, un morceau de métal, un petit insecte ou un brin de paille d'un grain de blé prêt à être transformé en farine, peut être une opération complexe. Les graines elles-mêmes peuvent être très différentes et nécessiter des technologies adaptées : le grain de colza est rond et lisse, celui d'avoine est allongé et pointu ; l'orge, appelée herbe à chat en langage populaire, comporte des épis aux longues barbes ; il existe aussi une impressionnante variabilité de formes parmi les milliers de variantes de riz, de blé ou de maïs.

Alors comment trier le bon grain ? On peut exploiter les différences de propriétés physiques entre les grains recherchés et les impuretés. Un champ magnétique permettra d'éliminer les éventuels résidus de fer ; on utilisera un champ électrique pour des grains conducteurs ou diélectriques. De telles techniques peuvent s'appliquer jusqu'aux gros grains de la récupération des déchets industriels, et sont bien mises en avant par les industriels soucieux de leur image quant à la protection de l'environnement.

Les dispositifs de tri sont si nombreux qu'il n'est pas envisageable de les évoquer tous. Les trieurs alvéolaires, par exemple, classent les grains en fonction de leur forme et éliminent les grains ovales, longs ou ronds. Ils sont constitués d'un tambour tournant tapissé de petites alvéoles de formes proches de celles des grains à sélectionner. Comme des pièces de puzzle, les grains auront tendance à se bloquer à l'intérieur de ces alvéoles. Entraînés par le mouvement de la paroi, les grains peuvent tomber d'une hauteur plus élevée et être redirigés dans une trémie de récupération, alors que les fractions indésirables roulent au fond du tambour.

Le nettoyeur-séparateur, dont l'ancêtre est la vanneuse ou le tarare, utilise la portance pour séparer dans un flux d'air les déchets légers tels que les bouts d'enveloppes, balles et menues pailles. Il est en général muni de cribles fixes possédant des perforations circulaires ou allongées permettant d'éliminer les particules plus denses en fonction de

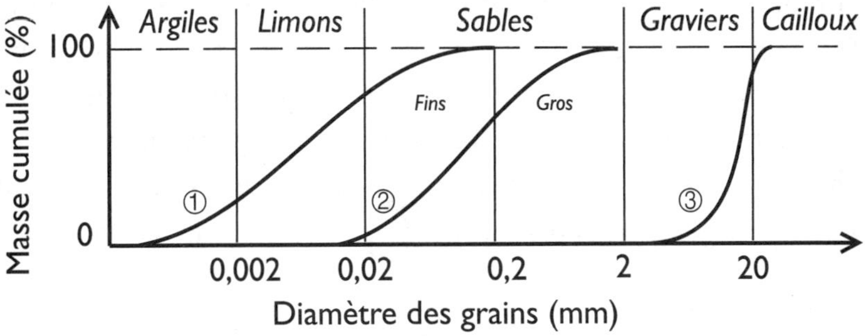

***Figure 2-11.** Exemple de courbes granulométriques d'un sable limoneux-argileux (1), d'un sable (2) et d'un gravier (3).*

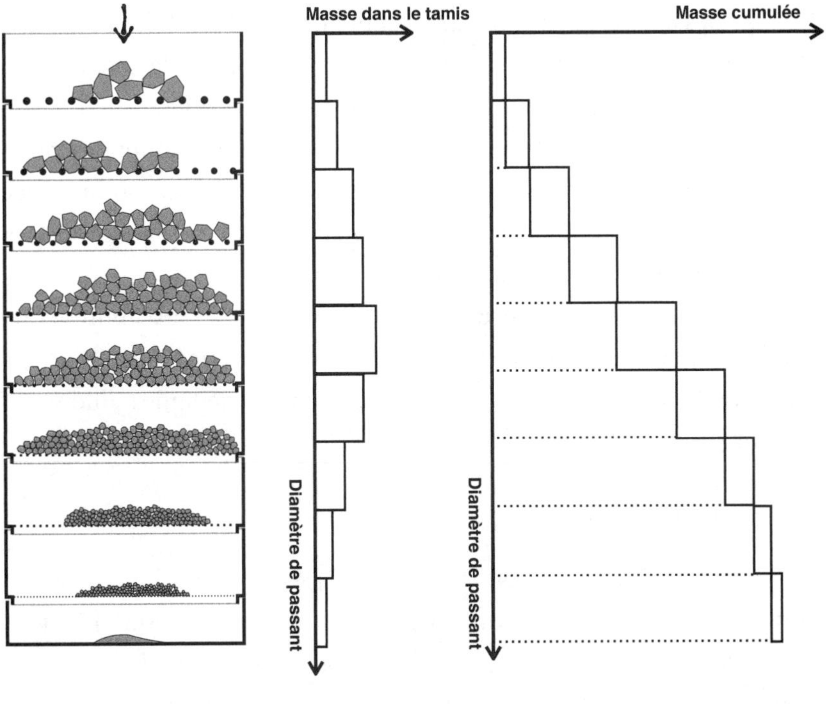

***Figure 2-12.** Principe de la séparation des tailles de fragments par tamisages successifs. Cette méthode est aussi utilisée pour déterminer la courbe granulométrique par pesée de la masse retenue par chaque tamis.*

leur forme. La table densimétrique réalise une séparation par densité des grains malades, parasités ou cassés. Le principe consiste à faire circuler lentement un lit de grains sur un plan poreux, incliné et vibrant, traversé par un flux d'air ascendant. Les particules les moins denses se mettent en suspension à la surface du lit et se séparent progressivement, au cours du mouvement des grains sur la table.

FLOTTER OU COULER

Dans le domaine du traitement des minéraux, une des techniques de séparation les plus importantes industriellement est la *flottation* qui sépare le minerai de sa gangue en jouant sur les mouillabilités différentes de ces phases. Dans cette opération, on utilise des agents moussants qui, recouvrant préférentiellement une des deux phases, la font surnager, ce qui permet de la séparer. Un minerai de cuivre à 1 % peut être, par une telle opération, enrichi à près de 30 %, alors que la gangue éliminée ne contiendra pratiquement plus de cuivre. La flottation est la première consommatrice d'agents physico-chimiques de traitement de surface, bien avant les lessives et détergents pourtant mieux connus.

Un matériau granulaire contient des grains de distributions de tailles différentes (figure 2-11). On peut, par une succession d'opérations de tamisage, séparer un mélange de grains de tailles différentes et l'organiser en « classes » (figure 2-12).

UN EFFET PONDÉRAL

Versons, dans un récipient rempli d'eau, une poignée de sol du jardin. Dispersons-le en secouant et laissons reposer. Les gros grains tombent évidemment plus vite au fond du récipient. Si le mélange est initialement homogène, la distribution des tailles dans le tube en cours de *sédimentation** variera au fil du temps. Si, avec une pipette, on effectue des prélèvements successifs à un niveau donné du tube ou, encore, à différentes profondeurs à un instant donné, on peut revenir à la mesure des proportions de grains de tailles différentes.

Lorsque les grains sont plus petits que, disons, un dixième de micron, ce qui est le cas des grains de *colloïdes**, l'action de la gravité est insuffisante pour assurer la sédimentation et vaincre l'agitation thermique qui tend à maintenir la concentration uniforme en hauteur ; l'eau du tube reste d'ailleurs grisâtre parce que les particules d'argile restent en suspension par effet brownien. La centrifugeuse dans laquelle un tube, horizontal cette fois, tourne à grande vitesse autour d'un axe vertical (jusqu'à quelques milliers de tours par seconde pour une ultracentrifugeuse) permet d'obtenir des accélérations de dix mille fois celle de la pesanteur, c'est-à-dire des poids apparents de dix mille fois ceux de l'objet, ce qui rend alors négligeable en proportion l'effet de l'agitation thermique. Cette centrifugeuse est aujourd'hui un outil indispensable de tout laboratoire de biologie.

DES MOBILITÉS DIFFÉRENTES

Les biologistes et les chimistes disposent, pour séparer des grosses molécules browniennes, de tout un ensemble de techniques. Elles sont aussi accessibles aux petits grains de matière pour lesquels l'effet de l'agitation thermique est appréciable ; le papier buvard sur lequel s'étale une suspension de particules est un exemple de séparation moléculaire par *diffusion* sans force appliquée. Par ailleurs, sous l'effet d'un champ de force externe, comme un champ électrique sur un grain chargé, ou sous l'action de la pesanteur, ces particules ont une *mobilité** qui est le rapport de leur vitesse à cette force (dans le cas de gros objets c'est l'accélération qui est proportionnelle à la force appliquée). On sait, depuis les travaux d'Einstein sur le mouvement *brownien** en 1905, que la *diffusivité** spontanée et la mobilité en réponse à une force sont proportionnelles entre elles : la séparation sous l'effet de l'agitation thermique et la séparation sous l'action d'un champ électrique ne sont pas éloignées ! On peut utiliser une combinaison de ces effets par exemple en ajoutant des combinaisons d'effet de pesanteur, de champ électrique et d'écoulements pour séparer efficacement des grains. Nous ne présenterons pas le catalogue de ces techniques qui s'appliquent à des grains plus petits que ceux que nous rencontrerons généralement par la suite.

Adapter une distribution de tailles des grains

Dans de nombreux exemples d'applications, il est essentiel de ne conserver qu'une taille de grains. Mais l'industrie regorge aussi d'exemples où il est nécessaire de bien choisir non pas une taille de grain mais une distribution de tailles. On parle de formulation granulométrique. Nous examinerons plus tard quel bénéfice on peut en tirer. Nous en donnerons ici un exemple bien connu mais pas nécessairement examiné avec assez de soin.

L'EXEMPLE DU BALLAST

Le ballast de voie ferrée n'est en apparence qu'un tas de cailloux disposé sous les traverses supportant des rails. Pourtant ce matériau, non polluant, reste incontournable et n'a pas été détrôné à ce jour. Sa principale fonction est d'assurer la liaison entre les rails et le sol tout en résistant au poids considérable du train sans se déformer. Il joue aussi un rôle drainant capital pour la stabilité de la voie en cas de fortes pluies. Il permet enfin d'amortir les vibrations pouvant nuire au voisinage, et empêche la végétation de pousser sur les voies.

Le choix des cailloux d'un ballast est le fruit d'une longue expérience et, malgré les deux cents ans d'âge des voies ferrées, il reste encore à ce jour un sujet de recherche actif (voir la figure 4-5). On utilise des grains durs et calibrés de granites, diorites, parfois du calcaire siliceux, en fonction du climat et de la disponibilité des matériaux. Les ballastières, carrières spécialisées dans le ballast, doivent suivre des spécifications très précises en termes de tailles, de résistance à l'usure et à la rupture sous l'effet de chargements ou du gel. Il existe même des carrières spéciales pour le ballast des lignes à grande vitesse qui doivent disposer de grains suffisamment solides pour supporter les hautes fréquences générées par le passage des trains à plus de 300 km/h.

Le ballast peut se tasser au cours du temps et même s'user ou être pollué par de la terre et des particules fines. Il perd alors sa granulométrie initiale et n'assure plus correctement sa fonction. Dans ce cas, on utilise une *bourreuse* qui permet, à l'aide de pioches métalliques vibrantes enfoncées de chaque côté de la traverse, de comprimer le ballast sous la voie et d'ajuster la géométrie des rails. Lors des opérations de maintenance, les grains de ballast usés sont recyclés et remplacés à l'aide d'une dégarnisseuse qui retire les grains sous la voie. L'épaisseur de la couche de ballast, la fréquence, la force de serrage, la profondeur de pénétration des bourroirs ainsi que l'amplitude de la vibration, sont les paramètres essentiels de cette opération renouvelée régulièrement la nuit, pour ne pas gêner les usagers. Pour 1 000 mètres de voies, il faut 120 tonnes de rails, 1 600 traverses et 2 500 tonnes de ballast !

LE BÉTON

Fillers, sables, graves, gravillons, ballasts… autant de noms pour décrire la taille des grains qui entrent dans la composition des bétons ou des mortiers (figure 2-11). Un sable de bonne granulométrie contient à la fois des grains fins, moyens et gros. Les sables de dunes, par exemple, conduiraient seuls à une mauvaise résistance d'un béton ; les habitants de zones désertiques n'utilisent que les couches superficielles – la croûte – beaucoup plus hétérogènes. L'intérêt de cette gradation pour la réalisation du béton est connu depuis longtemps. Mais les progrès récents dans les bétons dits à haute performance sont dus en particulier à l'association dans le mélange granulométrique de grains très fins comme des poudres de silice, qui réduisent très fortement la porosité et augmentent considérablement leurs propriétés mécaniques. Nous en reparlerons en détail au chapitre 9.

*
* *

Nous voici donc, à la suite de ces deux premiers chapitres, au bout de cette promenade parmi des grains de matière. On pourra retenir de ce contact quelques raisonnements et principes généraux qui vont alimenter les chapitres qui suivent. Chaque grain de matière a son autonomie, son histoire. Il est la pierre angulaire d'un empilement. Ce Rouletabille voyage par la voie des airs, des eaux ou par voie terrestre. Nous avons, de façon bien sommaire, il est vrai, et sans entrer dans l'ensemble des aspects géologiques, montré comment les grains sont des témoins de tout un ensemble d'actions chimiques et mécaniques, au hasard de rencontres, avec des provenances et des devenirs bien différents. Nous avons vu comment reconnaître ces grains en fonction de leurs propriétés, leur taille, leur forme ou leur état de surface, tout en restant suffisamment discrets pour ne pas établir un catalogue exhaustif de propriétés dont nous n'aurions pas besoin par la suite. Nous avons ensuite envisagé leur élaboration à partir d'objets plus gros ou plus petits, soulignant la symétrie des deux démarches opposées. Nous avons enfin vu comment on pouvait trier des grains. Nous avons peu traité réellement les problèmes précis qui se trouvent posés à un ingénieur et qui justifient ces diverses opérations d'élaboration, de description et de séparation. La variété des domaines d'application est très vaste et les caractérisations des grains devront être mises en regard avec leurs utilisations spécifiques.

CHAPITRE 3

Des empilements de grains

> « […] forme et matière sont liées et se conservent l'une par l'autre. La forme est alors une intégrale de temps qui absorbe, en quelque sorte, les âges précédents dans l'actuel. »
>
> Paul VALÉRY.

Nous vous invitons dans ce chapitre à une promenade, ou plutôt deux, parmi les empilements de grains. Nos jeux de construction utilisent comme briques élémentaires des billes, des atomes ou, entre les deux, des petits grains colloïdaux. Ils nous feront rencontrer des empilements ordonnés, comme des assemblées périodiques de grains calibrés et des cristaux, ou désordonnés comme des empilements ainsi, à petite échelle, que des matériaux amorphes. Mais le voyage nous conduira aussi dans les dimensions de l'espace : à partir du grain unique (à zéro dimension, en quelque sorte) les matériaux s'organisent en chaînes, en couches, ou en volume (à 1, 2 ou 3 dimensions). Les applications actuelles de tels systèmes vont des grains de taille atomique jusqu'à des échelles macroscopiques en passant par des échelles *nanométriques** auxquelles donnent accès les techniques actuelles de microfabrication. Nous reviendrons ultérieurement sur des applications récentes de ces *métamatériaux**.

Notons que les propriétés de ces systèmes sont très dépendantes des échelles de taille où elles sont produites et dont dépendent leurs applications.

L'archétype du sac de billes

La diversité des empilements est extrême. Sur l'étal d'un marché, les rangées d'oranges bien calibrées sont disposées pour former une pyramide régulière (figure 3-1a). Ce n'est pas le cas de la pile de pommes de terre posée à côté (figure 3-1b) ; l'éboulis est, lui aussi, un empilement irrégulier fait de pierres de formes et de tailles très diverses. Les cairns (figure 3-1c) commémorant un événement, une

Figure 3-1. *Assemblage de grains en volume : a) les oranges bien rangées sont l'amorce d'un réseau cristallin ; b) un empilement d'objets de formes non sphériques et versés sans soin est généralement désordonné ; c) cairn au sommet d'une montagne en Suisse.*

sépulture ou balisant un chemin – sont des empilements de grains irréguliers mais réalisés avec une intension précise. Entre ces extrêmes, le sac de billes est un remplissage désordonné d'objets sphériques de taille unique.

Les états d'organisation variés des assemblées de grains, que nous allons apprendre à reconnaître dans ce chapitre, sont à la base de la compréhension des phénomènes que nous décrirons par la suite. Les variations que l'on peut créer dans des empilements secoués, comprimés, ou constitués de grains soudés entre eux, conduisent à une grande diversité de géométries et de comportements. À cela s'ajoute l'effet dû à la variété de forme et de taille des grains.

Le sac de billes a été longtemps l'alphabet du physicien des solides cristallins, jusqu'en ses intérêts actuels pour caractériser les structures désordonnées et amorphes. Aujourd'hui toutefois, il peut s'avérer insuffisant lorsqu'on considère les applications pratiques. Nous verrons

Figure 3-2. *Image de microscopie électronique par transmission d'une monocouche hexagonale de graphène ; les atomes apparaissent comme des billes blanches. La distance entre deux atomes est de 0,14 nanomètre (voir aussi figure 3-3b).*

plus loin comment enrichir notre compréhension de la matière en grains pour aborder ces nouvelles applications. Ces balles ou ces billes sont un bon modèle de départ de ce que les physiciens qualifient de *sphères dures**. Bien avant ces théoriciens, les scientifiques utilisaient des empilements réguliers de taille uniforme pour représenter les structures microscopiques sous-jacentes aux formes angulaires des cristaux ; ces modèles ont été développés avant que la réalité atomique, pourtant entrevue par Démocrite en Grèce il y a vingt-cinq siècles et popularisée par le *De rerum natura* de Lucrèce à Rome, n'ait acquis droit de cité au XXe siècle. Aujourd'hui, les images de microscopie électronique à forte résolution et de *microscopie à force atomique** nous montrent directement la surface d'un cristal avec un pavage régulier d'atomes tout à fait comme on peut en produire avec une couche de billes déposées sur un plan.

L'intérêt d'un modèle utilisant une balle lisse et non déformable vient du fait que la structure de l'empilement qu'elle permet de réaliser ne dépend d'aucun paramètre à mesurer : que nous prenions un empilement de boulets de canon, d'oranges ou de roulements à billes, nous obtiendrons les mêmes variétés d'empilements indépendamment de la forme du récipient qui les contient pourvu qu'il soit suffisamment grand devant la taille des objets individuels. Voici un simple exemple pour vous mettre en appétit : remplissez un récipient de billes microscopiques de verre (de celles que l'on ajoute aux peintures en voirie pour les rendre réfléchissantes) et le même récipient de grosses billes : à peu de chose près, la quantité d'eau que l'on peut ajouter entre les grains est dans les deux cas la même, malgré la taille très différente des billes.

Pourquoi utiliser des balles de ping-pong et non pas des balles de tennis ? La balle de ping-pong est dure. La balle de tennis, au contraire, est déformable et, de plus, couverte d'un feutrage. Ces deux caractéristiques illustrent les effets d'interaction qui sont dominants à courte distance dans des structures atomiques ou, à une échelle un peu plus grande, dans des *colloïdes** dont nous avons déjà parlé au chapitre précédent et que nous mettrons cette fois-ci sous forme cristalline. Au niveau microscopique, l'effet d'élasticité est dû aux nuages d'électrons qui entourent les atomes et sont à l'origine de la liaison chimique. Dans les grains colloïdaux, le « feutrage » provient des chaînes de polymères qui peuvent être greffées sur ces grains comme des cheveux sur un crâne. Cette couverture est à l'origine, par exemple, de la stabilité des grains de noir de fumée qui sont maintenus en suspension dans l'encre de Chine. Un paramètre d'énergie qui rend compte des forces interatomiques, comme pour notre balle, provient de l'élasticité qui contrôle sa déformabilité. Nous parlerons peu de ces effets qui relèvent de la physico-chimie et de ce qu'on appelle la science des colloïdes concernant des tout petits grains en suspension dans un liquide.

Pour continuer sur le modèle de la balle de tennis, on peut décrire son état d'usure par un paramètre sans dimension, le rapport de l'épaisseur δ du feutrage au rayon R de la balle. La diminution, avec l'usure, de ce rapport δ/R modifie considérablement les empilements de balles de tennis, jusqu'à la limite zéro pour des balles « chauves » ou des balles de ping-pong. En fait, pour un empilement de balles de tennis ou de sphères molles, nous devons introduire deux paramètres : un rapport d'échelles de taille δ/R, et un paramètre d'énergie lié à la déformabilité de la balle. Grâce à l'utilisation d'un rapport sans dimension entre deux quantités de même espèce, le rayon R de la balle de tennis et l'épaisseur δ du duvet, nous conservons le principe d'économie puisqu'elle ramène les deux variables δ et R à une seule, le rapport δ/R. Le rapport *analogique* (un pléonasme puisque, en grec, *analogia* veut dire proportion) est souvent à la base du raisonnement physique (même s'il n'apparaît souvent que trop discrètement dans les manuels d'enseignement) : il permettra, comme nous le verrons plus bas dans ce chapitre, de retrouver un même diagramme d'états, dit de Van der Waals, à la fois pour des atomes et pour des objets colloïdaux de diamètre pourtant mille fois plus grand.

L'ordre des empilements

Nous limiterons par la suite notre description à l'archétype des empilements de sphères dures toutes de même diamètre, ce sac de billes sans échelle de taille ni d'énergie qui a inspiré naturalistes, physiciens, mathématiciens, poètes et philosophes. Ce sac de billes répond bien à la proposition de Valéry citée en début du chapitre. Nous décrirons ces empilements en allant progressivement de l'ordre du cristal au désordre total qui est celui des atomes dans un verre, et en commençant par des modèles plans.

Des billes sur un plan

Aux empilements en volume, il faut ajouter des situations où l'organisation se fait dans un plan suivant deux dimensions, et qui permettent de mieux comprendre les effets géométriques de l'ordre et du désordre. Une monocouche de palets d'un jeu de dames, ou de pièces de monnaie identiques, qu'on rassemble au bas d'un plateau légèrement incliné, forme spontanément une structure régulière dite périodique (ce ne sera pas le cas en volume). On peut décrire ces empilements à l'aide d'un réseau périodique comme celui qu'on peut se représenter sur un papier peint qui reproduit régulièrement les mêmes motifs. Le motif élémentaire est constitué de triangles équilatéraux de billes. À partir d'un germe initial de trois disques, on réalise l'empilement périodique à deux dimensions le plus simple, l'empilement triangulaire (figure 3-3a). On l'obtient aussi pour une couche plane de billes, ou encore dans une boîte de crayons empilés parallèlement entre eux.

On l'appelle aussi empilement hexagonal, incorrectement car six disques formant un hexagone régulier sont en contact avec un disque central ; pour réaliser un tel empilement, qui est la structure classique des tomettes de cuisine, il faudrait enlever les disques du centre des hexagones, ainsi que le montre la figure 3-3b.

Empilement hexagonal

L'empilement hexagonal est celui des atomes de carbone qui s'assemblent dans des plans de la structure lamellaire du graphite qu'on voit sur la figure 3-2 ; chaque fois qu'un crayon laisse une ligne noire sur une feuille de papier c'est qu'on a déposé dessus plusieurs couches de ce matériau fait de couches parallèles comme les pages d'un livre. On peut, avec un peu de chance, en appliquant initialement une bande de scotch sur une face plane de graphite, arracher une seule couche d'épaisseur atomique : on parle alors de graphène. La physique à deux dimensions existe bien ! Cette simple expérience a été à l'origine d'un prix Nobel récent de deux physiciens qui ont étudié les propriétés particulières du graphène ainsi produit. Ces feuilles nanométriques peuvent être roulées en tube ou se refermer en surfaces de forme sphérique. Tout ce champ d'application explose et est à l'origine de nombreuses applications de tous les jours (les matériaux en fibres de carbone, par exemple) et que nous n'avons pas fini d'explorer.

Revenons à notre étude géométrique. Ces jeux de pavages et d'empilements – ces travaux d'architectes et de géomètres – ont une longue histoire. On peut attribuer à l'astronome Johannes Kepler, un siècle avant René Just Haüy, le mérite d'avoir posé le problème de la cristallographie à partir de ces empilements. La réflexion de Kepler se trouve dans un opuscule, *Étrennes, ou la neige hexagonale*, adressé comme cadeau de Nouvel An en 1611 au conseiller de la cour de l'empereur de Bohème et de Hongrie. Dans ce texte écrit en latin qu'il décrit comme « petit et insignifiant », Kepler donne une réponse à la question « pourquoi les flocons de neige tombent-ils avec six branches faisant des angles égaux ? ». Il rapprochera cette observation de celle des réseaux de cellules d'un nid d'abeille et avec un empilement plan de billes identiques en évoquant « l'archétype de beauté qui est dans l'hexagone ».

Le réseau de lignes est comme le squelette de l'empilement dont les billes seraient la chair. Ce qui caractérisera le plus simplement

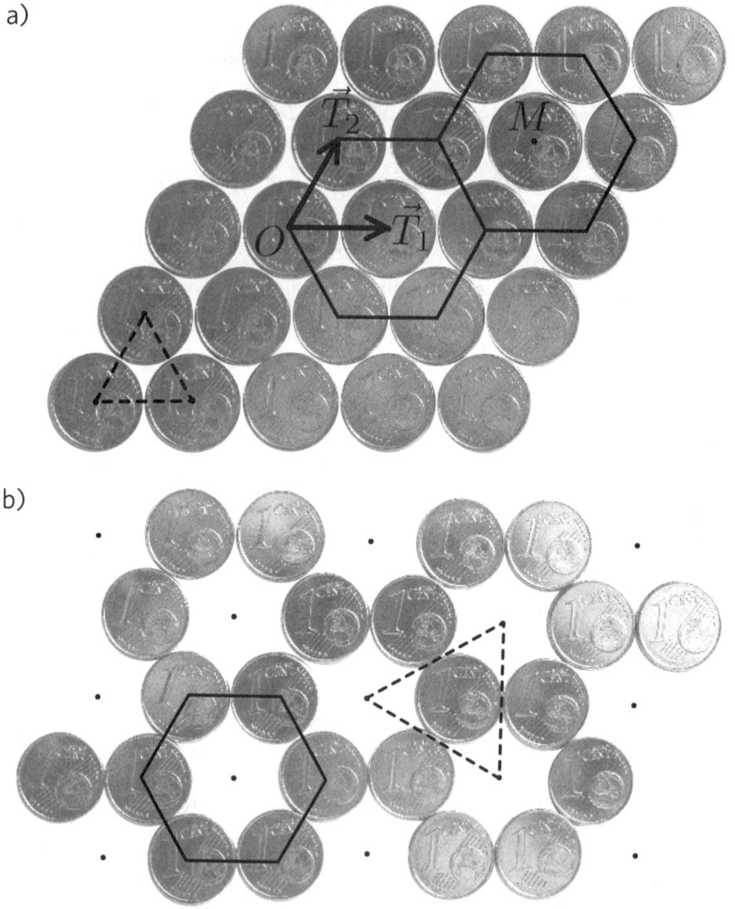

Figure 3-3. *a) Pavage de disques formant un réseau triangulaire. À partir des deux vecteurs de base T_1 et T_2 du réseau, on peut obtenir tous les centres de disques (tous les sommets du réseau) par une simple relation OM = $n_1 \mathbf{T}_1 + n_2 \mathbf{T}_2$, où n_1 et n_2 sont entiers (ici $n_1 = 2$ et $n_2 = 1$). b) Pavage et réseau hexagonal. Le réseau des centres des hexagones est un réseau triangulaire. De même, dans le cas a), le réseau des centres des triangles était hexagonal. Il en résulte une confusion des termes triangulaire et hexagonal.*

l'empilement charnu est sa *compacité**, la fraction de surface occupée par les cercles en contact. Un calcul élémentaire montre que pour un *empilement triangulaire* cette compacité est de $\pi / (2\sqrt{3})$

a)

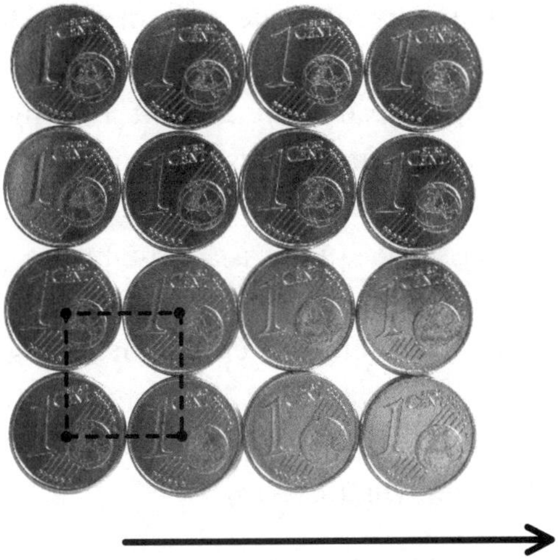

b)

Figure 3-4. *a) Réseau carré et pavage correspondant. Le réseau est moins compact que le réseau triangulaire, et très peu stable. b) Un simple glissement de couches du réseau carré parallèlement à leur direction conduit à un empilement triangulaire plus compact.*

soit à peu près 91 %. C'est la plus grande compacité que l'on puisse produire sur un plan avec des disques de même diamètre. La surface des vides résiduels, la *porosité** de cette structure, n'est alors que de 9 %, soit le complément à l'unité de la compacité. On réalise un *empilement carré* en plaçant des billes en contact aux sommets d'un carré de côté égal au diamètre $2R$ des billes. Sa compacité est de $\pi/4$, qui est le rapport de la surface πR^2 d'un cercle à celle du carré de côté $2R$ soit $4R^2$ (figure 3-4a). Cette valeur, 0,79, est notablement plus faible que celle du réseau triangulaire. Le nombre de contacts des billes avec leurs voisines, ou *coordinence**, passe de quatre à six quand on passe du réseau carré au réseau triangulaire. On ne rencontre d'ailleurs dans les cristaux que très rarement des empilements réguliers carrés. Ils sont peu stables et peuvent être remplacés continûment par des remplissages plus compacts en faisant glisser les billes en contact par un *cisaillement** (figure 3-4b).

Des billes en volume

Comment passer de cette description de billes déposées sur un plan à celle d'un ensemble de sphères en volume ? Deux approches sont possibles : la première consiste à empiler des couches cristallines à deux dimensions les unes au-dessus des autres. L'autre approche, que nous suivrons plus loin, part de l'empilement local le plus simple que l'on sache produire en volume : une pyramide de quatre sphères en contact, dont les centres forment un tétraèdre ; elle conduit à des structures désordonnées qui sont la solution le plus souvent rencontrée dans la nature. Nous suivrons successivement ces deux démarches.

Commençons par étudier les structures ordonnées dans l'espace (figure 3-5) en partant d'un plan de billes A formant un réseau triangulaire régulier. Les creux au-dessus de cette couche permettent de placer une nouvelle couche de billes par-dessus. Chaque bille de la nouvelle couche sera en contact avec trois billes de la couche inférieure pour former, de proche en proche, une nouvelle couche dense, le plan de billes B ; ce faisant, un creux sur deux seulement de la couche inférieure a été recouvert. Posons une troisième couche. Nous avons la possibilité de le faire à la verticale de la première couche dans un creux sur deux de la seconde couche et ainsi de suite, soit ABAB... On réalise ainsi un empilement périodique à trois dimensions, le cristal hexagonal compact (HC). Un second empilement périodique a la même compacité que le réseau hexagonal. Au lieu d'une structure ABAB... on aurait pu aussi poser les billes d'une troisième couche, à la suite d'une superposition AB, à la verticale des creux inoccupés de la première couche A. On appellera C les couches d'atomes ainsi placés. Le cristal obtenu par un empilement ABCABCA... se trouve avoir la symétrie d'un cube. Ce réseau cubique est dit à faces centrées (CFC) car il possède une sphère à chaque sommet et au centre de chaque face du cube. L'image est bien utile dans ce cas pour reconnaître cette surface cubique (figure 3-6).

Sur les deux images a et b de la figure 3-7, une bille centrale de la couche B est entourée de six billes dans son plan et de trois

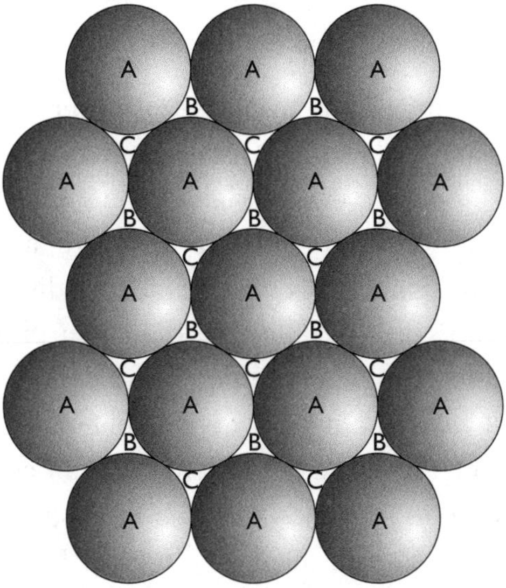

Figure 3-5. *Principe de construction des réseaux : hexagonal compact (HC) avec une séquence de remplissage par couches A-B-A... ; cubique à faces centrées (CFC) avec A-B-C-A-B...*

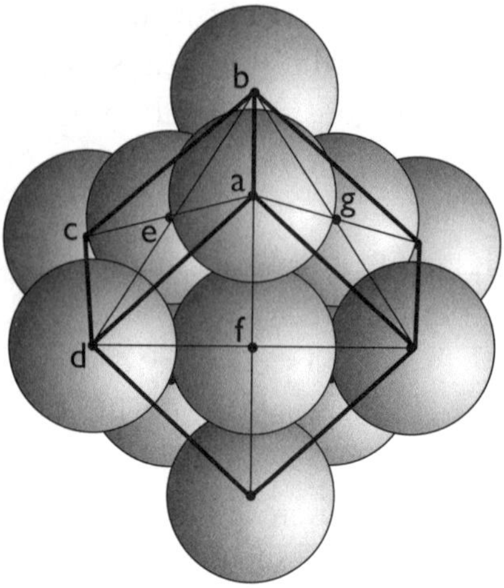

Figure 3-6. *Structure locale de l'empilement CFC. Les sphères e, f, g sont au centre des faces du cube issues de la sphère a et forment un triangle en contact avec celle-ci. Au centre de chaque face telle que a, on a une nouvelle sphère, d'où l'appellation Cubique à Faces Centrées. (On remarque qu'il n'y a pas de place pour une sphère au centre du cube). L'axe perpendiculaire au plan efg correspond au plan vertical de la figure 3-5.*

billes de part et d'autre dans les plans voisins, pour les deux empilements, hexagonal et cubique à faces centrées, que nous venons de décrire. La bille centrale – en fait chaque bille dans un empilement périodique – est en contact avec douze autres : sa *coordinence** est donc de douze. La *compacité**, c'est-à-dire le pourcentage de volume occupé par les billes, est d'un peu plus de 74,05 %. Cette compacité est légèrement inférieure à celle de 77,96 % que l'on obtiendrait localement pour quatre sphères en contact entre elles formant un tétraèdre. Cette différence a fait couler beaucoup d'encre. L'astronome Johannes Kepler a prolongé sa réflexion sur des empilements plans, affirmant qu'il n'existait pas d'empilement globalement plus compact que l'empilement périodique naturel de grains de grenade (CFC). Les mathématiciens se sont efforcés depuis de valider cette conjecture. En 1998, Thomas Hales a proposé une preuve basée sur l'utilisation de l'intelligence artificielle,

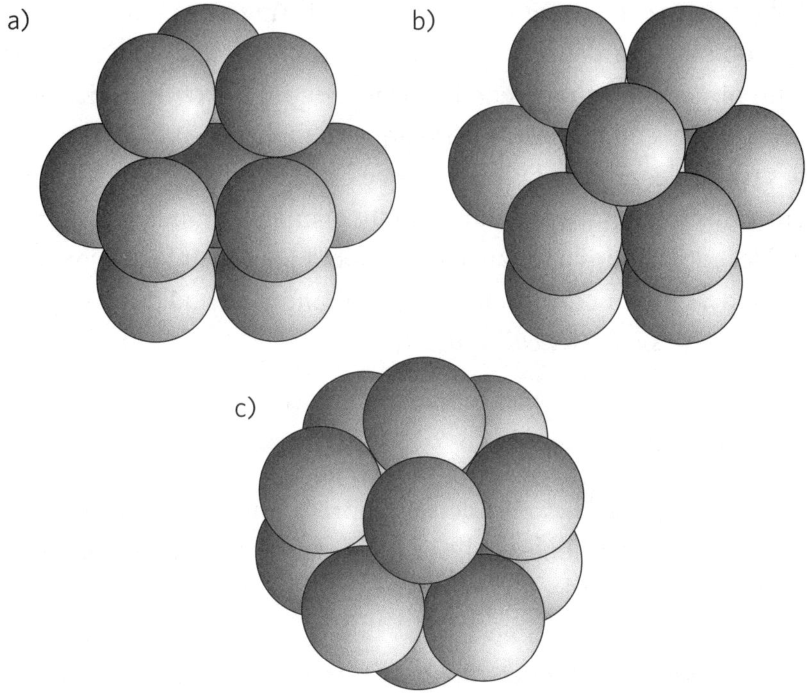

Figure 3-7. *Trois arrangements réguliers de douze balles de ping-pong autour d'une balle centrale. Le premier a) correspond à l'empilement hexagonal compact, le second b) à l'empilement CFC et le troisième c) à un empilement icosaédrique.*

preuve qu'il finalisa quelques années plus tard. Mais les mathématiciens familiers des espaces de tailles bien supérieures à nos trois dimensions ne comptent pas s'arrêter là. Maryna Viazovska, jeune mathématicienne ukrainienne, a récemment résolu ce problème en dimension 8 puis 24 ! Ce qu'il a de plus étonnant, c'est que le problème d'empilements de sphères à n dimensions ne manque pas d'applications concrètes : il est à la base des codes de correction d'erreurs utilisés dans les télécommunications, permettant de reconstituer une information altérée lors de mauvaises transmissions.

Il existe d'autres empilements périodiques dans l'espace, moins compacts que ceux que nous venons de décrire. Leur étude est l'objet de la *cristallographie*. La plupart d'entre eux ne peuvent pas être obtenus par des billes en contact, même si ce fut l'idée initiale d'un physicien, l'abbé René Just Haüy, en fin du XVIIIe siècle. Mais revenons aux empilements périodiques de sphères en faisant appel à des particules en suspension. Dans ce cas, les distances bien définies entre des sphères voisines ne sont plus assurées par un contact, mais par les interactions à distance qui tendent à les maintenir éloignées l'une de l'autre et favorisent des organisations périodiques. C'est le domaine des *cristaux colloïdaux**.

Colloïdes et opales

Au cours des deux premiers chapitres, nous avons fait connaissance avec les particules colloïdales d'or. Nous avons vu comment leur couleur prend en compte leur taille. Nous avons aussi vu les formes d'agrégats fractals qu'elles permettent d'obtenir. Une autre classe de colloïdes qu'on sait produire chimiquement par synthèse organique en phase liquide sont les billes de « latex ». On peut acheter commercialement des billes sphériques de polymère (polystyrène) en solution, toutes d'un même rayon qui est variable, selon les conditions de synthèse, entre 0,1 µm et 1 µm. On les dilue ensuite dans une solution ayant un indice optique voisin de celui des billes, ce qui fait que le milieu est presque transparent. Lorsque la concentration des billes est suffisante (disons pour une concentration volumique de 50 %), au bout de quelques instants la suspension présente de splendides irisations de couleurs, comme on peut en voir aussi sur les opales dont nous parlerons plus bas, et qui changent avec l'angle sous lequel on la regarde. Les particules sont disposées suivant un réseau cristallin ; la lumière qui arrive sur les « méga-atomes » de ce « cristal » est réfléchie sélectivement suivant un angle qui dépend de la valeur de la longueur d'onde. Ce phénomène de diffraction sélective résulte de l'accord de phase des ondes renvoyées par l'ensemble des sphères en volume. Si cette condition, fonction de la longueur d'onde, n'est pas vérifiée, aucune lumière n'est réfléchie. On a ici l'analogue de la *réflexion de Bragg* des rayons X par les atomes, une découverte qui a permis l'étude précise de la matière cristalline. Dans le cas des rayons X, la longueur d'onde et la distance interatomique étaient toutes deux de l'ordre de l'angström (1 Å = un dixième de milliardième de mètre) ; dans le cas présent, la distance entre les billes est de l'ordre du millier d'Å, c'est-à-dire de l'ordre de la longueur d'onde de la lumière visible. La longueur d'onde de la lumière joue donc le rôle d'un calibre, d'une échelle sur une règle dont on choisit le pas pour qu'il s'ajuste au mieux à la structure que l'on mesure.

L'organisation cristalline des particules colloïdales, telles que les sphères de latex en solution, tient aux répulsions entre les particules qui portent toutes des charges de même signe. Les sphères se repoussent, mais elles sont, en même temps, contraintes de rester dans le récipient, ce qui conduit finalement à un empilement périodique. Les sels minéraux que contient le liquide où flottent les sphères sont dissociés en ions dont les charges font écran aux charges que portent les sphères, ce qui limite la répulsion électrostatique. Si la concentration en sel de la suspension est élevée, les forces entre les grains ne suffisent plus à créer le cristal. Les billes sont alors distribuées dans un état désordonné et amorphe.

Il est possible d'utiliser des suspensions de colloïdes comme modèles des changements d'état de la matière en faisant varier la concentration de particules colloïdales en solution. Dans cette expérience, les interactions répulsives entre les billes sont de nature géométrique : les billes ne sont pas lisses ou « chauves », mais « chevelues » et couvertes d'une fine couche (10 nm) de molécules linéaires de polymères qui s'attachent par une extrémité à la bille, comme des balles de tennis neuves ; la compression de leur chevelure lorsque deux billes s'approchent l'une de l'autre est à l'origine d'une force répulsive entre elles. Aux faibles concentrations,

Figure 3-8. *Cliché de la surface d'un cristal colloïdal constitué de grains de latex.*

les billes restent en désordre les unes par rapport aux autres. La suspension apparaît laiteuse par suite de la diffusion de la lumière par les grains isolés, comme dans le cas du lait dont nous avons parlé au premier chapitre. Lorsque les billes remplissent entre 44 et 50 % du volume, elles forment un cristal (figure 3-8). Aux concentrations intermédiaires, à savoir entre 40 et 44 %, si on laisse la suspension assez longtemps au repos, elle se sépare en deux phases : une partie cristallisée au-dessus, une zone amorphe en dessous telles que la fraction cristalline croît de 0 à 100 % lorsqu'on augmente la concentration des billes entre 40 et 44 %. Cela est analogue à la transition entre un liquide et un solide : au point de fusion, il existe une plage d'états où les deux phases sont présentes, depuis un état limite avec des premiers cristaux dans un liquide jusqu'à l'autre extrémité où existe une dernière goutte liquide en équilibre avec le cristal.

Que se passe-t-il à des concentrations plus élevées que 50 % ? On a toujours un état cristallin, mais les petits cristaux qui se forment les uns à côté des autres sont orientés dans toutes les directions et, coincés, ne peuvent se réorienter pour produire un plus grand cristal. Plus la concentration croît, plus cet effet augmente jusqu'à ce que l'on arrive à une concentration maximale de 55 %, où le désordre se fait à la petite échelle de la distance entre deux billes. On a obtenu un verre.

Un autre cas de réalisation naturelle, cette fois-ci, de l'ordre cristallin avec des objets microscopiques est celui des *opales**. Elles sont constituées de billes de silice de rayons identiques entre elles (de l'ordre du millier d'Å). Ici, ce ne sont pas des interactions électrostatiques entre les billes qui conduisent à la structure cristalline, mais leurs contacts. Dans une eau enrichie progressivement en silice, la précipitation de silice conduit à un gel constitué de particules de quelques centaines d'angströms de diamètre. Ces particules, en s'agglomérant, donnent ensuite de petits grains sphériques bien calibrés qui sédimentent très lentement dans le gel en s'ordonnant en un réseau compact sous l'effet de leur poids. Ce qui fait la beauté des bijoux qu'on crée à partir de ces matériaux est le chatoiement des couleurs dû à la diffraction de la lumière par l'organisation en plans parallèles et équidistants comme pour des réseaux de billes de silice, dans les cristaux colloïdaux.

MÉTAMATÉRIAUX

L'exemple des opales montre que l'on peut transposer, dans des arrangements de particules macroscopiques, des propriétés présentes dans les systèmes atomiques d'agencement similaire : à la réflexion sélective des rayons X (réflexion de Bragg) dans les cristaux, correspond celle de la lumière visible pour l'opale. On parle de *cristaux photoniques* pour décrire de telles structures dont les propriétés optiques peuvent être ainsi contrôlées en jouant sur l'organisation de ce jeu de construction macroscopique. Il peut s'agir d'un autoassemblage dans les empilements naturels de particules colloïdales (figure 3-8) ou d'une construction couche par couche, ce qu'on commence à savoir faire techniquement à des échelles de l'ordre du micron.

Ces métamatériaux (*meta* signifie « au-delà » en grec) possèdent de nombreuses autres propriétés ajustables en fonction de la nature et de la géométrie des empilements. On commence à en rencontrer de nombreuses applications. Nous en verrons un exemple en acoustique.

Le désordre des milieux granulaires

Nous allons de nouveau utiliser nos billes solides pour examiner des structures non périodiques en commençant, comme pour l'état cristallin, par regarder des organisations sur une seule couche. Cette observation nous guidera pour faire connaissance avec le désordre des empilements en volume.

Les défauts dans une couche de billes…

Un empilement plan a rarement la structure idéale faite de triangles équilatéraux assemblés rencontrée sur la figure 3-3a. Laissons rouler des billes sur un plateau incliné de forme rectangulaire. L'empilement va devoir s'ajuster en tenant compte des rebords qui sont à angle droit. Or il n'existe pas d'angle droit dans l'empilement triangulaire, ce qui donne localement l'avantage au réseau carré ! Le réseau triangulaire l'emportera assez loin du coin carré, mais en créant des défauts pour permettre des ajustements.

La figure 3-9 a été obtenue en formant à la surface de l'eau un lit de bulles toutes de même diamètre. En regardant l'empilement

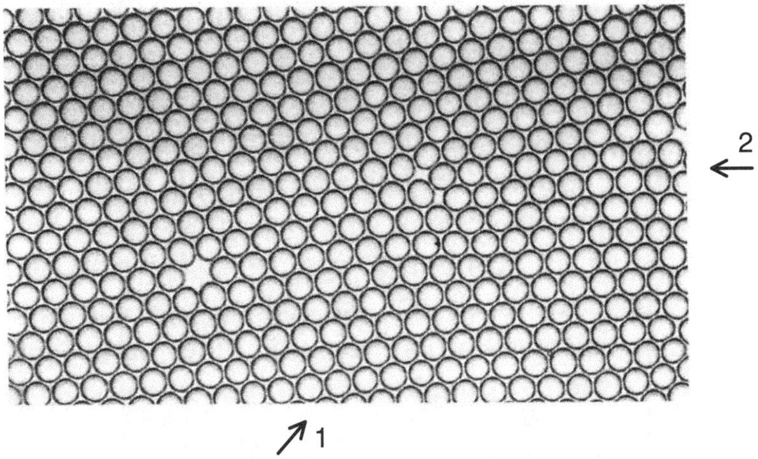

Figure 3-9. *Réseau périodique de bulles formées à la surface de l'eau. Si le réseau semble parfait, il existe néanmoins des* dislocations. *On peut en voir une par observation rasante le long de la direction 1. La dislocation correspond à l'addition d'une rangée de billes jusqu'au niveau 2. On observe aussi un défaut ponctuel (lacune ou absence d'une bulle) qui ne fait pas perdre l'ordre à grande distance.*

triangulaire, apparemment parfait, le long de la direction de la flèche 1 en vision rasante, on remarque qu'une ligne de bulles s'est arrêtée au niveau d'un point identifié à la rencontre de l'autre flèche 2 : ce défaut élémentaire d'empilement est une *dislocation**. On a perdu l'ordre à grande distance ; pour joindre deux points situés de part et d'autre de cette ligne, on n'utilisera pas les mêmes valeurs des nombres entiers n_1 et n_2 qui nous avaient servis à repérer le sommet d'un disque du réseau triangulaire (figure 3-3a). Des lignes de dislocations se forment à la frontière de monocristaux et sont appelées *joints de grains* comme sur le modèle à deux dimensions de la figure 3-10 et l'image de la figure 3-11.

Ces images nous permettent de comprendre un concept important de la mécanique, celui de *plasticité**. Par le déplacement irréversible des joints de grains, on déforme le matériau. Un lit de bulles ou de billes que l'on a déformé en déplaçant ses bords

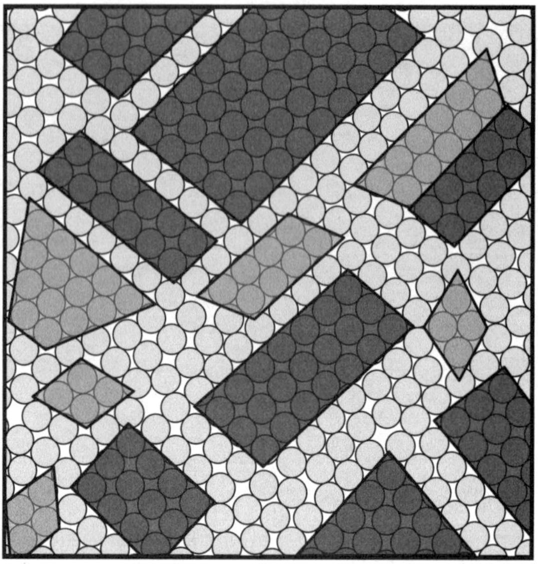

Figure 3-10. Polycristal modèle apparaissant dans un empilement de grains quasi monodispersés. On distingue des zones d'arrangement triangulaire (en clair) et rectangulaire (en foncé). Les joints de grains qui délimitent la frontière entre les zones cristallisées peuvent être vus comme des lignes de dislocations.

prend une nouvelle forme d'organisation, trouve un nouvel équilibre, sans chercher à retourner après coup à sa position de départ. Cela contraste avec ce qui se serait passé si l'on n'avait exercé qu'un petit effort. Dans ce cas, les joints de grains n'auraient pas bougé : seules les bulles se seraient un peu déformées. En supprimant la force, le lit de bulles aurait repris sa forme initiale. On est alors dans le domaine *élastique**. On peut augmenter l'extension de ce domaine élastique en gênant le mouvement des joints de grains. C'est ce que font les atomes d'impuretés dans un alliage métallique, comme pour le carbone dans le fer qui donne la fonte.

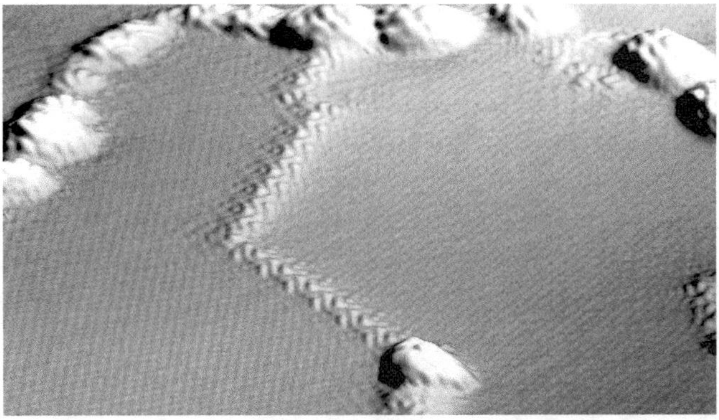

Figure 3-11. *Joint de grains à la frontière de deux nanocristaux de graphène déposés sur un cristal de cuivre, vu par microscopie à effet tunnel.*

… et le désordre résultant

Où s'arrête l'accumulation de défauts ou la diminution de la taille élémentaire des petits cristaux, pièces de puzzle d'un polycristal ? Aux atomes ou encore à des tout petits cristaux de quelques atomes ?

On peut reproduire à partir des empilements modèles à deux dimensions de disques, l'équivalent de ces structures amorphes. Il suffit de mélanger des disques qui n'ont pas exactement le même diamètre. C'est ce que l'on a fait sur la figure 3-12, où un petit pourcentage de gros disques a été ajouté à un ensemble de disques de plus petit diamètre. Il apparaît des vides, puisque six disques encerclant un plus gros disque ne pourraient plus tous être en contact avec lui. Ce défaut local perturbe la croissance régulière du cristal triangulaire et donne lieu localement à une structure amorphe.

Figure 3-12. *Pour obtenir un empilement désordonné plan avec des pièces de monnaie de même diamètre, il suffit d'ajouter un petit pourcentage de plus grosses pièces.*

Du désordre dans un sac de billes

UN ICOSAÈDRE DE BILLES ET UN BALLON DE FOOTBALL

En débutant l'étude des empilements en volume, nous avons annoncé deux approches. Nous avons suivi la première en réalisant des cristaux à trois dimensions par empilement de couches cristallines. La seconde consiste à regarder les mille et une manières de réaliser localement un empilement dense à partir d'une bille individuelle, et à le prolonger pour réaliser un empilement de grande taille. Nous avons déjà vu, à partir des cristaux cubiques et hexagonaux, deux façons de placer douze billes autour d'une bille centrale (figure 3-5). Il existe en fait une infinité de façons de réaliser cette opération ; deux façons particulières parmi une infinité, ce n'est pas beaucoup ! Autant dire qu'on ne rencontre jamais ces structures ordonnées, sauf s'il existe un mécanisme particulier qui force l'état cristallin, comme c'est le cas pour les opales.

De fait, il y a une façon plus probable que toutes les autres de mettre douze billes autour d'une bille centrale. Partons de la structure élémentaire du tétraèdre régulier de quatre billes où une bille repose sur trois autres en contact. Oublions un instant ces billes et essayons de placer des tétraèdres côte à côte autour d'une arête commune. Ce sont cinq tétraèdres et non quatre ou six que nous pouvons ainsi disposer, et encore avec un petit vide. Or, tout cristallographe sait qu'une structure à cinq côtés est incompatible avec l'état cristallin. Partant de ces cinq tétraèdres, on peut, autour d'un sommet commun, placer une seconde couche de dix autres tétraèdres au-dessus, puis encore cinq autres en quinconce par-dessus, et finalement une bille au sommet. On a ainsi placé vingt tétraèdres autour d'un sommet (figure 3-7c). Si l'on replace les billes aux sommets des tétraèdres, on voit que douze entourent la bille centrale, mais qu'il reste un petit vide. En redistribuant ce vide de façon uniforme entre les douze sphères périphériques, celles-ci se placent aux sommets d'un polyèdre régulier à vingt faces planes triangulaires, qui est un *icosaèdre*.

Cette structure est bien localement la plus probable du point de vue de l'organisation locale puisqu'elle résulte de l'assemblage des structures élémentaires de tétraèdres. On la rencontre d'ailleurs dans des petits agrégats de quelques atomes que l'on sait produire en faisant une projection d'un jet de quelques atomes sur une surface refroidie. Elle est aussi présente dans de nombreux exemples naturels tels que les têtes de certains virus. On peut enfin la reconnaître dans les ballons de football de la figure 11-1, que l'on peut se représenter comme un icosaèdre dont on aurait rogné les douze sommets pour les remplacer par douze facettes pentagonales qui sont nécessaires pour fermer une boule. Par accident, on découvrit dans des fumées de carbone des structures moléculaires régulières à soixante atomes avec la symétrie d'un ballon de football : soixante atomes, c'est le nombre de sommets ou de coins d'un ballon de football, vous pouvez vérifier ! Le nom de ces organisations moléculaires, le *fullerène*, est associé à celui de l'architecte américain, Buckminster Fuller, qui a réalisé un Géodome pour l'Exposition universelle de Montréal par un pavage semblable à celui de la molécule géante de C_{60}. Cet exemple d'organisation géométrique d'atomes de carbone a été récompensé par trois prix Nobel. Sa structure locale est la même que celle du graphène présentée en figure 3-2, et qui est l'objet de nombreuses applications.

CONSTRUIRE LE DÉSORDRE EN VOLUME

Un icosaèdre de billes forme donc une structure locale très probable et donc très stable. En revanche, lorsqu'on rajoute des billes aux douze sommets qu'il comporte pour faire grossir cette structure, l'existence des vides autour de chaque bille supplémentaire conduit à une diminution progressive de la compacité : il y a incompatibilité entre une structure compacte à l'échelle macroscopique et la structure localement organisée de l'icosaèdre. L'existence du désordre que représente le vide qui subsiste dans cette structure s'amplifie quand on continue à adjoindre des billes. La structure obtenue perd complètement la mémoire du germe initial. Si l'on dépose quelques atomes d'argon sur une surface froide de façon qu'ils restent immobiles, ils se rassemblent en une structure icosaédrique. Mais si l'on augmente ce nombre, cette structure ne persiste pas et ils se réorganiseront en une forme cristalline. On peut dire qu'on est passé du domaine de la physique moléculaire à celui de la physique des solides !

L'organisation des empilements désordonnés de sphères de même diamètre a fait l'objet de nombreux travaux expérimentaux et numériques, en particulier en Angleterre. Il faut citer d'abord ceux de John Bernal, qui décrivait ainsi la structure d'un liquide : « Une assemblée homogène, cohérente et essentiellement irrégulière de

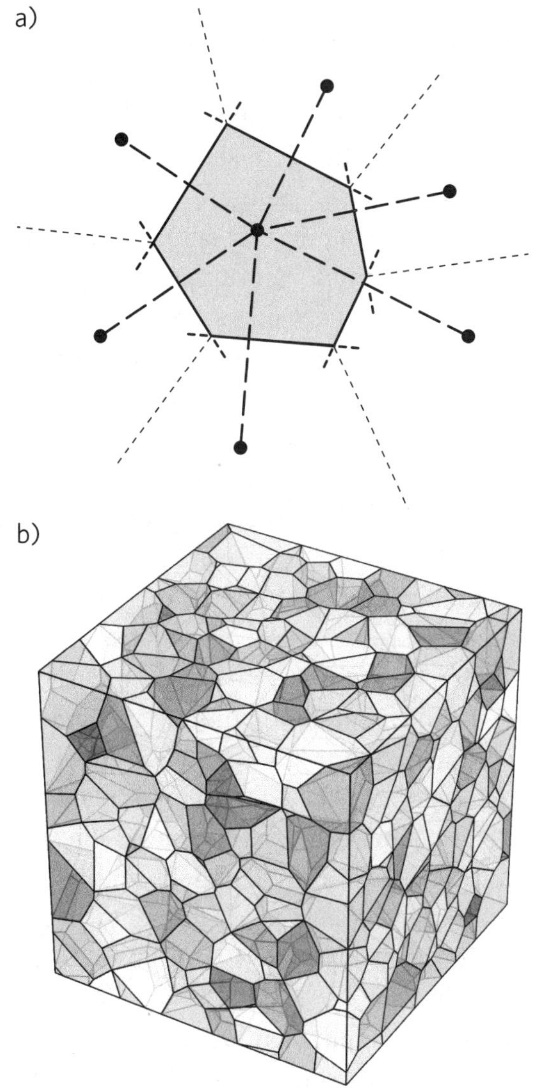

Figure 3-13. *a) La construction de Voronoï permet de remplacer un ensemble désordonné de points, comme les centres des pièces de la figure 3-12, par des polygones en contact. Ils sont construits à partir des médianes entre les centres de grains voisins ; b) exemple de construction de Voronoï à 3 dimensions.*

molécules, ne contenant ni régions cristallines, ni, dans leur forme basse température, de trou suffisamment grand pour contenir une autre molécule. » Cela l'a amené naturellement à un empilement désordonné de sphères construit en versant les sphères dans une enveloppe de caoutchouc que l'on secoue. Il versait ensuite de la peinture dans l'enveloppe. La peinture, une fois drainée, assurait en séchant la tenue mécanique de l'empilement et en permettait l'étude. Il démantelait l'empilement sphère par sphère, en repérant soigneusement les coordonnées du centre de chaque sphère avant de l'enlever. Il lui était alors possible de retrouver les organisations locales des grains et les contacts entre eux.

Bien que les empilements désordonnés de sphères dures tels que celui construit par Bernal soient souvent qualifiés d'aléatoires, leur structure ne l'est pas totalement car les effets d'exclusion (le fait que deux sphères voisines ne peuvent pas s'interpénétrer) interdisent certaines configurations et sont à l'origine d'un certain *ordre à courte distance** dans les positions des sphères. La construction de Voronoï, (figure 3-13a) présentée ci-dessous pour les empilements sur un plan, est ici encore un outil puissant pour identifier les structures locales en volume au niveau d'une sphère et de ses voisines immédiates (figure 3-13b). Dans l'espace, les plans bissecteurs des lignes joignant les centres des sphères remplacent les médiatrices que l'on traçait dans le plan ; on obtient ainsi un ensemble de polyèdres, qui ressemblent à ceux que forment des bulles dans une bouteille de bière secouée, au lieu d'un ensemble de polygones dans le cas de 2 dimensions.

La description d'un empilement de sphères à partir d'un assemblage de polyèdres n'est pas nouvelle. En 1727, le révérend Stephen Hales publiait les résultats d'une expérience sur l'absorption d'eau par des petits pois empilés dans un pot fermé et maintenus en compression pour conserver un volume constant : en se dilatant, les petits pois emplissaient au mieux les vides en s'écrasant un peu et prenaient la forme de polyèdres que Hales a décrits comme étant de « jolis dodécaèdres réguliers » (des polyèdres réguliers à douze faces pentagonales). La construction de Voronoï appliquée à un empilement cristallin compact conduit à des polyèdres réguliers à douze faces. Par contre, dans le cas d'un empilement désordonné, on obtient un ensemble de polyèdres irréguliers qui diffèrent à la fois par leur topologie et par leur forme. Les caractéristiques marquantes de ces polyèdres sont un nombre moyen de faces légèrement supérieur à quatorze et une prédominance (près de 40 %) des faces pentagonales.

Jouer avec les tailles

À la lumière de ce que nous avons dit plus haut, il apparaît bien difficile de changer la compacité d'un empilement ; cela sera l'objet du prochain chapitre. Il est cependant important industriellement de varier la compacité dans une large gamme. Souvent, on cherche à éliminer les vides pour améliorer la robustesse, diminuer les possibilités d'infiltration entre les pores. D'autres fois, au contraire, on cherche à réaliser des matériaux allégés ; ce sera le cas de certains filtres de matériaux conducteurs (cuivre fritté) utilisés pour des transferts de chaleur avec un fluide remplissant l'espace poreux. Comment donc rendre plus ou moins compact de façon sensible un matériau granulaire ? Limitons-nous à considérer comment les changements de forme de particules non sphériques indéformables conduisent à des variations importantes de cette compacité. Une autre possibilité que nous examinons en premier consiste à réaliser des structures à partir de grains de tailles différentes qui permettent de diminuer les vides dans des empilements.

LE REMPLISSAGE APOLLONIEN

Pour augmenter la compacité d'un empilement réalisé avec des billes d'un même diamètre, une solution consiste naturellement à remplir les vides présents dans l'empilement par des grains plus petits. Le « diamètre » du vide intérieur à un tétraèdre régulier

Figure 3-14. *Dans ce modèle numérique apollonien, les billes remplissent un espace dont la porosité tend vers zéro avec la taille des plus petites billes.*

est égal à 0,225 fois celui des sphères formant le tétraèdre (voir figure 11-1). On peut généraliser cette opération en faisant une itération et rêver de réaliser un empilement optimal dans lequel, de façon séquentielle, les espaces laissés vides à un niveau de l'empilement seraient remplis exactement par des billes de plus petit diamètre, et ce jusqu'à l'infiniment petit. Cela avait été imaginé par Apollonios de Perga plus de trois siècles avant notre ère et est représenté sur la figure 3-14. Notons en passant que la géométrie de cet empilement est une illustration d'un objet *fractal** dont nous avons parlé au premier chapitre puisqu'il présente la même géométrie moyenne à différentes échelles.

Il n'est pas très réaliste de chercher à réaliser expérimentalement cet empilement optimal dont la porosité après un grand nombre d'itérations devrait tendre vers zéro. À trois dimensions, on pourrait penser à placer des billes en impesanteur avec une distribution de tailles bien calculée et, par une séquence de

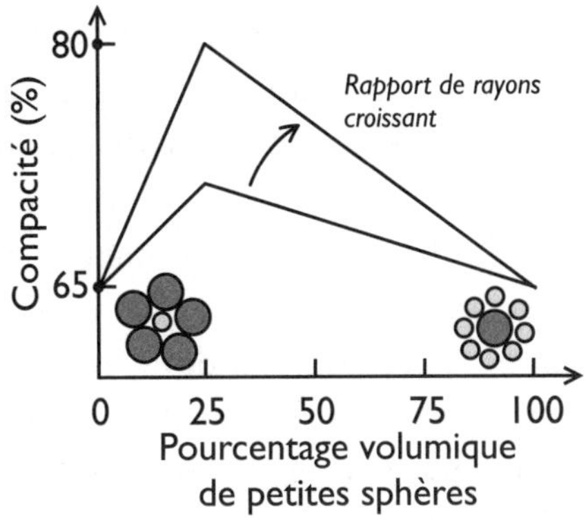

Figure 3-15. *La compacité d'un mélange binaire de sphères présente un maximum pour une teneur en petites sphères de l'ordre de 25 %. Cette compacité maximale augmente quand le rapport des rayons croît.*

compressions et d'extensions sur l'ensemble, obtenir un remplissage optimal. Mais on peut s'en approcher en réalisant des mélanges de grains de diamètres différents. Commençons par un mélange de billes de rayons r_1 et r_2 ne différant pas trop pour que les petites ne puissent pas se déplacer librement dans l'espace des pores des grosses, disons $r_2/r_1 = 2$. On constate (figure 3-15) que, quels que soient les pourcentages relatifs des deux espèces de billes, la compacité est toujours plus élevée que si on n'avait qu'une seule valeur de rayon (la compacité est bien sûr la même pour 100 % de billes 1 et pour 100 % de billes 2). Pour un tout petit pourcentage de petites billes, ces dernières remplissent au mieux les intervalles entre les grosses. Lorsque, au contraire, il y a peu de grosses billes, celles-ci remplacent par leur volume plein un volume qui, occupé par les petites, aurait comporté des vides. Partant de ce mélange binaire, on peut envisager des mélanges ternaires… À chaque ajout d'une catégorie de billes, on augmente la compacité.

*

* *

Ce chapitre nous a fait visiter divers modes d'organisation de milieux granulaires à partir du modèle simple d'empilements de sphères et de disques. Nous sommes partis d'empilements périodiques en progressant vers la situation la plus courante d'empilements désordonnés. Ce désordre sera monnaie courante dans toute la suite de cet ouvrage. La géométrie des grains individuels, la distribution de taille, les conditions de la mise en place ou des écoulements de ces milieux, se décriront en termes de moyennes. Nous entrons dans le monde de la géométrie du désordre, que les expériences modèles et de terrain ainsi que les simulations numériques nous permettent de mieux caractériser.

CHAPITRE 4

Compacité d'un empilement

« C'est une mesure bien pleine, tassée, secouée, débordante, qui sera versée. »

Évangile de LUC.

Le chapitre précédent nous a familiarisés avec divers types d'empilements, ordonnés ou non, en étudiant leurs propriétés géométriques. Nous allons regarder plus précisément comment ajuster la compacité des empilements et, tout particulièrement, celle d'empilements désordonnés.

Les limites de la compacité

Dans tout matériau, l'ordre ou le désordre à petite échelle conduisent à des propriétés moyennes très différentes : ce sont celles qui intéressent celui qui veut modéliser le comportement macroscopique d'un milieu granulaire sans avoir besoin d'en connaître des détails.

Une de ces grandeurs, introduite au chapitre précédent, est la fraction de volume qu'occupent les grains ou *compacité**. Nous avons vu qu'elle dépend de manière sensible de la façon dont on remplit un récipient.

Plusieurs valeurs supérieures

Laissons tomber l'une après l'autre des billes d'un même diamètre dans un récipient. Si le récipient est rempli d'un liquide visqueux, leur vitesse de chute est ralentie ; dès le contact avec d'autres billes, elles prennent leur position stable. La compacité est alors de l'ordre de 60 %. En les versant en vrac dans un récipient rigide, on peut obtenir une valeur un peu plus faible – de l'ordre de 56 à 60 % – mais cette procédure est peu reproductible. Au contraire, pour faire un empilement compact, on secoue et vibre le récipient au cours du remplissage, ou encore on fait tomber les grains par petites quantités d'assez haut pour que les chocs conduisent à des réorganisations locales. La compacité, dans ce cas, atteint près de 64 %. Cette compacité est la valeur maximale d'un empilement désordonné de sphères non déformables identiques.

Que se passe-t-il dans l'intervalle entre 64 % et les 74 % de l'empilement le plus compact rencontré dans le chapitre 3 ? Si l'on obtient une valeur intermédiaire entre ces deux valeurs, c'est que probablement le système est partiellement cristallisé. Cette discussion autour de ces valeurs limites n'est pas futile ! La transition entre les états est analogue à une *transition de phase** avec une augmentation du désordre, comme celle qu'on observe à la température de fusion entre l'état solide et liquide (si l'on excepte le cas anormal de la glace).

D'autres causes de vides

Ces variations de compacité ne sont pas spécifiques aux matériaux granulaires. Tout matériau augmente de volume lorsque la distance entre atomes ou molécules augmente sous l'effet de l'augmentation de température ou la diminution de pression. Comme on ne peut attribuer de volume aux atomes, on parle de densité ou de masse volumique plutôt que de compacité.

Les variations de compacité d'un milieu granulaire dépendent aussi de l'état actuel de l'empilement qui, lui-même, résulte des déformations successives qu'il a pu subir antérieurement. La compacité n'est donc pas une grandeur qui caractérise le matériau, mais plutôt une signature de son état interne. On ne peut pas parler de la compacité *absolue* du sel dans une salière, de la compacité du sol dans un désert ou de celle de la neige sur une piste. Il est plus correct de parler de l'état de compacité. Néanmoins, on peut se demander s'il existe des états d'empilement bien définis avec des valeurs de compacité qui caractériseraient le matériau de façon unique, et pas seulement son état d'empilement.

Lorsqu'on laisse tomber des billes dans une boîte, certaines s'arrêtent dès qu'elles touchent le tas en cours de formation ; d'autres roulent puis se stabilisent lorsqu'elles trouvent un état stable en s'appuyant sur trois autres. L'état d'empilement ainsi formé reflète un équilibre d'ensemble, chaque bille étant à l'équilibre sous l'effet des forces exercées par celles qui l'entourent : la compacité n'intervient nullement comme une cause ou comme un critère de stabilité de l'empilement ; ce sont d'abord les contacts et l'équilibre des forces qui importent. Si la compacité après le versement n'a pas atteint sa valeur maximale de 0,64, on peut l'augmenter en secouant légèrement l'ensemble, mais aussi la diminuer si l'on secoue trop : quel casse-tête ! L'augmentation de compacité nécessite des mouvements collectifs des grains. Ce qui limite la compacité cette fois n'est pas l'équilibre individuel de chaque bille (les billes étaient déjà à l'équilibre) mais plutôt le fait que les billes ne peuvent se recouvrir ; on parle d'*exclusions stériques*.

On va donc avoir deux compacités limites pour un matériau granulaire : une valeur maximale liée au fait que des sphères ne peuvent pas se chevaucher, et une valeur minimale liée à l'équilibre de chaque bille qui doit être assuré par un nombre minimal de contacts pour rester fixe. Les valeurs limites ne dépendent que du type du matériau granulaire : la forme des grains, leur distribution de tailles, le frottement entre eux, et les effets d'adhésion éventuellement. Pour les sphères de même taille avec un frottement important entre grains, la compacité minimale est de 0,56. Les états de compacité d'un assemblage de sphères dures de même taille varient donc entre les valeurs limites de 0,56 et 0,64. On verra par la suite comment ces valeurs dépendent des formes des grains.

La quête du Graal pour un sac de billes

Un problème qui a donné lieu à des recherches théoriques récentes est celui de la réalisation géométrique de l'empilement le plus compact possible. Il existe un nombre extrêmement grand de façons de disposer des billes les unes à côté des autres, même si l'on utilise des règles précises pour faire le remplissage. En fait, l'évaluation numérique des possibilités d'assemblage d'un nombre limité de billes (disons $N = 50$) qui conduirait à rechercher le remplissage optimal désordonné le plus compact défie tout ordinateur. Ce problème rentre dans la classe de ce que l'on appelle les problèmes complexes ou non polynomiaux, parce que le nombre d'opérations nécessaires, quand le nombre de billes croît, augmente plus vite que toute puissance de N. Il existe heureusement des solutions approchées. Rappelons-en l'esprit parce que, justement, on peut utiliser une image relevant de notre sac de billes : supposons que l'on veuille, partant d'un remplissage donné, en améliorer la compacité. On peut, par de petits ajustements successifs, chercher à gagner un peu en compacité, mais cela ne marchera pas bien. Une solution bien meilleure pourra conduire à des réorganisations globales beaucoup plus importantes. Il faut pour cela accepter de passer par des états moins compacts pour se donner une chance d'avoir accès à des solutions plus favorables. C'est un problème général d'optimisation. Comme nous l'avons déjà noté plus haut, il faut secouer puis tasser. Si l'empilement était fait de sucres en morceaux versés brutalement dans le sucrier, on ne gagnerait pas grand-chose à les comprimer… sinon à faire du sucre en poudre ! En revanche, en secouant légèrement et en laissant la gravité guider les grains vers une configuration globale plus favorable, on réalise un bien meilleur remplissage.

En pratique, le paramètre qui contrôle le processus de compaction sous vibration est le rapport entre l'amplitude de l'oscillation des grains et l'accélération de la gravité, c'est-à-dire l'effet de leur poids. Si la vibration est trop forte, la décompaction l'emporte : l'effet des vibrations est de maintenir le matériau dans un état lâche. Si, au contraire, elle est faible, elle ne joue qu'un rôle déstabilisant pour permettre aux grains de trouver un état plus dense.

Que se passe-t-il si on continue à vibrer un matériau granulaire ? Vous faites l'expérience chaque fois que vous remplissez un bocal de poudre ou de grains et que vous secouez pour le remplir le plus possible. La compaction continue, mais à un taux qui ne cesse de décroître. Initialement, le matériau est lâche et il est plus facile aux grains de trouver un état plus dense. Mais, au fur et à mesure que la compacité augmente, il leur faut un temps de plus en plus long pour trouver un état plus dense. En d'autres termes, le taux de compaction est proportionnel à la différence entre la compacité actuelle et la compacité maximale. Cette propriété conduit mathématiquement à une augmentation logarithmique de la compacité en fonction du temps : l'augmentation de la compacité entre 10 secondes et 100 secondes est la même qu'entre 1 000 et 10 000 secondes. Une telle évolution est synonyme de *dynamique lente*, comme on la rencontre en physique des verres qui sont des matériaux intermédiaires entre solide et liquide hors d'état d'équilibre.

La compaction lente sous l'effet des vibrations a inspiré de nombreux modèles en physique tels que le modèle de *parking*. On suit le remplissage d'un grand parking de voitures qui arrivent une à une. S'il existe une grande surface disponible et pas de places marquées, chaque voiture trouve rapidement un emplacement libre. Mais plus le parking est encombré, plus le temps de recherche augmente vite (exponentiellement) avec le nombre d'emplacements déjà occupés. Par conséquent, le nombre d'emplacements occupés augmente comme le logarithme du temps (l'inverse d'une variation exponentielle).

La compacité minimale

DIMINUER LA POROSITÉ

L'état de compacité minimale pose encore plus de problèmes ! En théorie et dans les simulations numériques, on peut utiliser une méthode efficace qui consiste à supprimer aléatoirement des grains au sein du milieu. Lorsqu'on retire un grain, on crée un espace vide qui peut être occupé par un grain voisin. On observe que, en retirant certains grains, l'équilibre d'ensemble n'est pas perturbé et que l'empilement reste stable avec une compacité légèrement réduite. Il s'agit d'une sorte de mikado où l'on remplace les tiges par des billes. Si l'on continue à retirer des grains, de temps en temps il se produit des réarrangements collectifs au cours desquels la compacité augmente subitement. Mais, globalement, la compacité diminue et le matériau tend vers une compacité limite inférieure. Ce processus est comparable à ce qui se passe dans les barrages en enrochement où l'érosion interne se traduit par une disparition progressive des petits grains que les gros ne peuvent retenir et qui a un état d'empilement lâche susceptible de s'effondrer.

On peut chercher à augmenter les vides dans un matériau pour l'alléger, pour atténuer le son qui le traverse, ou pour augmenter ses propriétés d'isolation thermique. L'utilisation de grains sphériques limite quelque peu les possibilités d'obtenir un empilement lâche du fait de leur facilité à rouler et à se réorganiser. Pour limiter leur mobilité, on peut jouer sur la forme individuelle des grains ou sur leur état de surface. L'existence de faces planes, de rugosités, de surfaces collantes ou humides favorise la création de vides supplémentaires et une formation de voûtes dont nous parlerons dans le prochain chapitre. Des protocoles spécifiques permettent de définir une compacité minimale reproductible. En science des sols par exemple, la compacité minimale est celle que l'on obtient par versement à partir d'une faible hauteur du matériau dans un récipient.

Dans la description de ces états limites, nous n'avons pas pris en compte la *cohésion** qui peut exister entre les grains. La présence de forces de collage influence les conditions d'équilibre des grains et donc leur compacité minimale. On réalise une pyramide humaine plus résistante en se tenant fermement la main qu'en s'appuyant simplement l'un contre l'autre ! Un grain peut alors rester en équilibre avec seulement deux autres grains. Sans rentrer dans la nature de ces interactions, nous concevons que, si elles sont assez fortes pour bloquer de façon irréversible un contact existant entre deux grains, on pourra réaliser des structures très lâches et mécaniquement rigides. Par exemple, les poudres fines utilisées dans les encres d'imprimerie ont des grains légers qui interagissent par des forces d'origine électrique, dites de *Van der Waals**, ce qui conduit à une compacité aussi faible que 0,3, et donne à la poudre un toucher duveteux.

SOLS ET GELS MODÈLES

Une *expérience de coin de table**, baptisée *effet Cheerios*, permet de modéliser la compaction de grains à deux dimensions. Comme son nom le suggère, on peut réaliser cette expérience en versant quelques céréales dispersées en surface d'un bol de lait. Les grains de la suspension se rapprochent et se collent entre eux progressivement sous l'effet de la déformation de la surface de l'eau qui réalise un équilibre entre leur poids, la poussée d'Archimède et la tension superficielle qui courbe la surface de l'eau autour de chaque grain : il s'agit d'une sorte d'effet matelas, celui qui fait que deux personnes dans un grand lit trop souple pourront être attirées l'une vers l'autre... par un effet purement mécanique. Des recherches de laboratoire utilisant des billes de cire flottant sur l'eau ont permis de modéliser la formation au cours du temps d'agrégats possédant

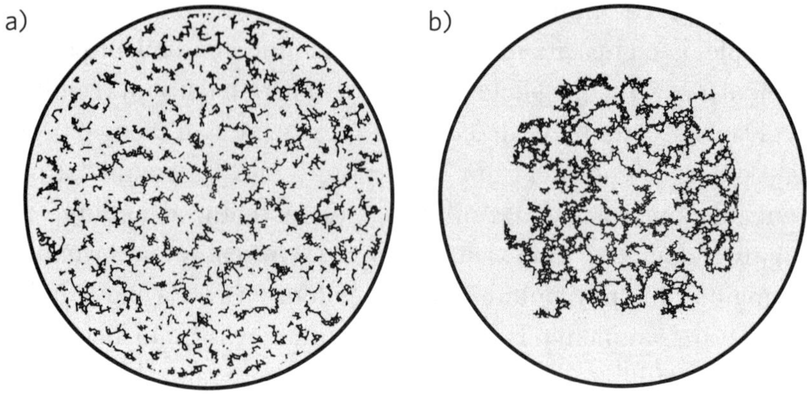

Figure 4-1. *Des billes de cire ont été jetées en désordre sur la surface de l'eau. Sous l'effet d'attractions dues à la déformation de cette surface, ces billes s'attirent et se collent. Les deux clichés correspondent à des temps croissants à partir du début de l'expérience. Celle-ci simule la formation de a) un sol, puis la formation d'un solide continu, b) un gel.*

une géométrie fractale qui sont de même nature que l'agrégat colloïdal présenté dans le chapitre 2 (figure 2-9). Les amas en cours de formation se déplacent librement en solution. La viscosité de la suspension (un sol) augmente alors avec la taille des amas et leur encombrement. Lorsque la concentration de billes dépasse une valeur seuil, le filet continu et ramifié de grains collés s'étend d'un bord à l'autre de la cuve. Nous avons là l'image d'un *gel**, qui est un solide faible généralement très déformable : une gelée de fruits nous en fournit un bon exemple… à goûter.

Cette longue présentation nous a permis d'envisager tous les états possibles en termes de compacité d'un milieu granulaire et d'en préciser les valeurs limites. Une fois les compacités limites connues, on peut définir une *compacité relative* entre 0 et 1 lorsque la compacité du milieu varie entre sa valeur minimale et sa valeur maximale. C'est cette compacité qui donne l'état d'empilement par rapport à des limites qui dépendent uniquement du matériau, et contrôlent les propriétés mécaniques.

Les effets de forme

Nous avons jusqu'ici limité notre étude à des objets simples comme des billes. Mais la grande majorité des grains d'origine végétale ou minérale ont des formes plus complexes et s'écartent nettement de la sphère comme paradigme du grain. Actuellement, une recherche importante vise à développer des formes de grains spécifiques permettant de contrôler les états d'empilement en vue d'usages pratiques tels qu'en architecture (figure 4-2) ou dans la protection de sites. On peut vérifier l'intérêt de telles particules en les versant en tas sur une surface. Les tas sont très stables ; ils présentent des angles limites plus élevés et ils résistent mieux à des effets d'avalanche qu'on rencontre avec les grains arrondis.

Figure 4-2. *Cette structure expérimentale d'architecture montre comment obtenir une paroi rigide avec un empilement très peu dense.*

Des grains très allongés

Intéressons-nous aux objets allongés : il suffit de regarder un sac de grains de riz long pour voir qu'ils s'arrangent localement parallèlement les uns aux autres et remplissent mieux l'espace de cette façon. Des crayons bien rangés – c'est un cas extrême – occuperaient 91 % de l'espace. Au contraire, si on laisse tomber ces mêmes crayons au hasard, ils se chevauchent en désordre comme les baguettes d'un jeu de Mikado : leur compacité est faible et fonction de la friction entre les tiges. En incorporant des fibres métalliques dans une matrice de résine que l'on laisse polymériser, on renforce mécaniquement la résine. Lorsque la concentration est telle que les fibres commencent à s'enchevêtrer, il se forme un chemin électrique continu, et le matériau devient conducteur. L'ajout de fibres dans des *bétons** à hautes performances dont nous parlerons au chapitre 10 a permis la construction de structures très légères et douées d'élasticité comme la passerelle qui joint le MuCEM et le fort Saint-Jean à Marseille.

Il est donc possible d'obtenir, pour une même concentration de fibres, deux états bien distincts aussi différents qu'un enchevêtrement de fibres désordonnées et une structure de fibres alignées. En laissant tomber les fibres en désordre, on obtient plutôt le premier état. En revanche, si l'on force une solution contenant des fibres à passer à travers un convergent comme un entonnoir ou une filière, on favorise l'état aligné. C'est ce que cherchent à faire les producteurs de fibres de polymère : les qualités mécaniques du Kevlar, qui est un matériau de synthèse, sont dues à l'alignement par extrusion des longues molécules qui le composent.

Ces longues fibres sont pleines d'intérêt, mais les suivre jusqu'au bout nous éloignerait de nos grains ! Contentons-nous de souligner que la variété des compacités de ces empilements suivant les conditions de remplissage est infiniment plus grande que pour les objets sphériques ou pour ceux que nous allons considérer ci-dessous.

Les bonbons M&Ms

Aussi curieux que cela puisse paraître, le rôle que joue la forme des particules sur les propriétés d'assemblage de grains « en vrac » est longtemps resté mal connu et peu étudié (peut-être un excès de confiance dans l'archétype du sac de billes !). Des expériences publiées dans la sérieuse revue *Science* en 2004 ont révélé que la sphère n'est pas la forme optimale pour réaliser un assemblage compact désordonné. En remplissant des bocaux de bonbons M&Ms, des chercheurs ont constaté que cette forme allongée et aplatie est bien plus efficace (figure 4-3). Là où un assemblage désordonné de sphères de même taille a une compacité de 64 %, dans le cas des M&Ms il est possible d'atteindre 71 %. En modifiant

Figure 4-3. *Alors qu'un empilement compact désordonné de sphères de même diamètre est limité à une compacité maximale de 64 %, celle des bonbons M&Ms atteint une valeur notablement plus élevée de 71 %.*

l'allongement de ces ellipsoïdes, la densité des assemblages croît jusqu'à atteindre un maximum très proche des 74 % pour un rapport entre la plus grande taille et la plus petite d'environ 1,5. La forme de ces bonbons leur permet d'optimiser leur arrangement bien au-delà de ce que pourraient faire des sphères. Ainsi, là où les sphères auront au maximum 6 contacts, les M&Ms pourront présenter jusqu'à 11 contacts ! Passée cette densité maximale, la compacité de l'assemblage décroît progressivement si l'on augmente l'allongement. Cela est dû à un effet de volume exclu qui domine pour des objets très allongés et conduit à des vides de plus en plus grands ne pouvant plus être comblés par les grains.

Des empilements numériques

Plus récemment, un groupe de chercheurs des universités de Montpellier, Grenoble et Lyon a pu généraliser ce type de comportement à des formes variées en 2 et 3 dimensions. Dans ce travail collaboratif, chaque groupe a simulé par ordinateur le dépôt de grains de différentes formes. Il leur a fallu définir des paramètres communs pour caractériser la forme de grains anguleux, allongés, à la surface plus ou moins torturée.

Mais, plutôt que de comparer en détail ces paramètres, on peut s'intéresser à l'écart à la sphéricité, en oubliant en première approximation les détails de creux et saillies des grains. Pour cela on considère les sphères (ou cercles en dimension 2) concentriques inscrites et circonscrites à la particule comme schématisé figure 4-4a. Le paramètre $s = 1 - R_1/R_2$ est un indice de *non-sphéricité* égal à 0 % pour la sphère, et qui augmente à mesure que l'on s'en écarte. En considérant l'évolution de la compacité en fonction de cet indice pour toutes les formes, on trouve un maximum de compacité autour de 30 %. Au-delà de cette valeur, la compacité diminue à cause des effets d'encombrement entre grains. La grande compacité observée dans le cas des M&Ms n'est donc pas spécifique à leur forme particulière, mais est bien une tendance générale observable pour toutes les formes qui s'écartent légèrement de la forme sphérique.

Des grains qui s'accrochent

Certaines formes de grains ont une propriété bien particulière : elles s'accrochent, se gênent, s'enchevêtrent dans leur mouvement sans avoir besoin de coller. C'est le cas des pièces de Lego, de puzzles, ou des pavés autobloquants qui servent de revêtement posé directement sans ciment sur un lit de sable, ou même des trombones rangés dans une boîte, qui viennent toujours en groupe quand on

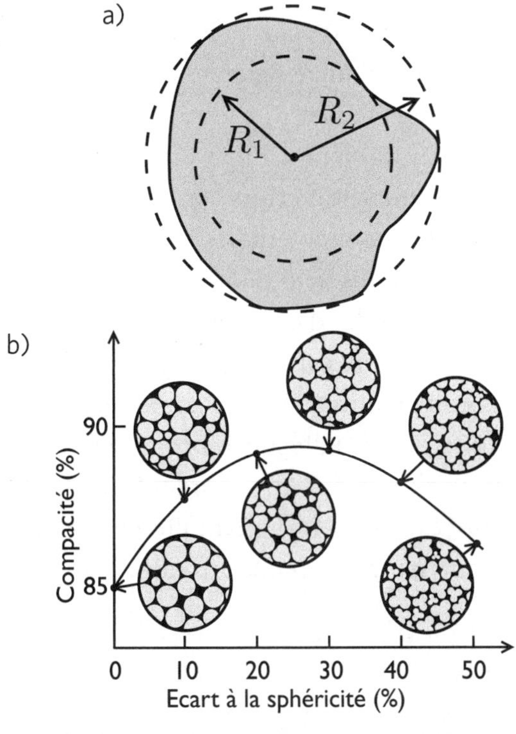

Figure 4-4. *a) Mesure de l'écart à la circularité. b) Compacité en fonction de l'écart à la sphéricité (pour des assemblages de particules ayant la même distribution de taille). On remarque que la forme idéale pour faire un empilement compact est obtenue pour un écart à la sphéricité d'environ 25 %.*

en attrape un ! Toutes ces formes sont non convexes : elles forment des creux et des bosses à leur surface. Un effet important est de permettre à deux éléments de former plusieurs contacts entre eux, comme on peut voir sur la figure 4-2.

Les agrégats constituent une classe importante d'objets non convexes et interviennent dans de nombreuses applications industrielles. Le couscous (figure 2-8) est un exemple d'agrégat. Les poudres métalliques sont souvent constituées d'agrégats de cristallites, c'est-à-dire des assemblages de petits monocristaux. Des études récentes montrent que, en ce qui concerne la compacité des empilements, ces grains obéissent aux mêmes règles que les autres grains non sphériques dont on a discuté précédemment ; ils peuvent former des empilements de compacité plus grande que ceux de sphères.

On sait réaliser aujourd'hui des grains de formes complexes en Z, en U, en étoile, avec des crochets… et l'on s'intéresse à la stabilité de leurs empilements. En les vibrant, on favorise leur enchevêtrement. Cet exemple illustre bien le fait que la résistance des matériaux granulaires n'est pas nécessairement liée à leur compacité. En effet, ces empilements de « grains » un peu spéciaux ont des compacités très faibles, proches de celles d'empilements désordonnés de fibres longues. Leur résistance mécanique exceptionnelle sans liant est due aux contacts entre grains et aux forces de friction mises en jeu.

On peut évaluer l'efficacité de blocage de grains de forme complexe (comme des croix) en regardant la stabilité d'un tas obtenu en versant ces grains. L'angle limite du tas peut être beaucoup plus élevé que pour des grains arrondis.

Grains anguleux

Les granulats, pierres utilisées pour la construction, qu'on extrait de carrières où les grains sont fabriqués par l'explosion des roches dures, présentent généralement des faces anguleuses. Ces grains sont utilisés dans les fondations, dans les barrages d'enrochement, comme assise aux voies ferrées (le ballast vu au chapitre 2) ; ils interviennent dans les revêtements routiers (asphalte obtenu par mélange des grains au bitume) et dans les bétons (mélangés au ciment). Les empilements de grains anguleux présentent généralement une compacité plus faible que des empilements de sphères, tout en étant en général plus résistants. Alors que, entre deux sphères, il n'y a qu'un point de contact possible, deux grains présentant des surfaces planes peuvent être en contact en plusieurs points et former des structures stables ; une brique tient seule sur une autre brique alors qu'un grain rond ne peut tenir sur un autre grain rond que s'il est soutenu par d'autres contacts !

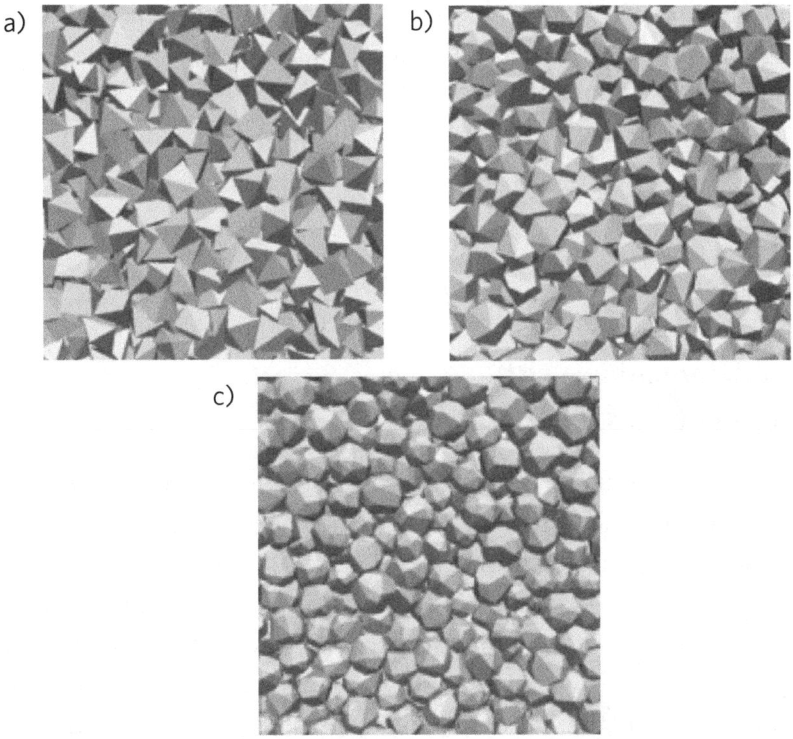

***Figure 4-5.** Exemples d'empilements de polyèdres irréguliers avec 8, 20 et 46 faces, étudiés par simulation numérique.*

Un cas extrême est celui des anciens monuments en blocs de pierres taillées et ajustées qui assurent une cohérence élevée sous l'effet de leur poids et du blocage sans nécessiter aucun liant. Lorsque les formes sont régulières, on peut obtenir des empilements avec un maximum de surface de contact interne et un maximum de compacité. En présence de désordre, le nombre de contacts face-face est faible. Néanmoins, des études numériques récentes ont permis de montrer que ces contacts sont directement responsables de la tenue mécanique des assemblages de polyèdres. Nous verrons, dans le chapitre 6, que les contacts face-face constituent des zones de concentration des forces dans les empilements. La figure 4-5 montre une simulation numérique d'un empilement de grains polyédriques dont on a fait varier le nombre de faces. Ces simulations montrent clairement la variation non monotone de la compacité avec le nombre de faces et la concentration des forces autour des contacts face-face. L'effet de forme reste mesurable même pour les polyèdres à plus de 500 faces qui sont très proches de sphères !

*Compacité critique**

La déformation des matériaux granulaires

La mécanique ne s'intéresse pas uniquement aux états d'équilibre des systèmes mais aussi à leur déplacement et à leur déformation. Ces déformations sont importantes à prendre en compte lors de la construction de bâtiments (pensez à la tour de Pise !) mais aussi dans les écoulements de matériaux granulaires que nous rencontrerons plus loin. Il existe plusieurs façons de déformer un matériau granulaire. Le simple mouvement de va-et-vient horizontal d'une épaisse couche de grains dans une assiette entraîne des déplacements relatifs de couches élémentaires qui glissent les unes sur les autres : il s'agit d'un *cisaillement** : le mot évoque des ciseaux où deux lames se déplacent l'une le long de l'autre pour découper une feuille de papier.

Un autre mode de déformation est celui de la *compression uniaxiale**, c'est-à-dire le long d'une seule direction ; cette opération courante se traduit par une diminution de hauteur d'un empilement contenu dans un récipient cylindrique. Au lieu d'appliquer la pression dans une direction unique, on peut comprimer également les grains dans plusieurs directions à la fois, par exemple dans une membrane flexible comme un ballon de baudruche. On parle alors de compression isotrope.

Pour produire ces déformations qui consistent en des changements de forme de l'ensemble du matériau granulaire, il faut appliquer des forces au niveau des surfaces qui limitent le milieu : on parle alors de *contraintes**. La proportionnalité entre une contrainte appliquée et une *déformation** est à la base de la mécanique des solides. C'est cette proportionnalité que nous constatons en tirant sur un élastique pour l'allonger, ou en appuyant sur un ressort pour le comprimer.

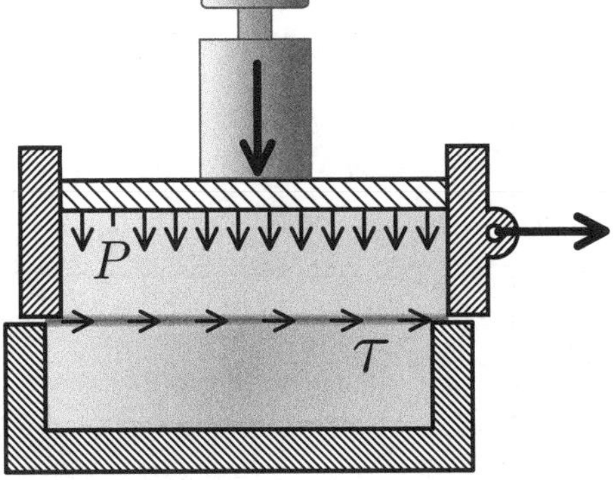

Figure 4-6. *Dans la cellule de cisaillement, le milieu granulaire est contenu par une pression P entre plans. On applique progressivement une force horizontale (contrainte tangentielle τ) jusqu'à atteindre la rupture de l'échantillon. On peut ensuite déterminer la résistance en identifiant le moment où un déplacement brutal se produit.*

Pour étudier les variations de la compacité des matériaux granulaires, on utilise depuis longtemps des appareils commerciaux développés en mécanique des sols : ce sont des *rhéomètres* (qui *mesurent* les *écoulements*). Ils permettent d'imposer des *contraintes* à un matériau granulaire et de mesurer les déformations qui s'y développent. La figure 4-6 montre une façon de cisailler en déplaçant deux surfaces planes parallèlement l'une à l'autre. On applique une force parallèle aux surfaces, et l'on mesure le déplacement relatif des plaques. Pour permettre à l'empilement de changer librement de volume pendant le cisaillement, il ne faut pas bloquer le déplacement vertical de la paroi supérieure, mais la soumettre à une pression qui maintient le confinement des grains.

L'état critique

Une observation majeure faite à l'aide de ces rhéomètres est le fait que la variation de compacité dépend de la compacité initiale (figure 4-7). Si l'empilement initial est lâche, le matériau se contracte

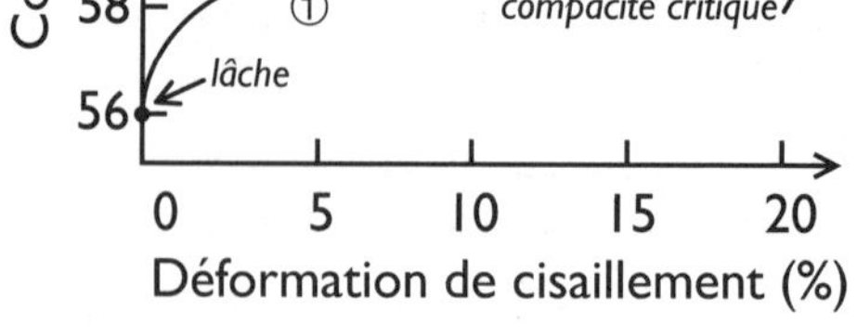

Figure 4-7. *Variation de la compacité d'un empilement de grains en volume à partir d'un empilement initialement lâche (1) ou dense (2) en augmentant continûment le cisaillement.*

au cours du cisaillement, et sa compacité augmente. Au contraire, dans le cas d'un empilement initialement dense, le matériau se dilate et sa compacité diminue. Mais, dans les deux situations, après une déformation de cisaillement suffisante, on atteint la même compacité limite. Cet *état critique** ne dépend pas de la compacité initiale et n'est fonction que de la nature du matériau granulaire. Pour un empilement de billes non déformables identiques, la compacité critique est de 0,59, qui est à mi-chemin entre les compacités extrêmes de 0,56 et de 0,64.

Toutefois, le matériau granulaire ne reste dans cet état critique que si le cisaillement se fait toujours dans la même direction. Si l'on change la direction de cisaillement plusieurs fois de suite avant que la compacité critique ne soit atteinte, la compacité continue à augmenter (figure 4-7, courbe 1). Pour voir cette compaction cyclique, il suffit d'incliner de quelques degrés un tube contenant du sel initialement non compacté, dans un sens puis dans le sens opposé. En répétant cette opération, on observe que le niveau de sel baisse après chaque aller-retour.

Dilatance

Dilatance et compacité

Vous avez certainement fait l'expérience de la dilatance, en marchant pieds nus à marée basse sur le sable : le sable qui était uniformément humide en surface devient sec autour du pied (figure 4-8). Le sol mouillé est compact par suite de l'effet des allers et retours des vagues. Il se déforme alors sous la pression du pied, et sa compacité diminue sous le pied où l'eau est aspirée : le sable s'assèche autour du pied. Une expérience de coin de table utilisant des grains secs permet de préciser cette variation de compacité. On verse d'abord du sel fin dans un tube et on le compacte comme nous l'avons décrit

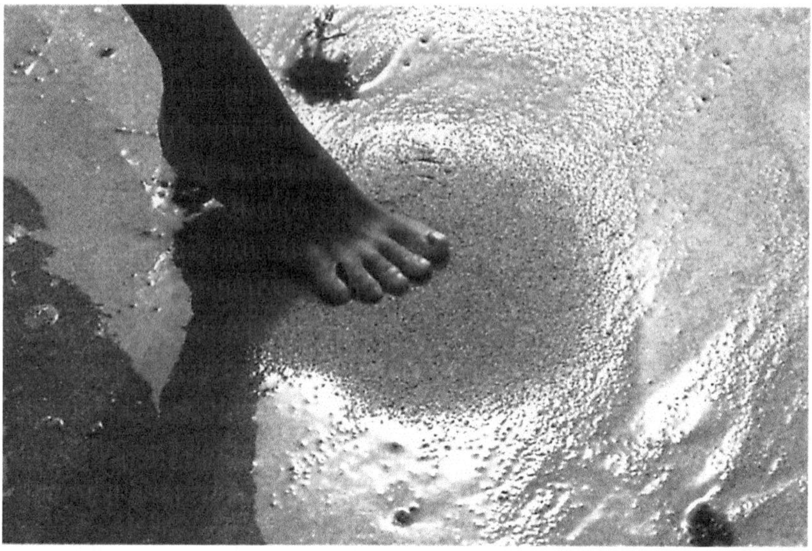

Figure 4-8. *Le pied posé sur le sable humide et compact à marée basse entraîne un assèchement autour du pied et, au contraire, la présence d'eau liquide dessous. Il s'agit du phénomène de dilatance.*

plus haut. Puis, en partant de cet état dense, on incline le tube. Si l'on remet ensuite lentement le tube à sa position verticale, on observe que le niveau du sel est monté par rapport à son niveau initial. Les déplacements de grains ont entraîné une augmentation du volume total du sel dans le tube et donc une augmentation de sa porosité. C'est le deuxième comportement typique, décrit sur la figure 4-7, courbe 2.

La variation de compacité sous l'effet du cisaillement fut décrite à la fin du XIXe siècle par le physicien anglais Osborne Reynolds. Cette dilatance est une conséquence du réarrangement des grains sous l'effet du cisaillement. Plus précisément, l'écoulement n'est possible que si le volume augmente légèrement pour permettre de décoincer les grains. Dans l'expérience du tube incliné, on remarque que l'écoulement commence au voisinage de la surface libre, c'est-à-dire là où le changement de volume est le plus facile à produire ; puis il se propage dans tout le volume par avalanches successives de grains de sel, au fur et à mesure qu'on incline le tube. Au fond du tube, la dilatation, et donc le réarrangement des grains, est inhibée par la présence des parois.

Liquéfaction

Des variations brutales de compacité peuvent conduire à des catastrophes brutales comme dans des glissements de terrain dans les zones où l'eau de pluies torrentielles n'est pas évacuée suffisamment vite, ou lorsqu'un sol insuffisamment compact se déforme subitement lors d'un séisme (figure 4-9). Pendant un court instant, la pression de confinement initialement supportée par les grains est supportée par le liquide et permet qu'un immeuble s'enfonce, ou qu'un objet moins dense que la suspension remonte en surface. Les grains reprennent leur place, et les objets déplacés restent à leur place de façon rigide. Ce phénomène est appelé liquéfaction. C'est un peu comme lorsqu'on marche tout près de la lisière des vagues et que le sable sur

Figure 4-9. *Basculement d'un bâtiment produit par la liquéfaction du sol au moment d'un séisme (document O. Pouliquen).*

lequel on marche se transforme soudainement en liquide. La situation est différente des milieux granulaires secs dont les couches de grains peuvent résister aux déformations de cisaillement du fait du frottement entre grains, alors que les liquides (contenant des grains en suspension) ne résistent qu'aux pressions isotropes.

*

* *

Sans tout à fait abandonner le fidèle sac de billes qui nous a permis de comprendre l'importance de petites modifications de compacité sur les propriétés d'un empilement granulaire, la recherche actuelle regarde, de façon plus générale, l'importance des effets de forme des grains et de propriétés des empilements pour pouvoir contrôler la compacité, et en fin de compte pour optimiser une construction faite à partir de ces grains. Rapprochons-nous d'une excursion sur un éboulis fait de roches enchevêtrées, de cailloux et de graviers avec leurs formes et tailles très variables !

CHAPITRE 5

Établir des contacts

Nous avons parlé des positions que les grains occupent dans un empilement. Mais on peut aussi aborder leur étude par celle des contacts entre grains. Cette dualité grains-contacts est à la base de la mécanique des milieux granulaires. Mais, contrairement aux grains qui persistent, les contacts sont des objets éphémères, dynamiques et évolutifs : *éphémères*, car soumis aux aléas de rencontres d'autant plus brèves que le flot de particules est agité ; *dynamiques*, car les collisions stockent puis restituent, comme des ressorts, l'énergie acquise par ces particules massiques en mouvement ; *évolutifs*, parce que, en y regardant de plus près, tant que le contact dure, les petites aspérités en surface se déforment et s'écrasent sous l'effet de la forte concentration de forces.

Deux grains, un contact

Heinrich Hertz, par sa découverte des ondes dites hertziennes, confirma expérimentalement la théorie de Maxwell montrant que la lumière est une onde électromagnétique. Il avait travaillé antérieurement pour sa thèse sur un sujet moins reconnu : le contact hertzien. Il y décrit comment se déforment deux objets sphériques élastiques pressés l'un contre l'autre, ce qui joue un rôle fondamental en mécanique : la déformation d'un pneu sur la chaussée, le dimensionnement d'un roulement à billes, l'évaluation de la dureté des matériaux, la cartographie de la topologie d'une surface par *microscope à force atomique**... autant d'exemples qui relèvent d'une discipline nouvelle qu'il a initiée : la mécanique du contact.

Pour établir le lien entre la force appliquée et la déformation au niveau du contact, il faut aussi tenir compte de la nature physico-chimique des interfaces, à l'origine d'interactions cohésives ; ainsi, celles-ci peuvent empêcher qu'un château de sable mouillé ne s'écroule (chapitre 9). L'importance relative du caractère mécanique et physico-chimique du contact dépend de la taille des grains : pour des petits grains de taille inférieure à un micromètre, les interactions sont essentiellement de nature physico-chimique et font intervenir des *forces de Van der Waals**, des forces électriques... Au-dessus du micromètre, les interactions dominantes entre deux grains dépendent du contact élastique et du frottement entre les grains.

Considérons donc d'abord l'aplatissement l'un contre l'autre de deux grains sphériques suffisamment lisses pour pouvoir négliger la présence d'aspérités. La zone de contact se déforme. Si les deux grains sont élastiques, cette déformation disparaît lorsqu'on supprime la force.

Loi de Hooke

En appliquant une compression F aux extrémités d'un objet allongé, la longueur L de l'objet est réduite d'une petite distance δ (figure 5-1 a). Pour la plupart des matériaux, la relation entre F et δ est linéaire : F est proportionnel à δ. Plus l'objet est rigide, plus le coefficient de proportionnalité, noté k et appelé *raideur*, est élevé. Comme la force agit sur une surface A, on utilise plus volontiers la proportionnalité entre la *contrainte** $\sigma = F/A$ et la *déformation** $\varepsilon = \delta/L$. La relation linéaire s'écrit $\sigma = E\varepsilon$, où E est *le module de Young* du matériau. Elle s'appelle *loi de Hooke*, du nom d'un contemporain de Newton qui l'a formulée sous la forme *ut tensio, sic vis*, c'est-à-dire : la déformation est proportionnelle à la contrainte.

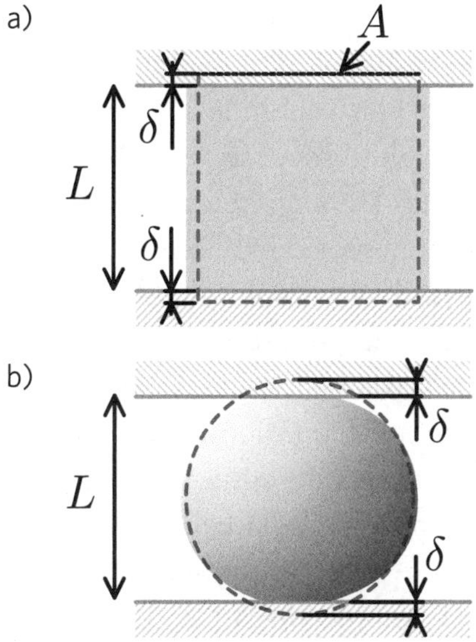

Figure 5-1. *a) Un cube d'aire A et de hauteur L subit une déformation relative 2δ/L proportionnelle à la contrainte appliquée, ou pression, F/A. b) Dans le cas d'une sphère, la déformation augmente moins vite avec la force F pressante car l'aire de contact augmente avec la pression.*

La proportionnalité entre force et déformation qui s'applique au cas d'une barre élastique n'est pas valable dans le cas de deux grains sphériques que l'on presse l'un contre l'autre. Dans ce cas, l'aire de contact augmente avec la force appliquée. On peut montrer que, pour deux sphères de rayon R, cette aire A varie comme $R\delta$, où δ représente le rapprochement des centres des sphères dû à leur écrasement au niveau du contact. La force pressante augmente plus vite que la déformation (figure 5-1b). La relation entre la force F et δ s'exprime par la relation de Hertz : $F \simeq E\sqrt{R}\,\delta^{3/2}$. Pour obtenir la contrainte au niveau du contact, il faut diviser F par l'aire A qui est proportionnelle au rayon R. Donc, à forces égales, la contrainte au niveau du contact est d'autant plus grande que les grains sont petits. Pour deux billes d'acier de taille millimétrique soumises à une force de compression correspondante au poids d'une masse d'environ 1 kg, l'écrasement est de l'ordre de $1 \mu m$ et la contrainte est de 10^9 Pa, soit dix mille fois plus que la pression atmosphérique.

Que se passe-t-il si l'on supprime subitement la force *F* ? Les deux grains redeviennent libres et se repoussent, comme un ressort comprimé qu'on lâche. L'énergie élastique emmagasinée dans la zone de contact se manifeste par une vitesse de séparation. Pas toute cependant ! Pour examiner ce point de plus près, laissons tomber sur le sol une de ces étonnantes *superballes*. La balle rebondit pratiquement à la hauteur dont elle a été lâchée. L'énergie potentielle perdue dans sa chute a été transformée en énergie cinétique. Au contact avec le sol, elle est devenue momentanément une énergie de déformation élastique de la balle, puis de nouveau énergie cinétique. Enfin, elle s'est retransformée en énergie potentielle en atteignant presque le même niveau de départ, mais « presque » seulement : pendant cette excursion, une partie de l'énergie a été dissipée. Pour l'évaluer, on définit un *coefficient de restitution** d'énergie $e = v_2/v_1$, où v_1 et v_2 sont les vitesses juste avant et après le choc. Pour un choc élastique, e est égal à 1 alors que, au contraire, pour un choc parfaitement inélastique entre deux grains mous, il vaut 0 : toute l'énergie cinétique est dissipée pendant la collision, et les billes ne rebondissent pas. Ce coefficient est égal à 0,6 pour des billes en verre, et peut atteindre 0,9 si elles sont en acier poli. Mais, de manière générale, le coefficient de restitution d'un grain quelconque est inférieur à l'unité, même pour un matériau dont le comportement global est élastique.

D'où provient cette dissipation d'énergie ? Principalement de la chaleur produite lors du contact. Mais il y a plus. Nous avons vu plus haut que le contact concentre les contraintes. Or, quel que soit le grain que l'on considère, vu au microscope il présente des rugosités de surfaces faites d'aspérités plus ou moins grandes qui se déforment irréversiblement sous l'effet de telles pressions. La déformation n'est alors plus contrôlée par l'élasticité des grains mais plutôt par leur *plasticité**. Comme on fait une empreinte dans la pâte à modeler avec son doigt, pour une contrainte suffisante une bille pourra marquer de façon irréversible la surface d'une autre bille moins dure.

De manière plus générale, si la force de poussée F, ou la vitesse de collision v_1, restent faibles, la déformation de contact est élastique et le coefficient de restitution proche de 1. Au contraire, si on dépasse une certaine limite, le coefficient de restitution reflète la *plasticité** et prend une valeur plus faible qui dépend de la nature du matériau mais aussi de la vitesse de collision ou de la force qui s'exerce entre deux grains.

On peut appliquer une contrainte encore plus forte, telle que le contact mécanique devient fatal pour les grains ! Non seulement les aspérités sont endommagées, mais les grains se fissurent ou même se fragmentent. Cette forte concentration des contraintes est mise à profit pour le broyage à boulets (voir chapitre 2) : les grains sont endommagés et se fragmentent progressivement sous l'effet des collisions avec les boulets qui chutent.

Le frottement entre deux grains

Nous avons vu au chapitre 4 comment la forme des grains et la nature de leurs contacts avaient une influence sur le remplissage d'un tas et sa compacité. Comment réagissent ces contacts à des efforts ? La science des contacts ou *tribologie** (*tribos* en grec veut dire « frottement ») s'intéresse au frottement de ces grains soumis à une force externe. Lorsqu'un contact se forme entre deux grains, en plus du déplacement normal (rapprochement et éloignement) il peut y avoir trois autres types de mouvement relatif au niveau du contact : le glissement, le roulement et le pivotement (figure 5-2). Ce sont ces mouvements qui déterminent la trajectoire d'une boule sur une table de billard, et que nous allons présenter un peu plus tard.

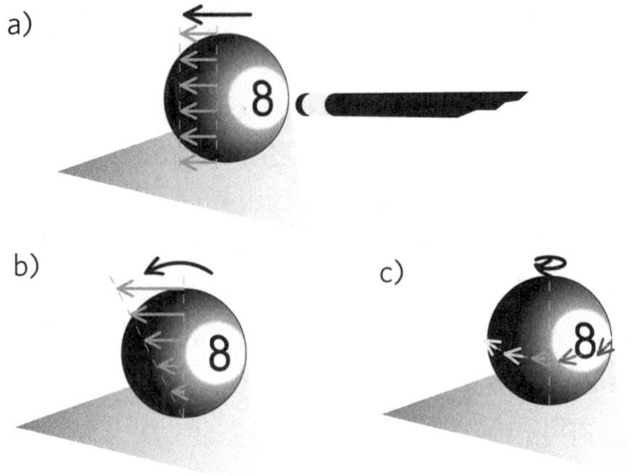

Figure 5-2. Une boule de billard mise en mouvement avec une queue peut a) glisser, b) rouler ou c) pivoter sur le tapis en fonction de la direction de la frappe.

Le glissement

Le génial Léonard de Vinci consacre dans ses cahiers illustrés (figure 5-3) une attention particulière au frottement entre surfaces solides sur des plans, phénomène qu'il avait besoin de comprendre pour concevoir de nouvelles machines, à commencer par le combien précieux roulement à billes. Reprenons schématiquement (figure 5-4) un de ses nombreux dessins. On note la force *seuil* F_T à partir de laquelle une brique de masse m (et de poids $F_N = mg$) posée sur un plan horizontal commence à se déplacer. Léonard note de plus que, quelle que soit la face sur laquelle est posée la brique, cette force est la même. On caractérise ainsi un *coefficient de frottement** μ par le rapport F_T/F_N. On peut noter, à partir du dessin géométrique de la figure, que ce rapport peut être aussi mesuré par l'angle limite où ce patin commence à glisser cette fois sans qu'on ait à tirer dessus comme le montre un encadré suivant. Notons que ce coefficient ne dépend pas tant de la nature des matériaux en contact que de leurs imperfections et de leurs impuretés : deux

a)

b)

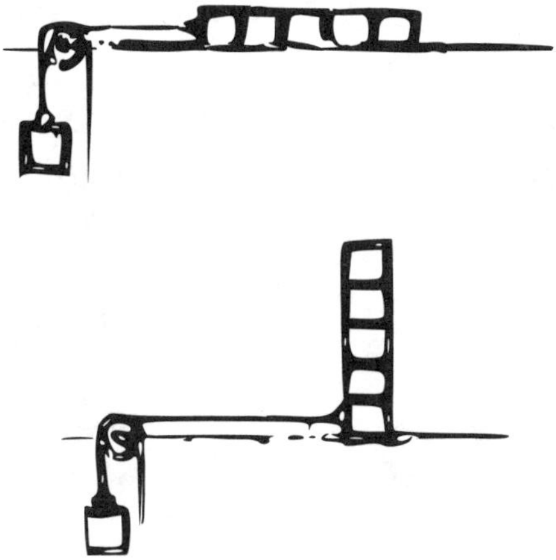

Figure 5-3. *Les deux schémas de Léonard que nous reproduisons ici indiquent que la résistance au glissement d'un solide sur un plan horizontal est indépendante de l'aire de contact.*

plaques de verre parfaitement traitées et planes resteraient collées l'une à l'autre au niveau atomique sans qu'on puisse les faire glisser ou séparer.

Loi de frottement

Au lieu de poser une brique sur un plan horizontal et de mesurer la force de frottement qui résiste au déplacement, on peut poser la brique sur un plan incliné et mesurer l'angle limite au-delà duquel il commence à glisser. On voit sur la figure 5-4 une construction géométrique qui fait correspondre les deux expériences. La composante $F_N = F \cos \theta$ s'exerce perpendiculairement à la surface de contact, et l'autre composante F_T s'exerce pour faire glisser le bloc. La loi de Coulomb s'exprime sous la forme $F_T/F_N = \mu = \tan \theta$. L'angle θ est la valeur maximale pour que la brique reste fixe ; il donne une mesure directe de μ, le coefficient de frottement statique de Coulomb.

Le coefficient de frottement peut être proche de 0. C'est le cas par exemple entre deux plaques de téflon dont on fait des patins

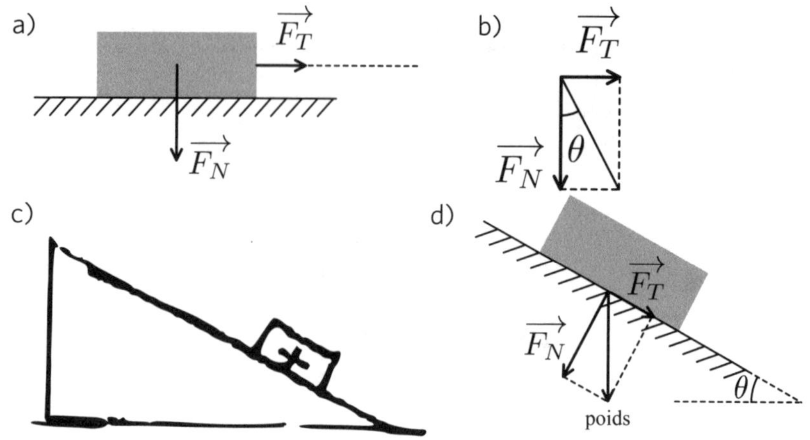

Figure 5-4. a) Construction géométrique donnant la composition des forces normale F_N (poids) et tangentielle F_T (égale et opposée à la force de friction). b) L'angle θ est l'angle de frottement limite. c) Ce schéma par Léonard de Vinci montre comment il déterminait l'angle à partir duquel un objet posé sur un plan incliné commence à glisser. d) En considérant les composantes normale et tangentielle de la force comme pour le patin de la figure (a), on montre que l'angle θ pour lequel le patin se met à glisser sur le plan incliné n'est rien d'autre que l'angle de frottement.

pour déplacer facilement les meubles. À l'heure de l'apéritif, il est facile de constater que deux glaçons en contact, lubrifiés par une couche d'eau, glissent l'un sur l'autre sans opposer de résistance. Rien n'empêche ce coefficient de dépasser 1 comme pour la superballe en contact avec un sol rugueux dont nous avions parlé plus haut ou pour des pneus de formule 1 qui peuvent atteindre 1,5 mais s'usent rapidement. Ce coefficient de frottement élevé implique que la superballe préférera rouler sur la surface que glisser.

Ces observations furent reprises en 1699 par Amontons puis, en 1785, par Coulomb, mieux connu pour ses travaux sur l'électrostatique. C'est à partir d'études de stabilité des flancs inclinés de talus que Coulomb, qui était ingénieur militaire, énonça les lois pour le frottement statique et dynamique. Au-delà d'un angle maximal, des avalanches ramènent le tas à une valeur inférieure de quelques degrés. Cet angle stable est appelé *angle de talus* et correspond à l'angle de stabilité de la loi de Coulomb.

Le coefficient de friction de Coulomb dépend uniquement de l'interface entre les matériaux glissant l'un sur l'autre, et est indépendant de leur aire apparente de contact ainsi que de la force normale appliquée (figure 5-3) ! On se serait attendu à ce que la force de frottement soit d'autant plus importante que la surface de contact est grande. Il faudra attendre le milieu du XXe siècle pour que cette indépendance soit comprise en notant que ce sont les irrégularités des contacts, toujours présentes au niveau *nanoscopique**, qui sont la cause du frottement. Si l'origine de la force de frottement pouvait être vue comme une sorte d'enchevêtrement entre les aspérités de surface, on pourrait penser que le nombre d'aspérités augmenterait avec l'aire, contribuant à la résistance au glissement. Mais cette vision ne prend pas en compte le fait que ces aspérités se déforment sous l'effet de la force normale, comme on l'a vu pour les collisions entre deux grains, et que l'aire réelle de contact entre aspérités est différente de l'aire apparente entre les objets en présence (figure 5-5). En augmentant le poids, on augmente aussi l'aire réelle de contacts de toutes ces pointes que l'on peut se représenter comme deux cartes de reliefs montagneux mises face à face. Elle croît proportionnellement au poids (ou à la force normale appliquée). Les aspérités de contact forment des joints

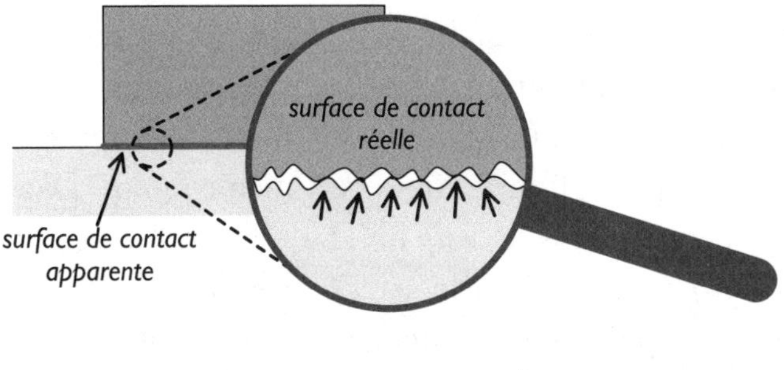

Figure 5-5. *Deux surfaces « planes » en contact. À plus fort grossissement, les déformations des rugosités sont responsables du phénomène de frottement.*

« soudés » par des forces de Van der Waals. Pour les défaire, il faut appliquer une force tangentielle qui croît comme la force de rupture des joints et au nombre de joints. En d'autres termes, la force de frottement augmente proportionnellement à l'aire réelle, et celle-ci augmente proportionnellement à la force normale, ce qui explique bien la loi de frottement solide.

Roulement et pivotement

L'invention de la roue a certainement été un des grands progrès de l'humanité. Contrairement au glissement, qui impose un déplacement contre les aspérités à l'interface entre deux grains, le *roulement* permet à deux grains de forme arrondie d'éviter de cisailler les aspérités. C'est le roulement qui domine les déformations d'un matériau granulaire. Malgré les forces de frottement, il peut s'écouler comme un liquide ; marcher sur les cailloux sur une pente peut s'avérer aussi dangereux que de faire du patin à glace !

Le billard va nous aider à préciser les différents mouvements relatifs d'une bille en utilisant une boule se déplaçant sur le tapis. Des coups combinant intensité, point de touche et direction de frappe de la queue transmettent des mouvements variés à la boule. L'énergie cinétique lui est communiquée par collision à travers une pastille en cuir, appelée *procédé*, collée à l'extrémité de la queue. Le coefficient de restitution entre deux boules est supérieur à 0,9, et d'environ 0,6 entre une boule et une bande latérale.

Le mouvement le plus simple est le roulement sans glissement. Mais la boule peut glisser et rouler en même temps. Dans ce cas, elle peut tourner dans le sens inverse de son avancement (coup appelé *rétro*) ou bien dans le sens de son avancement avec une rotation plus rapide qu'un roulement normal (coup appelé *coulé*). Le pivotement consiste en une rotation de la boule autour de son axe vertical, comme tournerait une toupie. Après la frappe, l'énergie cinétique de la boule diminue avec les collisions avec d'autres boules et les bandes, mais aussi du fait du frottement avec le tapis.

Lorsqu'on communique une faible impulsion horizontale au centre d'une boule de billard, elle ne glisse pas, mais se met à rouler. Pendant le roulement, les aspérités au contact entre la boule et le tapis se cassent et de nouveaux joints se forment de façon continue. Comme dans le cas du glissement, l'énergie dissipée est proportionnelle au poids de la boule. On peut donc caractériser la résistance au roulement par un coefficient de frottement de roulement. Ce coefficient est nettement plus faible que le coefficient de frottement de glissement que nous avons vu plus haut. Pour les boules de billard, sa valeur est de l'ordre de 0,01, vingt fois plus petite que le frottement de glissement entre la boule et le tapis. C'est cette valeur faible de la dissipation par roulement qui explique que celui-ci est le mode principal de déplacement relatif entre grains.

Un dernier mode de déplacement relatif d'une boule qui dissipe peu d'énergie est le *pivotement*. Contrairement au roulement, il y a bien alors un glissement entre une boule et le tapis de billard, mais le glissement est en rotation plutôt qu'en translation. L'extension de la zone de contact étant faible, il faut un grand nombre de tours pour que l'énergie de rotation soit dissipée. C'est ce qui se passe aussi avec une bonne toupie. En association avec le roulement, le pivotement est un mode de déplacement relatif très commun des grains dans un matériau granulaire qui se déforme.

Des simulations numériques de déformations de sols sur un plan incliné montrent que, pour 90 % des contacts, les grains roulent ; seulement 10 % glissent. Parmi ces derniers, un grand nombre est constitué par des contacts où la force normale et donc, la force de frottement, est faible. Ces observations suggèrent que le matériau granulaire se déforme de manière à minimiser le taux d'énergie dissipée.

Élasticité d'un empilement

Nous avons vu que les petites déformations élastiques et plastiques entre deux grains contrôlent la force au contact. Nous allons à présent considérer un empilement avec un grand nombre de contacts. De la même manière que nous nous sommes intéressés à la relation entre la compression entre deux grains et l'écrasement au niveau du contact, nous nous intéressons ici à la relation entre une force appliquée sur un assemblage de billes et la déformation élastique globale qui en résulte.

Pour fixer les idées, considérons un empilement de billes réalisé dans un récipient cylindrique et appliquons une force sur sa partie supérieure par l'intermédiaire d'un piston. La réponse mécanique de l'empilement dépend de la disposition initiale des grains ; elle peut être différente d'un échantillon à l'autre suivant le remplissage. On observe schématiquement trois régimes en fonction de l'intensité de la force appliquée :

• À faible force, il se produit une déformation importante de l'empilement, résultant de déplacements locaux des grains, surtout à l'interface piston-empilement, car la surface supérieure de l'empilement n'est pas rigoureusement plane, même après plusieurs cycles de pression. Dans ce régime, la loi de déformation locale au contact est de peu d'importance. L'effet de la force appliquée est d'augmenter la compacité de l'empilement d'une manière irréversible. C'est ce qu'on appelle *plasticité* granulaire et que nous allons présenter plus en détail par la suite, puis au chapitre 9 dans le cas de granulaires humides.

• À force plus élevée, dans un régime de force intermédiaire, la déformation au niveau local provient d'une compression hertzienne entre grains. Le phénomène dominant est l'entrée en jeu progressive de nouveaux contacts lorsqu'on augmente la force et rapproche les grains. Soulignons que, plus que le nombre de contacts géométriques, c'est le nombre de contacts mécaniques transmettant une force qui augmente. Cela est bien mis en évidence par la densification du réseau des contraintes dans une expérience de Pierre Dantu que nous décrirons dans le chapitre 7 (figure 7-1). Dans ce régime, on observe une résistance de plus en plus forte de l'empilement lorsque la sollicitation augmente : la force appliquée augmente plus rapidement avec la déformation que pour un *contact de Hertz** unique. Cela s'explique par l'établissement de nouveaux contacts quand on augmente la compression.

• À force encore plus élevée, le nombre de contacts transmettant la pression ne varie pratiquement plus. Au niveau global, on devrait retrouver alors la loi de Hertz, mais le plus souvent, le problème prend une autre nature : la réponse, tant au niveau des grains individuels qu'au niveau de l'empilement, n'est plus élastique ; on atteint le domaine de *plasticité**, ou même de *rupture** des grains. Dans ces deux cas, la pression modifie irréversiblement les grains eux-mêmes par écrasement ou par brisure.

Compression d'empilement

La relation entre la force et le déplacement (comme nous l'avons fait pour un barreau dans un précédent encadré) pour un milieu granulaire soumis à une compression F peut être mise sous la forme d'une relation entre la *contrainte axiale* $\sigma = F/S$, où S est l'aire de la section du cylindre, et la *déformation axiale* $\sigma = \delta/L$ où L est la hauteur du cylindre. Le comportement élastique de l'empilement se traduit par une relation du type $\sigma = K\varepsilon$, où K est la compressibilité de l'empilement. La relation de Hertz $F \sim \delta^m$ implique alors que la compressibilité augmente avec la contrainte comme $K \sim \sigma^{(m-1)/m}$. Ainsi, contrairement à la majorité de matériaux connus, même pour des petites déformations, la compressibilité d'un milieu granulaire dépend de la pression de confinement.

Propagation du son

Des oreilles ensablées

Les scorpions du désert ont des organes sensoriels situés au-dessous de pattes leur permettant de détecter leur proie à distance. C'est aussi le cas de taupes aveugles du désert qui repèrent leur proie en plongeant leur tête dans le sable. La raison est la propagation dans le sable d'ondes acoustiques émises par la proie lorsqu'elle se déplace. Ces ondes élastiques, comme dans un ressort à boudin comprimé, sont dues à de très faibles déformations périodiques des grains. On peut se demander comment un empilement de grains peut vraiment propager des signaux élastiques, sachant que le milieu est très désordonné. L'existence des contacts ne suffit pas. Si leur confinement est trop faible, les contacts s'ouvrent sous l'effet des vibrations sonores. Il est donc nécessaire que les grains pressent les uns sur les autres pour que les vibrations puissent traverser le milieu. Des mesures précises des vibrations à l'entrée et à la sortie d'un bac rempli de grains ont permis de montrer que les vibrations empruntent tous les chemins possibles dans le milieu, donnant lieu à un signal très chaotique, appelé *tavelure* (ou *speckle)*. Malgré ces fluctuations, on observe également un signal *cohérent* qui constitue le son transmis par le milieu proprement dit. Ainsi, même si le désordre disperse quelque peu des ondes sonores, l'ensemble de grains se comporte comme un solide élastique.

Ce signal cohérent qui se propage dans un milieu granulaire est la conséquence de l'existence d'un module élastique effectif de compression K responsable de la propagation des ondes. Comme dans les matériaux solides, la vitesse du son est donnée par la racine carrée du rapport du module et de la densité : $c \sim \sqrt{K/\rho}$: la vitesse augmente avec la compression et diminue si la masse volumique-des grains augmente. Or K augmente avec la pression de confinement, ce qui implique que la vitesse du son augmente également.

Le son

Si l'on soumet la surface d'un bloc solide à des compressions périodiques, celles-ci se propagent à l'intérieur du solide comme pour un ressort à boudins dont on ferait vibrer une extrémité de façon périodique le long de son axe (figure 5-6). Ce mode sonore existe aussi dans un milieu liquide. Un autre mode met en jeu la propagation d'un cisaillement périodique du milieu. Ce mode de propagation du son en cisaillement n'existe que pour un solide ; il ne joue pas un rôle important pour un milieu granulaire. La relation linéaire entre la contrainte associée au cisaillement périodique et au déplacement induit est caractérisée par un module élastique G qui joue le même rôle que le module K pour la compression. Les ondes de cisaillement permettent d'identifier le caractère solide d'un milieu mais sont souvent plus difficiles à produire que celles de compression.

La vitesse du son dans un matériau granulaire soumis à une faible pression, par exemple le sable près de la surface, et soumis à son propre poids, peut être très faible, nettement plus que la vitesse du son dans les grains, et aussi faible que la vitesse du son dans l'air ! Mais, comme la pression due au poids du sol augmente avec la profondeur, la vitesse du son augmente aussi, de sorte que les ondes sont déviées (réfractées) au fur et à mesure qu'elles progressent dans le milieu pour revenir vers la surface. Cet effet est analogue à l'effet de mirage usuel où la lumière est défléchie par suite des différences d'indice de l'air dues aux variations de température proches du sol. Les plans d'ondes sonores dans un sol sont réfléchis vers les profondeurs lorsqu'elles atteignent la surface libre et continuent ainsi de se propager le long de la surface comme les rides à la surface de l'eau. Ces ondes lentes et de faible fréquence peuvent ainsi se propager sur de longues distances, et être perçues par les scorpions du désert !

Acoustique des cristaux granulaires

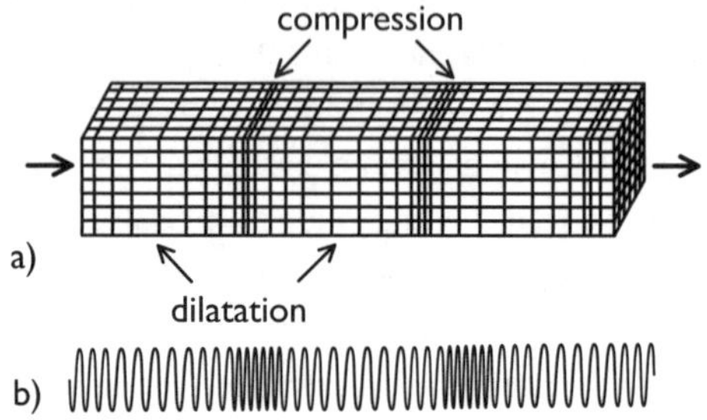

Figure 5-6. *a) Propagation d'une onde de compression dans un solide. b) Les faibles déformations longitudinales se propagent comme dans un ressort que l'on comprime périodiquement.*

Une chaîne de billes métalliques permet d'étudier cet effet d'onde. Regardons un « pendule de Newton » : les billes sont suspendues par des fils et sont juste en contact. On induit un déplacement de la chaîne en soulevant puis laissant tomber la bille à son extrémité. Les billes sont soumises de proche en proche à la pression introduite par le choc : il s'agit d'une onde localisée dont la vitesse dépend de la pression appliquée sur les billes par le choc. La vitesse de cette onde de choc tend vers zéro si l'amplitude du déplacement initial est très faible.

Si, au contraire, les billes sont initialement soumises à une pression fixe, on peut propager dans la chaîne une impulsion de pression comparable à la pression statique imposée. Une onde se propage dans le milieu. C'est ce type d'ondes que ressentent les scorpions du désert et qui leur permettent de localiser leurs proies en estimant leur distance.

Nous avons ici un exemple simple d'un *métamatériau**. Nous en avons décrit un autre type au chapitre 3 avec l'opale et les cristaux photoniques. On sait aujourd'hui produire de tels matériaux à 1, 2 ou 3 dimensions, qui reproduisent des modèles atomiques avec de plus gros éléments dans une construction grain à grain ou couche à couche.

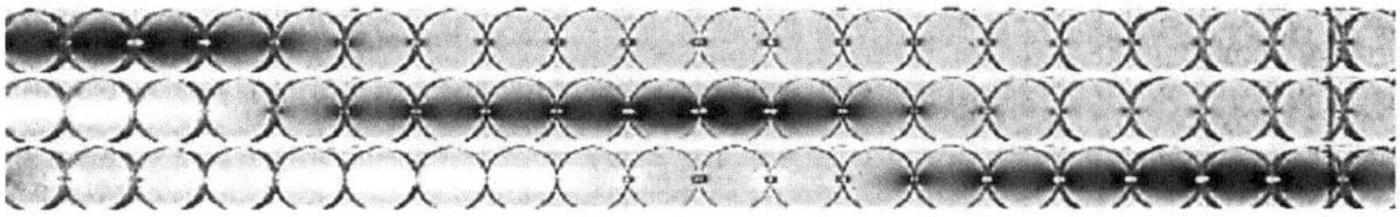

Figure 5-7. *Une chaîne de grains photoélastiques vue à trois moments successifs après qu'une impulsion a été appliquée à gauche en haut. La vitesse est pratiquement constante. On voit le léger écrasement de Hertz des grains.*

On pourra contrôler la propagation de l'onde acoustique dans un tel *cristal granulaire* à 3 dimensions. On joue sur la pression imposée aux grains, en associant de façon contrôlée des grains de même taille et de propriétés mécaniques différentes, ou en introduisant des défauts d'empilement. Ces matériaux construits *à façon* ont des propriétés acoustiques étonnantes. Ils peuvent faire écran à la propagation du son ou encore défléchir et focaliser une onde. Pour ne retenir qu'un seul exemple dans ce nouveau champ d'études, on réalise des lentilles acoustiques à partir de tels empilements, qui permettent de faire converger une onde dans une zone précise du corps pour une opération de chirurgie non invasive. Bénéficiant de ce que l'on peut aujourd'hui les construire grain à grain, on peut s'attendre prochainement à des applications nouvelles de ces métamatériaux.

Plasticité d'un empilement

Un fil de cuivre sur lequel on tire suffisamment s'allonge de façon irréversible. Il s'agit d'une déformation *plastique**. Il en va de même pour un matériau granulaire, auquel on applique un cisaillement suffisant et qui ne revient pas à sa forme initiale. La plasticité à l'échelle des contacts entre grains est la conséquence du frottement. Mais, à l'échelle de l'empilement de grains, elle est due aux déplacements des grains les uns par rapport aux autres.

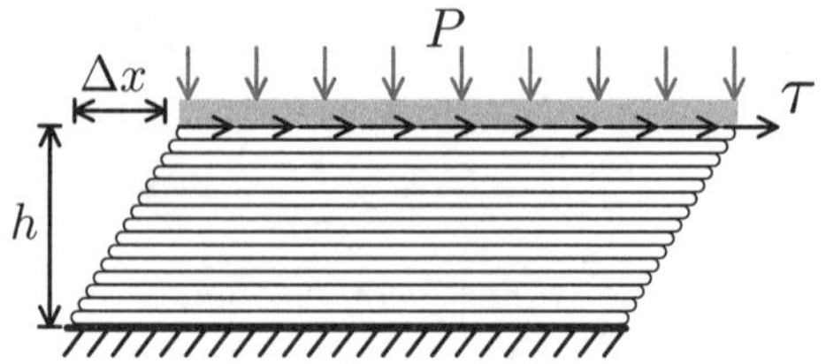

Figure 5-8. *Un échantillon de grains d'épaisseur h confiné par une contrainte normale P et cisaillé par une contrainte tangentielle τ se déplace de Δx. La figure montre l'analogie avec un ensemble de feuilles de papier qui glissent les unes sur les autres.*

Un matériau granulaire confiné par une pression P (figure 5-8) peut se déformer de façon irréversible si on lui applique un cisaillement. Ce cisaillement ressemble au frottement d'un patin qui glisse sur un plan. Une contrainte de cisaillement τ produit une déformation de cisaillement γ qui augmente au cours du temps t : γ est le rapport entre le déplacement horizontal Δx et l'épaisseur de la couche de grains cisaillée h. En moyenne, chaque couche de grains glisse par rapport à ses couches inférieure et supérieure comme le feraient les feuilles d'une ramette de papier. Les expériences montrent que τ est proportionnel à la pression. On peut donc définir un coefficient de frottement *macroscopique* μ par $\mu = \tau/P$. Comme pour le frottement solide d'un patin, ce coefficient est indépendant de P, mais sa valeur varie avec le cisaillement.

La figure 5-9 montre la valeur de μ en fonction de la déformation de cisaillement pour deux états initiaux différents : un état dense (où les grains sont organisés en un assemblage compact), et un état moins dense. Dans les deux cas, le coefficient μ varie à cause de l'évolution progressive de la configuration des grains. Il est initialement petit, augmente pendant la déformation, puis tend vers une valeur constante M après 20 % de déformation.

Dans un premier temps intéressons-nous seulement à cette valeur limite M qui est indépendante de l'état initial. Elle est appelée

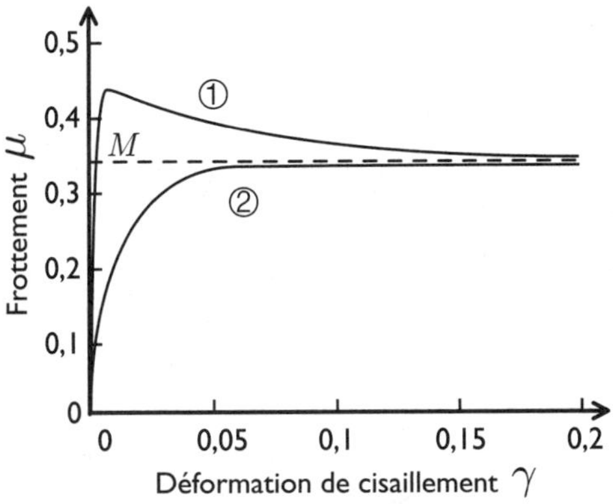

Figure 5-9. *L'évolution du coefficient de frottement μ d'un matériau granulaire en fonction de la déformation de cisaillement pour un matériau initialement dense (1) et un matériau initialement lâche (2).*

coefficient de frottement interne. C'est une propriété intrinsèque au matériau caractérisant sa résistance au cisaillement ou, en d'autres termes, la valeur du coefficient de frottement pour un écoulement stationnaire déformé lentement. Malgré l'analogie entre le frottement des grains individuels et le frottement entre deux couches de grains, la valeur de M est différente d'un coefficient de frottement entre les grains : cette différence s'explique par le fait que tous les grains entre deux couches ne glissent pas les uns contre les autres mais qu'une majorité est en roulement.

On peut définir à l'aide de la relation $M = \tan \varphi$, un angle φ, *l'angle de frottement interne*. Il représente aussi l'angle de stabilité dans la formation d'un talus avec le même milieu granulaire, comme le justifie l'encart ci-dessous. Pour la plupart des sables, cet angle vaut environ 30 degrés alors que, pour des matériaux de construction constitués de grains très anguleux, il peut atteindre 40 degrés.

Angle de stabilité

Considérons le flanc d'un talus dense incliné d'un angle θ par rapport à l'horizontale (figure 5-10). On peut le diviser en plusieurs couches parallèles d'épaisseur h, chaque couche étant susceptible de glisser sur la couche inférieure. Dans la couche supérieure, le poids par unité de surface des grains est donné par ρgh, où ρ est la densité du matériau et g est l'accélération de la pesanteur. Cette contrainte peut être décomposée perpendiculairement et parallèlement à la couche. La composante perpendiculaire à la surface est la contrainte de confinement, et sa valeur est égale à $\rho gh \cos \theta$. La composante parallèle à la surface est la contrainte de cisaillement qui est donnée par $\rho gh \sin \theta$. Le rapport entre contrainte de cisaillement et contrainte normale doit être inférieur au coefficient de frottement interne $M = \tan \varphi$, et cela implique $\theta < \varphi$. Cela signifie que l'angle de stabilité d'un talus ne peut pas dépasser φ.

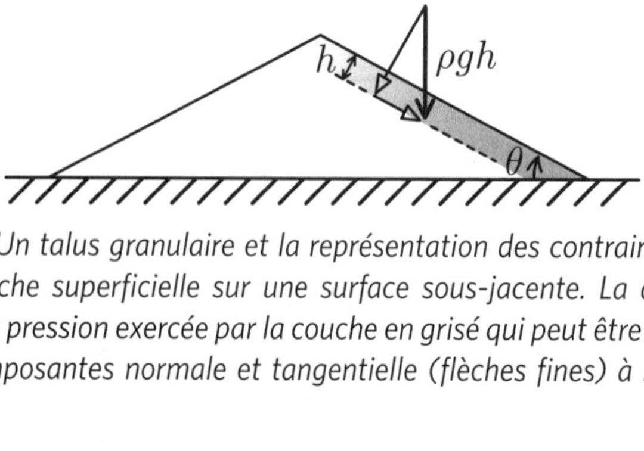

Figure 5-10. *Un talus granulaire et la représentation des contraintes exercées par une couche superficielle sur une surface sous-jacente. La quantité ρgh représente la pression exercée par la couche en grisé qui peut être décomposée en deux composantes normale et tangentielle (flèches fines) à la couche de glissement.*

Deux autres exemples bien concrets illustrent l'effet de résistance mécanique d'un empilement soumis à une pression.

• Un premier exemple qui illustre la proportionnalité entre la contrainte de cisaillement et la contrainte normale est la difficulté que l'on rencontre pour enfoncer un parasol dans le sable de plage ! Au voisinage de la surface, il est très facile de déformer le sable. La contrainte normale agissant sur le parasol est proportionnelle à la contrainte hydrostatique et augmente avec la profondeur. Par conséquent, la résistance au cisaillement augmente elle aussi avec la profondeur. Il est donc bien difficile de faire une ombre suffisante avec son parasol !

• Un second exemple est la résistance mécanique d'un paquet de café sous vide. La pression atmosphérique externe exerce une pression sur l'emballage et donc sur les grains. Si l'on laisse entrer l'air lentement par un petit trou, on constate que la résistance à la déformation du paquet diminue progressivement. Cette simple constatation illustre la grande différence entre un solide classique et un milieu granulaire sec. Dans un milieu granulaire, ce réseau des contacts et des forces entre grains non soudés entre eux ne peut se former que sous l'effet d'un confinement. La contrainte joue le même rôle pour l'empilement que la compression entre deux grains. Elle peut provenir du simple poids des grains ou de forces aux frontières d'un assemblage. Par exemple, lorsque l'on verse des grains dans un récipient, ceux-ci sont confinés à la fois par leur propre poids et par les forces de réaction aux parois. Une augmentation de cette contrainte peut avoir deux effets : dans un premier temps, les grains se réarrangent. Dans un second temps, toutes les forces entre grains et les contraintes réactives aux parois augmentent en proportion de la contrainte appliquée, et les grains se déforment sans se déplacer les uns par rapport aux autres.

Quelle que soit la configuration initiale des grains, ces réarrangements ont donc pour effet de conduire le matériau vers le même état avec la même valeur de M. Cet état est l'*état critique* que nous avons rencontré au chapitre 4 comme celui où la compacité atteint une valeur constante indépendante de l'état initial. *L'état critique* est ainsi caractérisé par une compacité critique et un coefficient de frottement critique.

Revenons sur la figure 5-9. Nous avons vu que la contrainte de cisaillement dépend de la compacité initiale. Dans le cas de l'échantillon lâche, le coefficient de frottement μ augmente avec le cisaillement et tend vers M. Dans le cas de l'échantillon dense, μ augmente rapidement vers une valeur maximale, appelée souvent

« pic de contrainte », avant de redescendre vers la valeur critique *M*. Contrairement à *M*, la résistance au pic de contrainte n'est pas une propriété intrinsèque du matériau granulaire et elle est d'autant plus importante que la compacité initiale est élevée. C'est pourquoi, dans les travaux de construction, l'ingénieur civil cherche à obtenir une compacité maximale du sol qui permette d'avoir la meilleure résistance aux faibles déformations. Au contraire, dans les technologies des poudres, ce sont les grandes déformations mises en jeu lors de l'écoulement des particules qui intéressent les ingénieurs. Dans ce cas, l'attention est plutôt portée sur la résistance critique *M*.

Localisation des déformations

Notre description précédente supposait que le matériau se comportait de façon homogène dans l'épaisseur lorsqu'on le cisaillait. Cette homogénéité signifie que si, par exemple, le volume change par suite du cisaillement, alors le changement est le même partout dans le volume. Or, ce n'est pas nécessairement le cas ! Dans un glissement de terrain, ou dans une avalanche, il se peut que le glissement ne soit actif que sur une petite couche (comme une plaque de neige). Le matériau est cisaillé de façon non homogène, et il peut atteindre plus vite l'état critique dans les régions où le cisaillement est plus fort ; cela conduit aussi à une différence de compacité entre les différentes parties du matériau par effet de *dilatance**. Dans ces conditions, la relation entre les contraintes et les déformations qu'on mesure pour l'ensemble de l'échantillon dépend des hétérogénéités dans l'épaisseur de la couche. On peut voir cet effet en poussant horizontalement sur un tas de sable avec un bulldozer. Si le tas est assez dense (compacité supérieure à la compacité critique), le sable se divise en deux « blocs » presque rigides, l'un glissant au-dessus de l'autre le long d'une surface qui les sépare. On dit que la déformation est localisée dans une *bande de cisaillement*. Un exemple en est donné dans la figure 5-11a. Comme la dilatance

a)

b)

Figure 5-11. *a) Des bandes de cisaillement (zones poreuses localisées dans lesquelles le matériau se dilate) apparaissent lors d'un essai de compression sous confinement. La paroi supérieure est déplacée vers le bas tandis que les parois latérales maintiennent la pression horizontale. b) Les bandes parallèles de couleurs différentes sur cette roche découpée verticalement pour ouvrir une route sont les traces de déformations localisées de glissement de couches cisaillées (ici horizontalement).*

est proportionnelle au cisaillement, la compacité est plus faible dans cette bande. On peut donc facilement observer la zone cisaillée par sa compacité plus faible par rapport au reste du milieu.

Lorsque la déformation se localise dans une bande, on peut dire, en pensant à un patin qui glisse sur un plan, qu'une couche de matériau granulaire glisse sur le reste du matériau. Mais, à la différence du patin qui glisse sur un plan bien défini, dans un milieu granulaire le plan de cisaillement se forme au sein du matériau avec une orientation qui dépend des orientations des contraintes exercées sur le matériau. Les bandes de cisaillement se rencontrent aussi à grande échelle sous la forme de failles géologiques qui concentrent généralement les mouvements tectoniques (figure 5-11b). La géométrie des bandes nous renseigne sur les conditions qui leur ont donné naissance et qui peuvent évoluer au cours du temps. L'histoire de la Terre est aussi une histoire de grain !

*

* *

Après avoir observé des grains, les avoir empilés, et avoir décrit les organisations géométriques de grains modèles, nous avons vu comment cette organisation joue sur leur compacité. Nous avons complété ces études en regardant dans le présent chapitre les petits déplacements et déformations des grains soumis à des contraintes. Nous allons, dans les chapitres suivants, étudier comment le désordre de cette organisation contrôle les propriétés de ces empilements.

CHAPITRE 6

Les manifestations du désordre

« L'ordre est le plaisir de la raison ; mais le désordre est le délice de l'imagination. »

Paul CLAUDEL.

Le clafoutis est un exemple de système hétérogène : les cerises y sont distribuées en désordre à l'intérieur de la pâte, qui est un solide mou. Pourquoi ne pas avoir plutôt servi côte à côte un plat de cerises et une pâte cuite au beurre et à l'œuf ? Parce que le cuisinier espère, par le mélange, dégager des goûts et des consistances originales, faire que le tout soit plus que la somme des parties. Ce chapitre va s'intéresser aux propriétés des systèmes désordonnés qui ne se résument pas à une simple somme. Cela sera nécessaire pour établir des lois de comportement qui seront utiles dans des applications des milieux granulaires.

Nous partons d'un constat élémentaire : la matière en grains est hétérogène à plus d'un titre. Elle est faite de pleins – les *grains* – et de vides – les *pores*. Ces derniers peuvent être remplis par une ou plusieurs phases fluides, l'air, l'eau dans les sols, ou les hydrocarbures dans les gisements pétroliers.

L'hétérogénéité, c'est aussi celle des contacts entre grains. Ils jouent un rôle essentiel dans la compréhension des propriétés électriques et mécaniques du matériau granulaire. Nous avons vu combien était ambiguë la notion d'un tel contact, suivant ce qu'on mesure, et la nature microscopique du matériau lui-même. Il ne s'agit pas en tout cas d'un simple tout ou rien. La résistance électrique entre deux grains peut varier de zéro à des millions d'ohms pour une très faible détérioration d'un contact.

Une troisième source d'hétérogénéité se rencontre quand on a des mélanges de grains de natures physiques différentes. Nous reviendrons sur ce type de situation en relation avec le phénomène de *percolation**.

Dans ce chapitre, nous étudierons les effets électriques dans un ensemble de grains conducteurs. Le chapitre suivant examinera en détail les problèmes mécaniques dans des ensembles granulaires.

Les échelles du désordre

On peut étudier un matériau hétérogène à divers grossissements ; nous parlerons plus bas d'échelles 3M : *Micro, Méso, Macro*.

L'*échelle Micro* est celle d'un grain unique ou d'un tout petit ensemble de grains. On peut, connaissant la géométrie et leurs propriétés physiques, étudier comment se fera la déformation si on les comprime, ou comment se modifie un contact établi entre deux grains. Nous avons, dans le chapitre précédent, montré comment se construisait ce désordre et comment les propriétés locales des grains et de leurs contacts ont un effet sur l'organisation à grande échelle.

L'*échelle Méso* ou, plus exactement, les échelles mésoscopiques sont celles qui vont nous intéresser plus particulièrement par la suite. On pense ici à l'échelle d'un bloc de grès ou d'un sac de billes. Cette dimension est beaucoup plus grande que celle d'un grain mais suffisamment petite pour qu'on puisse considérer que les propriétés moyennes, telles que la compacité, ne varient pas.

À l'*échelle Macro*, on trouve des variations des propriétés physiques d'une région à une autre d'un échantillon de matière. C'est

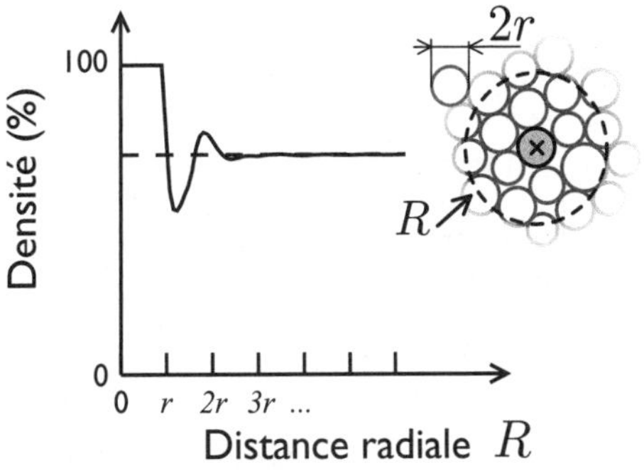

Figure 6-1. *La densité moyenne d'un empilement de sphères identiques de rayon r est évaluée en considérant une sphère de rayon* R *centrée sur le centre de l'une des sphères.*

le cas d'un sol dont la composition varie selon la profondeur ou d'une construction.

Une question essentielle, qui se pose à propos d'un matériau hétérogène, est de savoir comment, aux échelles intermédiaires *Méso*, le représenter par un milieu homogène équivalent. Intéressons-nous à la densité du milieu définie comme la fraction de volume des grains. On la mesure à l'intérieur d'une sphère de rayon R, centrée sur ce point (figure 6-1). La densité a une valeur constante aux tout petits rayons : c'est celle de la matière qui constitue le grain. Puis elle oscille lorsque la sphère commence à englober des zones de vides. Enfin, lorsque son rayon est assez grand – par exemple un rayon de trois ou quatre fois celui d'un grain – la densité prend une valeur moyenne constante tenant compte des vides et des pleins. On parlera de *volume élémentaire représentatif** pour exprimer le volume minimal sur lequel la valeur moyenne de la propriété étudiée a un sens. Si cette valeur moyenne ne varie pas trop lorsqu'on prend des volumes plus grands, on dira que l'on a affaire à un *petit désordre**. Dans le cas contraire, que l'on rencontrera par la suite, on utilisera l'expression *grand désordre**.

Le petit désordre

Le volume élémentaire représentatif que nous venons de définir donne accès à des propriétés moyennes que l'on utilisera pour décrire un comportement à plus grande échelle.

Si le milieu est suffisamment peu désordonné pour qu'on puisse le remplacer par une structure périodique équivalente, il existe des méthodes permettant de passer du calcul des propriétés au niveau d'un grain et de son environnement immédiat à celui d'un ensemble de grains. Le principe de ces calculs dits d'*homogénéisation** est le suivant : on définit une cellule élémentaire (qui correspondrait à la maille élémentaire pour un cristal) pour laquelle on évalue précisément le paramètre recherché. Puis on reproduit ce résultat un grand nombre de fois pour l'ensemble des cellules de ce milieu.

Il existe d'autres méthodes approchées pour étudier les propriétés moyennes d'un matériau à faible désordre, héritières du travail de l'Italien Ottaviano Mossotti en 1850, puis repris par Rudolf Clausius. Ces deux physiciens se sont intéressés au calcul de la constante diélectrique moyenne d'un milieu constitué de grains dispersés dans une matrice – comme le sont les cerises dans un clafoutis – dans un matériau possédant une constante diélectrique différente. Ces méthodes ont connu des développements importants. Contentons-nous d'en faire sentir l'esprit par une analogie pointilliste : imaginons un élément d'un tableau de Seurat où une couleur mauve a été rendue par un ensemble de petites taches rouges et bleues dispersées de façon régulière. Nous souhaitons remplacer cette couleur composite par une teinte uniforme bien choisie. Pour cela, nous allons, dans une petite surface de la zone pointillée, remplacer les taches rouges et bleues par une petite tache mauve uniforme, et nous ajusterons le mélange de peinture de ce mauve jusqu'à ce que, vu de suffisamment loin, on ne soit plus capable de distinguer la couleur homogène et la couleur composite. L'opération correspond à ce que l'on appelle une *méthode autocohérente* : on a choisi la couleur qui ne tranche pas avec les points bleus et rouges ayant le pourcentage choisi par le peintre. Pour le physicien, remplacer ainsi des distributions d'éléments divers par une moyenne est une *méthode de champ moyen*.

Le très grand désordre

La limite opposée des échelles *Macro* est celle d'un matériau hétérogène suffisamment étendu pour que les propriétés moyennes subissent des variations d'une zone à l'autre. Un grès, une roche faite de grains soudés entre eux, par exemple, a une densité qui augmente continûment avec la profondeur dans un même massif rocheux, par suite de la pression, dite *lithostatique*, exercée par le poids des couches supérieures. Il sera dans ce cas très difficile, voire impossible, de trouver des lois moyennes s'appliquant à l'ensemble : lorsqu'on prend des volumes de plus en plus grands pour évaluer une moyenne, on n'obtient pas de valeur limite qui permettrait de définir un volume d'homogénéisation. Nous ne parlerons plus par la suite de ce *très grand désordre* qui dépend de chaque exemple particulier.

Le grand désordre

Entre ces deux limites de désordre, on rencontre des matériaux pour lesquels on ne peut définir la taille d'un volume élémentaire représentatif. On parle dans ce cas de *grand désordre**. L'agrégat colloïdal plan représenté sur la figure 2-9 en donne une illustration. On détermine la densité d de cet agrégat – soit le nombre de grains individuels par unité de surface – en dessinant des cercles de rayon R croissant centré sur un grain particulier. La masse $M(R)$ de matière contenue dans une boîte de rayon R – nous l'avons vu au chapitre 2 – est proportionnelle à R^D, où $D = 1{,}75$ est la dimension fractale de l'agrégat. La densité $d = M(R)/R^2$ est proportionnelle à R^{D-2}. Elle diminue lorsque la taille de la boîte utilisée augmente :

quelle que soit cette taille, et tant que celle-ci est inférieure à la taille de l'agrégat colloïdal, une moyenne ne peut rendre compte des hétérogénéités présentes à une échelle supérieure : en particulier, un agrégat de très grande taille aurait une densité presque nulle. Dans la bande dessinée *Les Fractals*, Ian Stewart nous raconte l'histoire de ce fromager astucieux et malhonnête qui réalise des gruyères avec des trous distribués de façon fractale : les vendant au volume et non au poids, il vend de plus en plus de vide lorsqu'il en augmente la taille ! La géométrie fractale de *percolation** que nous allons rencontrer par la suite, et qui sera un fil conducteur du reste du chapitre, est un autre cas de grand désordre.

La percolation ou le fil d'Ariane

Une expérience modèle

L'effet du grand désordre peut être illustré à partir d'une expérience de coin de table qui mit le feu aux poudres, ou, plus justement, à la physique des tas de grains ! Elle fut faite par une équipe d'enseignants qui ne disposaient d'aucun crédit pour leur recherche. Ils avaient entendu parler d'un concept mathématique très général pour des systèmes désordonnés, la *percolation**, inventé par un mathématicien britannique, John Hammersley, qui s'intéressait au bouchage progressif des masques à gaz et à la disparition de sa *perméabilité**. Nous reviendrons au chapitre 11 sur cette notion. Pour se rapprocher de cette expérience, les chercheurs ont choisi comme milieu granulaire un ensemble de grains de sucre dur que l'on trouve sous forme de billes argentées dans des paquets de dragées, mais qu'on peut se procurer avant argenture. Ils en ont fait deux lots séparés, avec des mélanges comprenant un pourcentage p variable de billes conductrices. Comme l'épaisseur du film d'argenture est très petite, la géométrie des deux types de billes est pratiquement la même, et ces deux types de grains se mélangent sans effet de ségrégation. Ils ont placé ces mélanges successifs dans un grand cylindre puis les ont comprimés avec un cric de voiture pour assurer un bon contact électrique, avant de mesurer la conduction électrique de ces mélanges en fonction du taux p de billes conductrices (figure 6-2a). Lorsque toutes les billes sont conductrices ($p = 1$), le courant passe d'une extrémité à l'autre du cylindre en circulant à travers toutes les billes argentées. Au contraire, pour un trop faible pourcentage de billes conductrices le milieu est un isolant. Ils étudièrent plus précisément ce qui se passe quand le pourcentage p est autour d'une concentration *seuil* – appelons-la p_c – pour laquelle le système passe d'un régime isolant à un régime conducteur et pour laquelle il n'existe qu'un tout petit nombre de chemins continus pour faire passer le

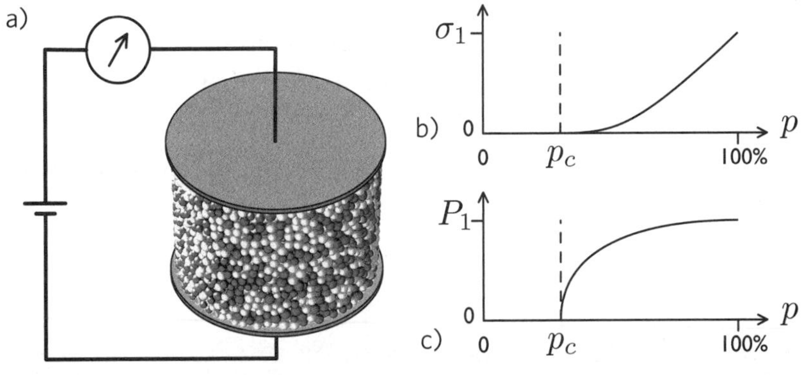

Figure 6-2. *a) Une expérience de coin de table*. Un mélange de grains conducteurs en proportion p, et isolants en proportion (1 – p), géométriquement identiques, est comprimé dans un cylindre par deux électrodes planes. b) On fait croître le pourcentage p de 0 à 1 et l'on mesure la conductance. σ ne devient non nulle qu'au-dessus du seuil de percolation p_c. Juste au-dessus du seuil, la loi de variation de σ avec la distance au seuil ($p - p_c$) ne dépend pas des détails du système, et a une signification profonde liée au caractère « critique » autour du seuil. c) La fraction P(p) de grains attachés à l'amas conducteur (amas de percolation) varie beaucoup plus vite que σ par suite de nombreux brins appartenant à l'amas et qui ne participent pas à la conductance.*

courant. La figure (6-2b) donne la variation de conductance observée.

Expérience banale, penserez-vous ! Pas tant que cela. Les propriétés générales de nombreux problèmes physiques étudiés autour de valeurs de seuils, comme p_c dans cet exemple, sont indépendantes du système physique considéré. Dans cette expérience, la valeur de p_c est voisine de 0,3 : le système est conducteur dès que plus de 30 % des billes sont argentées ; quand la probabilité augmente, les chemins de grains conducteurs continus et rejoignant les électrodes deviennent de plus en plus nombreux. Le plus remarquable dans l'expérience est le fait que l'augmentation de conductance à partir de zéro avec la distance au seuil $(p - p_c)$ est la même pour des systèmes différents : les physiciens parlent alors d'*universalité*.

Par contre, il serait impossible de trouver la solution au problème de percolation par un modèle de champ moyen. Il ne suffit pas de connaître la nature du contact électrique entre deux ou quelques grains pour calculer la conductance de l'ensemble. Tout près du seuil, la géométrie des chemins de conduction est un objet fractal, et l'on ne pourrait caractériser le milieu conducteur qu'en prenant tout l'ensemble des grains : il s'agit vraiment de grand désordre !

D'autres situations de percolation

L'interprétation qualitative de l'expérience modèle ci-dessus est simple. Le courant électrique utilise un chemin continu tracé de proche en proche entre les grains conducteurs, comme le skieur de fond qui, en fin de saison, cherche à trouver un chemin continu de plaques de neige sans avoir à déchausser ses skis sur de l'herbe. Mais il est possible de formuler de façon tout à fait rigoureuse l'effet de ce désordre de phases.

La *percolation* rend compte de situations diverses de ce type.

• Dans un pneu, des grains de carbone sont inclus dans la matrice de caoutchouc avant cuisson. Suivant sa concentration, ce carbone contribue aux propriétés mécaniques.

• Une gelée de fruits « prend » si la concentration en agents gélifiants présents dans les fruits ou le sucre utilisé pour faire la gelée est suffisante. La valeur *seuil* qui assure la prise (seuil de gélation) est telle qu'il apparaît un petit nombre de chaînes continues de molécules qui assurent un comportement élastique au *gel**. L'augmentation du module qui caractérise l'élasticité du gel est *analogue* à la conduction électrique du sac de billes. En parlant d'*analogie*, nous voulons dire qu'il existe des lois rigoureuses de correspondances qui permettent de passer d'un problème à l'autre, si l'on reste au voisinage du seuil pour chaque situation.

Dans le langage courant, la notion de percolation évoque le percolateur et le passage d'un fluide (l'eau) à travers un milieu poreux (la poudre de café) avec lequel le fluide échange de la matière. C'est aussi le sens que lui donnent les spécialistes de géochimie ou du génie chimique. Le concept de percolation développé ici décrit lui aussi un transport dans une structure aléatoire. La caractéristique qui le distingue de celui attaché à la machine à café, est de faire intervenir un *seuil*, une valeur particulière d'un paramètre qui contrôle la connexité de la structure, tel que la concentration critique p_c de billes conductrices. La proportion de grains conducteurs, P(p), que l'on peut faire varier de zéro à un, est le *paramètre d'ordre* de la percolation (figure 6-2c).

La transition de percolation : un *phénomène critique**

Ces deux paramètres sont typiques des changements d'état, tel le magnétisme d'un barreau de fer. La température est le *paramètre de contrôle* et il existe un *seuil* où apparaît le magnétisme. La région des hautes températures du magnétisme correspond à

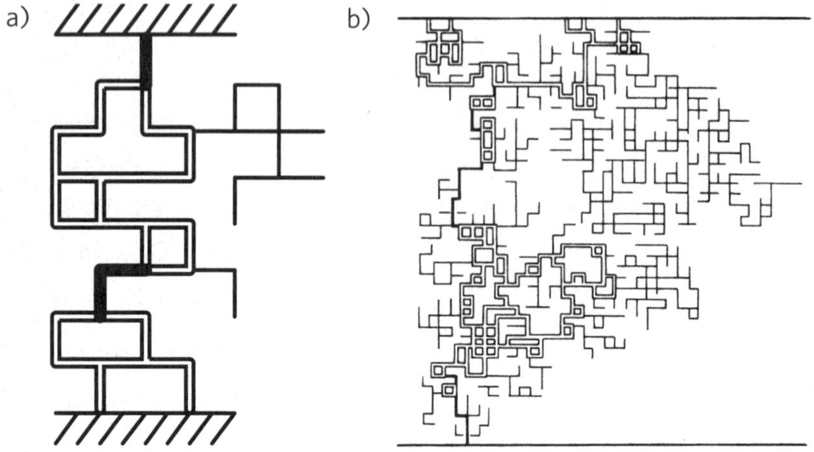

Figure 6-3. *Sur un réseau carré de liens, on a placé au hasard un pourcentage de liens conducteurs p égal exactement à la valeur du seuil de percolation* p_c *(pour ce problème,* $p_c = 1/2$*). La simulation sur ordinateur montre la forme de l'amas « infini ». Les liens où tout le « trafic » du courant doit passer, ou « liens sensibles », en traits gras, jouent un rôle déterminant pour la conductivité σ (voir figure 6-2b). Les liens en traits doubles sont les autres liens de l'amas qui sont traversés par un courant. Les liens en traits fins sont les liens de bras morts où ne circule aucun courant.*

celle des faibles concentrations en grains conducteurs, telles qu'il n'existe pas de chemin continu entre grains. Au-dessus du seuil de percolation, il apparaît une organisation, un *ordre à grande distance**, qui se traduit par l'existence d'un ensemble continu – dit *amas de percolation* – de grains conducteurs en contact entre eux qui relie les deux électrodes. L'équivalent de l'ordre magnétique est, en percolation, la connectivité.

La description géométrique de l'amas de percolation a fait l'objet de nombreuses expériences numériques utilisant des réseaux périodiques dont on coupe au hasard un pourcentage donné d'éléments. Ces éléments peuvent être les sommets du réseau – on parle alors de *percolation de sites* –, ou bien les brins entre deux sommets – il s'agit de *percolation de liens* (on notera que le mélange de billes conductrices et isolantes apparaît comme un problème de percolation de sites dans une géométrie désordonnée). La figure 6-3 représente l'amas de percolation au seuil dans le cas d'un réseau carré pour le problème de percolation de liens. Cet amas présente une structure tortueuse qui apparaît statistiquement identique à elle-même quelle que soit l'échelle d'observation ; c'est donc un fractal. Sa *dimension fractale** est $D = 1,89$ à deux dimensions, et $D = 2,52$ à trois dimensions. Dans les deux cas, elle est inférieure à la dimension de l'espace dans lequel l'amas existe. La structure fractale correspond à du grand désordre qui ne peut être décrit par homogénéisation. Par contre, les propriétés au voisinage du seuil (concentration ou température critiques) qui dépendent de cette géométrie et non des détails locaux, ont des caractéristiques très générales qui ont été très étudiées et pour lesquelles on parle d'*universalité*.

Le seuil de percolation

Les valeurs de seuils déterminées sur réseaux réguliers montrent une grande diversité : pas plus que la valeur de la température de Curie du magnétisme T_c, la valeur du seuil de percolation n'est universelle. Une première estimation de seuil a été faite en termes du volume occupé par la phase conductrice dans un mélange. On trouve environ 45 % pour un problème en surface et 15 % pour un problème en volume. Une valeur beaucoup plus basse de 8 % (le noir de carbone dans une matrice isolante qu'on trouve dans des pneus d'automobile) a été obtenue. La différence est expliquée par la formation d'agrégats de particules : dans ce dernier cas, ce sont des grains poreux, constitués d'agglomérats de microsphères de carbone, et non les microsphères elles-mêmes, qui déterminent la géométrie de l'amas conducteur.

Cependant, on peut penser que, plus que la compacité, ce sont les conditions de contacts entre sites voisins, donc la *coordinence**

z (nombre de proches voisins dans un réseau), ou les contacts dans le problème de billes, qui vont déterminer la connexion à grande échelle, donc la valeur du seuil. Ainsi, en percolation de liens, on trouve qu'il faut en moyenne deux liens conducteurs présents par site si tous les sites sont présents pour assurer la connexité du réseau dans le plan. La valeur plus faible à trois dimensions suggère qu'il est plus facile de réaliser des connexions en volume, c'est-à-dire en échappant aux contraintes de la géométrie plane.

Percolation : une généralisation

La notion de percolation permet d'éclairer des problèmes de réseaux dans lesquels n'intervient pas de seuil, mais dont les liens sont constitués de conducteurs de résistance variable placés au hasard. Comment calculer la conductance de ces réseaux ? La recette consiste à gommer toutes les résistances puis à les remettre à leur place initiale en commençant par les résistances faibles et en ajoutant progressivement les résistances de plus en plus élevées. Au début, le milieu reste isolant car il n'y a pas assez de liens pour assurer la continuité. À un moment donné, on aura rajouté une résistance qui assurera la connexion. Cette valeur sera le point de repère de la conductance totale et définira un pseudo-seuil similaire à la percolation. Et le fait de rajouter des résistances élevées ne changera plus grand-chose !

On peut penser à une analogie avec la circulation en ville un soir à 19 heures. Pour estimer votre temps de trajet, la partie du trajet sur une voie rapide ne compte pas trop ; en revanche, la voie encombrée sur laquelle votre véhicule avance au pas définira le temps pour vous rendre chez vous. C'est le plus mauvais passage qui comptera.

Le grand désordre des contacts électriques

Un ensemble de grains conducteurs

La façon dont un ensemble de grains réagit à une sollicitation mécanique va nous aider à mieux comprendre les propriétés de conduction électrique d'un empilement de grains conducteurs. Nous plaçons un ensemble de billes toutes conductrices (comme des sphères de verre argentées) dans un récipient cylindrique et nous le soumettons à une pression le long de l'axe du récipient. Si nous appliquons des cycles de pression, la compacité de l'empilement se stabilise à une valeur limite au bout de quelques cycles. Une première diminution de la résistance provient de l'effet de la suppression de la couche isolante autour des grains et de l'amélioration des contacts rugueux ; elle se superpose à l'effet de la réorganisation de l'empilement qui crée des nouveaux contacts électriques.

L'effet Branly

L'hétérogénéité des contacts trouve une de ses manifestations les plus spectaculaires dans un phénomène décrit par Édouard Branly le 24 novembre 1890 dans une communication à l'Académie des sciences intitulée *Variations de la conductibilité sous diverses influences électriques*. Branly plaçait de la limaille métallique dans un tube isolant, entre deux électrodes métalliques qui exercent une légère pression sur la poudre. La résistance mesurée entre les électrodes était initialement élevée à cause des mauvais contacts entre grains : elle peut atteindre plusieurs millions d'ohms. Si on soumet l'ensemble à un champ électrique créé, par exemple, par l'étincelle d'un allume-gaz électrique sans contact avec le tube, la résistance chute brutalement pour atteindre le millier ou même la centaine d'ohms ! Et cet état de forte conduction subsiste après l'étincelle. Cependant, il suffit d'un léger choc sur le tube pour retrouver l'état quasi isolant (cette expérience peut aussi être réalisée à une dimension avec une ligne de sphères d'acier de même diamètre).

Branly a ainsi mis en évidence une action à distance sans lien matériel. Quelques années auparavant, Maxwell avait décrit mathématiquement les ondes électromagnétiques dans son *Traité de l'électricité et du magnétisme* paru en 1873. Hertz les avait mises en évidence expérimentalement en 1888 avec son résonateur, un anneau métallique interrompu, entre les extrémités duquel on voit apparaître de petites étincelles quand on le soumet à l'étincelle d'une bobine de Ruhmkorff. Mais il a fallu la découverte de Branly, le « révélateur » d'ondes constitué par le tube à limaille, ou *radioconducteur* comme l'avait baptisé Branly, pour que l'on puisse utiliser le rayonnement électromagnétique. De fait, le radioconducteur a eu en son temps un rôle très important dans le développement de la TSF : il a été utilisé en 1898 par Ducretet pour réaliser la première transmission télégraphique entre la tour Eiffel et le Panthéon, et par Marconi un an plus tard pour établir une communication de part et d'autre de la Manche.

Le tube à limaille est actuellement connu sous le nom de *cohéreur* que lui a donné le physicien anglais Lodge, parce que l'apparition de la conduction s'accompagne de la formation, par adhérence des grains, de chaînes conductrices ténues et tortueuses s'étendant d'une électrode à l'autre, et qui évoquent un peu un chemin de percolation.

Les phénomènes physiques mis en jeu dans le mystérieux effet Branly ont été étudiés par de nombreux travaux depuis plus d'un siècle. On a, par exemple, supposé que les interactions de type électrostatique qui s'exercent entre les grains provoquent un déplacement des grains dans le milieu et favorisent la formation des chaînes dont les grains restent en contact, après disparition du champ, sous de l'attraction moléculaire. On a aussi pensé que la différence de potentiel entre grains voisins provoque le claquage de la couche d'isolant et l'apparition de micro-étincelles qui soudent les grains entre eux. Une autre explication fait également appel à la soudure des grains : les surfaces de contact sont si petites que la densité de courant qui les traverse est énorme et provoque un échauffement local important qui peut conduire à une fusion du métal.

Une équipe de chercheurs de Lyon a proposé récemment une explication qui semble convenir. Tout d'abord, ils ont montré que la géométrie désordonnée qu'utilisait le courant à travers le milieu granulaire dans la phase conductrice n'était pas nécessaire pour comprendre l'effet Branly. Ils ont reproduit ce même effet sur une chaîne linéaire de billes d'acier en contact telle que la pression appliquée aux grains suit bien la loi de Hertz. Ils ont obtenu alors les cycles conducteur-isolant exactement comme dans un milieu granulaire tridimensionnel. Ils ont ensuite montré l'importance d'un mécanisme thermoélectrique : dans l'état mauvais conducteur, un très faible courant passe à travers des microcontacts entre grains. Il crée un dégagement local de chaleur important qui cause une dilatation du grain qui « perce » la surface isolante, et est à l'origine de la faible résistance obtenue dans la seconde phase. Il se trouve que les effets de conductivité électrique et thermique, qui sont dus dans un métal aux électrons dits de conduction, sont proportionnels entre eux indépendamment de la nature des matériaux et de la nature des contacts. Une explication raisonnable et somme toute simple est ainsi donnée à cet effet mystérieux.

Une situation un peu similaire à celle du tube à limaille se retrouve dans les *varistances* à l'oxyde de zinc (ZnO), composants électroniques dont la résistance varie avec la différence de potentiel à leurs bornes. Elles sont utilisées pour la protection des appareillages électriques contre les surtensions. Ce sont des *céramiques** obtenues en frittant des grains conducteurs de ZnO mélangés à de faibles quantités de différents oxydes métalliques (le *frittage** sera décrit au chapitre 10). Ces grains sont séparés entre eux par une barrière d'oxyde qui ne conduit le courant que lorsque la tension entre deux grains est suffisante. Le chemin tortueux du courant crée alors un effet de court-circuit utilisé pour mettre les paratonnerres à la masse.

La percolation en mécanique

Les propriétés mécaniques d'un empilement de grains élastiques et conducteurs, tout comme leurs propriétés électriques, dépendent du désordre des contacts entre grains. On peut se demander si ces deux situations peuvent être mises en correspondance directe. Peut-on en particulier rendre compte des propriétés mécaniques d'un empilement réel de grains qui présentent une large distribution de contacts en supprimant au hasard un certain pourcentage des contacts d'un empilement idéal de départ, comme nous l'avons fait en remplaçant un pourcentage de grains conducteurs par des isolants dans une expérience modèle de percolation ?

La réponse est négative. Les contraintes mécaniques modifient les positions des grains et donc la géométrie des contacts. Un modèle illustre cette différence : on remplace un lien entre deux grains par une barre, et un chaînon de trois grains par deux barres, attachées au niveau du grain central et libres de pivoter. On réalise ainsi de proche en proche un réseau triangulaire de barres conductrices. On en supprime alors au hasard un certain pourcentage $1 - p$. La continuité électrique du réseau est finie tant que le pourcentage de barres conductrices est supérieur au seuil p_c d'un modèle dit de percolation scalaire. Par contre, pour cette même valeur de seuil, le réseau mécanique peut se déformer et réalise ce qu'on appelle un *mécanisme*. Il faut mettre en place un nombre supplémentaire suffisant de liens pour que le système se rigidifie, d'où une valeur de seuil plus grande. Cela correspondrait à un problème vectoriel (avec des vecteurs force) différent du problème électrique. Il suffit de penser à la tour Eiffel ou à une autre de ces constructions métalliques du XIXe siècle pour constater que ces structures ont

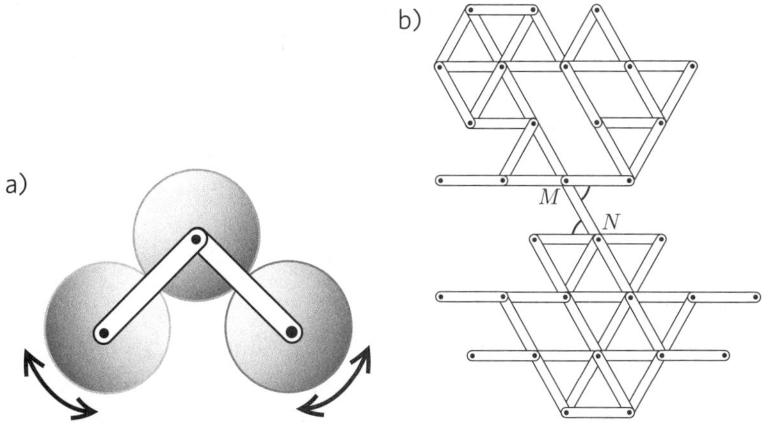

Figure 6-4. *a) Un ensemble de trois barres articulées remplace un ensemble de trois billes en contact libres de rouler. b) Le mécanisme simule un milieu granulaire incomplet. Localement, les blocs M et N sont rigides séparément par triangulation. Par contre, l'ensemble, bien que continu, n'est pas rigide à cause de la liaison entre M et N libre de tourner.*

dû être rigidifiées par triangulation entre les poutres d'acier (un *treillis*). Et le problème a alors eu suffisamment d'importance pour que le grand Maxwell s'y soit intéressé !

La percolation vectorielle peut toutefois rendre compte de l'élasticité de réseaux de grains soudés entre eux – dits consolidés – pour lesquels l'application de forces ne change pas la géométrie des contacts tout en permettant des faibles déformations élastiques. Nous en reparlerons au chapitre 10.

Elle se retrouve aussi dans d'autres systèmes. Ainsi, dans la formation d'un *gel*, on réalise un réseau de chaînes de polymères attachées entre elles de façon partielle comme dans un filet de pêche dégradé. Si son maillage est suffisant, le filet reste continu : on est au-dessus d'un seuil de percolation. De plus, il apparaît que les propriétés mécaniques au voisinage d'un seuil de gélation-percolation correspondent au problème électrique. Cela peut être justifié par le fait que ces systèmes sont en solution et présentent des effets liés à des effets d'osmose qui font disparaître le caractère vectoriel de leur mécanique. Ainsi, la percolation scalaire rend compte de cette transition d'un sol visqueux vers un gel élastique, comme c'est le cas pour une gelée de groseille qui a pris. Nous n'irons pas plus loin dans cet exemple qui nous éloigne de nos chers grains.

*
* *

Nous voici parvenus au bout de cette approche du grand désordre. La percolation, comme l'introduction de géométries fractales, nous a montré que, dans de nombreuses situations, il est vain de vouloir décrire le comportement d'ensemble d'un système désordonné à partir de la simple description de ce qui se passe à petite échelle. Toutefois, plutôt que de chercher, coûte que coûte, une application rigoureuse de ces modèles de grand désordre dont la validité théorique reste incontestable, nous retrouvons, à travers ces outils, des archétypes de ce désordre multi-échelles.

CHAPITRE 7

Les chaînes de force

Dans un empilement de bois bien construit, les bûches cylindriques parallèles entre elles semblent être en contact. Pourtant, il est possible d'en extraire certaines directement, sans avoir à les prélever du haut du tas, parce qu'elles ne supportent pas d'efforts. Voici un exemple bien concret de l'« effet de voûte » qui est la manifestation de l'inégalité des efforts qui s'exercent au niveau des contacts dans un empilement. Ce chapitre nous montre en détail comment les forces qui s'exercent sur un empilement sont distribuées.

Voir les forces

Experimentum crucis

La conduction électrique dans un empilement de grains conducteurs nous a montré qu'un tas de grains est tout autre chose que la somme des grains qui le composent. Nous allons maintenant voir que, même si nous connaissons ce qui se passe au niveau d'un contact entre deux grains, nous ne pouvons en déduire le comportement d'un ensemble de tels grains sous compression. La

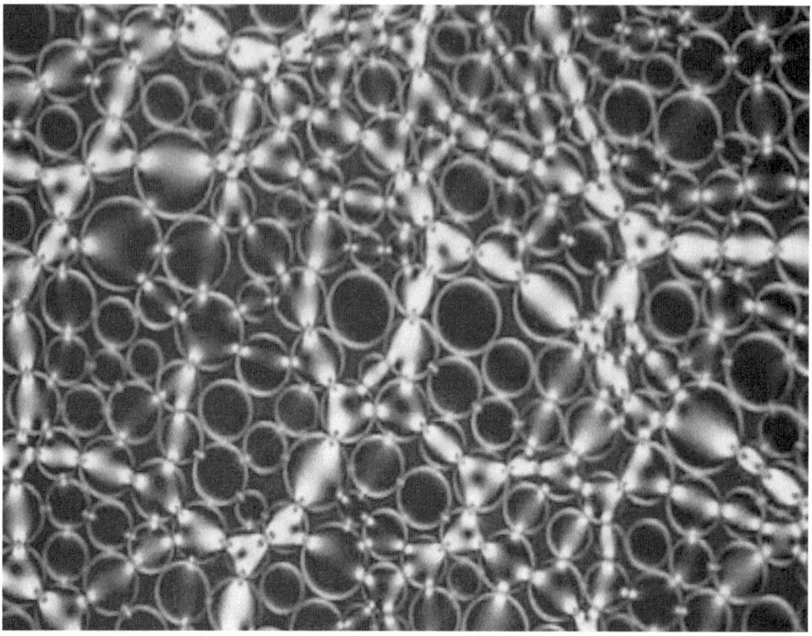

Figure 7-1. *Dans une boîte rectangulaire, des cylindres photoélastiques transparents horizontaux que l'on voit le long de leur axe sont soumis à une force verticale. Les lignes blanches réparties irrégulièrement permettent de visualiser les chemins de fortes contraintes. Les cylindres sombres ne sont pratiquement pas comprimés.*

démonstration la plus spectaculaire de cette inégalité des forces de compression, suivant les couples de grains en contact, est une expérience conduite en France il y a soixante ans par un ingénieur des Ponts et Chaussées, Pierre Dantu. Cette expérience a été réalisée sur des empilements de cylindres d'axes parallèles soumis à une pression appliquée perpendiculairement à leurs axes ; cet empilement modèle est fréquemment utilisé en mécanique des sols. Comme matériau constitutif des cylindres, Dantu a choisi du Plexiglas qui présente des propriétés de *photoélasticité**, c'est-à-dire que son indice optique est fonction de l'amplitude de la force qu'on lui applique.

Sur la photo de la figure 7-1 on peut ainsi voir que, bien que l'empilement semble globalement homogène, la distribution des contraintes dans des grains ne l'est pas du tout. On observe un réseau filamentaire continu de cylindres lumineux en contact, dit réseau de *chaînes de force**. Ce réseau devient de plus en plus dense à mesure que l'on augmente la pression appliquée à l'empilement. Le squelette rigide assure la tenue mécanique de l'ensemble. On voit qu'il enserre des régions dans lesquelles les grains sont peu contraints, voire libres.

Les expériences numériques

La simulation numérique est un autre moyen de décrire le milieu à une échelle microscopique (celle des grains), et ses développements récents ont permis d'examiner finement l'hétérogénéité des milieux granulaires soumis à des forces. Pour analyser la répartition des forces dans un milieu granulaire, on confine les grains par des parois rigides. On exerce d'abord une pression identique sur toutes les parois. Dans ces conditions, la contrainte de *cisaillement**, due à des forces tangentielles sur des parois en regard, est initialement nulle. Puis, progressivement, on augmente la pression sur deux parois opposées. On regarde alors comment cette contrainte est transmise dans l'échantillon. Les forces normales entre les grains sont représentées par des segments dont la largeur est proportionnelle à la grandeur de la force normale, comme sur la figure 7-2. Comme dans les expériences avec des grains photoélastiques, on observe une répartition très inhomogène des forces : il existe notamment des grains qui ne sont soumis qu'à de très faibles forces.

Cette figure montre deux exemples de carte de forces dans un assemblage de disques et dans un assemblage de pentagones. Les segments reliant les centres des grains matérialisent le réseau des contacts. Leurs épaisseurs sont proportionnelles à la valeur de la force entre grains, ce qui permet de faire une cartographie du réseau des forces. Le nombre de forces inférieures à la force moyenne est

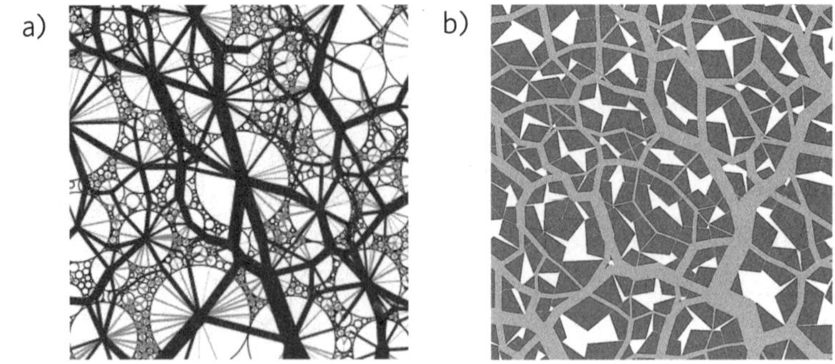

Figure 7-2. *Chaînes de force dans des assemblages de grains simulés numériquement. Les épaisseurs des segments reliant les centres des grains sont proportionnelles aux forces normales entre grains. a) Les grains sont des disques dont les rapports de diamètres varient dans un rapport 100 entre les plus petits et les plus gros. b) Les grains sont des polygones.*

sensiblement indépendant de la valeur de la force. Il est facile de trouver des contacts où la force transmise est dix, cent, voire mille fois plus faible que la force moyenne. Les simulations montrent que près de 60 % des forces sont inférieures à la force moyenne ; ces forces faibles ne sont pas nécessairement visibles sur les clichés photoélastiques. En revanche, la distribution des forces supérieures à la valeur moyenne est une loi exponentielle : il y a très peu de forces excédant le double ou le triple de la force moyenne.

Forces faibles contre forces fortes

Le réseau des contacts dans un milieu granulaire est donc composé de deux sous-réseaux distincts avec des distributions différentes : un sous-réseau « fort » portant les forces supérieures à la force moyenne, et un sous-réseau « faible » portant les forces inférieures à cette moyenne. Les simulations montrent que ces deux sous-réseaux contribuent de manières différentes au comportement mécanique du système pris dans son ensemble. Par exemple, pendant une déformation lente, la majorité des grains roule sur des grains voisins sans glisser. Il n'y a généralement qu'une petite fraction des contacts où les grains glissent et dissipent de l'énergie ; ces contacts sont dans le sous-réseau où les forces normales entre grains sont suffisamment faibles pour que le glissement coûte le moins possible en énergie dissipée par frottement.

Connaissant la position des grains et les forces qui s'y appliquent, il est possible de calculer les contraintes dans n'importe quelle direction. On peut notamment compter indépendamment les forces des différents contacts selon qu'elles sont faibles ou fortes. La contrainte globale est la somme d'une partie isotrope (comme la pression hydrostatique dans un liquide) et d'une partie de cisaillement. À ce niveau apparaît une propriété surprenante des forces dans un milieu granulaire : au sein de l'échantillon, la contrainte due aux forces faibles ne présente aucune composante de cisaillement ; ces forces correspondent à une simple pression, comme dans un liquide. Elle représente un peu plus d'un quart de la pression moyenne. Quant aux forces fortes, elles fournissent l'ensemble des contraintes de cisaillement et les trois quarts de la pression moyenne. Le réseau fort se comporte donc comme un solide, au sens que c'est la pression qui supporte la différence des contraintes dans les directions différentes.

On peut comprendre schématiquement cette distinction de la manière suivante : il existe des lignes continues de grains presque alignés dans le milieu granulaire. S'ils sont dans l'axe de la force appliquée à ce milieu, ces ensembles peuvent transmettre des efforts importants par les chaînes de force. Les grains sont les chaînons privilégiés pour la transmission des contraintes. S'ils présentent une faible désorientation (un grain légèrement décalé par exemple), alors il faudra qu'un appui latéral s'exerce pour compenser ce défaut. Dans cet argument, on voit que les forces faibles qui corrigent une imperfection géométrique perdent la mémoire de l'orientation de la force majeure qui leur a donné naissance.

La texture granulaire

Le désordre géométrique que présente un assemblage de grains est dominé par les encombrements stériques : les grains, du fait de leur volume, se gênent mutuellement et ne peuvent pas prendre n'importe quelle position dans l'espace. Mais une description ne prenant en compte que les positions des grains est insuffisante pour caractériser la texture granulaire. En effet, les interactions entre les grains sont véhiculées par le réseau des contacts, et l'équilibre de chaque grain est régi par les forces qui lui sont appliquées par les grains voisins. Afin d'établir un lien entre le désordre de position et le comportement mécanique, il faut donc caractériser à la fois le réseau de contacts et le réseau des forces.

Combien de contacts par grain ?

Dans le réseau de contacts, l'environnement local des grains est décrit par le nombre de contacts z que chaque grain possède avec ses proches voisins (le nombre de grains dans la première couche qui entoure un grain). Cette coordinence varie d'un grain à un autre. Mais sa valeur ne peut pas dépasser une valeur maximum z_{max} en raison des encombrements stériques qui proviennent du volume qu'ils occupent. L'équilibre des forces exercées sur chaque grain impose également un nombre minimal de contacts z_{min}. Comme l'équilibre d'un grain sphérique soumis à deux forces de contact seulement est instable en 3 dimensions, z_{min} est égal à 3. De même, pour des sphères de même taille, z_{max} vaut 12. Pour un assemblage de grains sphériques, la coordinence peut ainsi varier entre 3 et 12.

D'une manière plus générale, les valeurs z_{min} et z_{max} dépendent de la distribution des tailles des grains, de leur forme et des forces qui s'exercent entre eux. Dans les exemples de la figure 7-2a, nous avons un système avec un facteur 100 entre les tailles extrêmes des grains. Cette dispersion de tailles a une forte influence sur le réseau des contacts : d'une part, le nombre de coordination augmente ; d'autre part, les encombrements stériques permettent aux grains de petit diamètre de remplir les pores laissés libres entre les grains de plus grands diamètres. De nombreux petits grains peuvent ainsi être exclus du réseau de contacts et se trouver sans contact avec les autres grains ; ces grains flottants ne participent pas à la transmission des forces. Leur fraction peut dépasser 50 %, même si ce sont plutôt des petits grains qui n'occupent pas un volume très important. On observe aussi que les forces les plus fortes sont essentiellement portées par les plus gros grains.

Pour les milieux constitués de grains de formes non sphériques, tels que les grains polygonaux de la figure 7-2b, plusieurs contacts peuvent se former entre deux grains ; les conditions d'équilibre des forces peuvent être modifiées par rapport au cas de grains sphériques. Dans certaines situations, il est possible d'obtenir des empilements peu compacts mais avec un grand nombre de contacts conférant au matériau une plus grande résistance au cisaillement

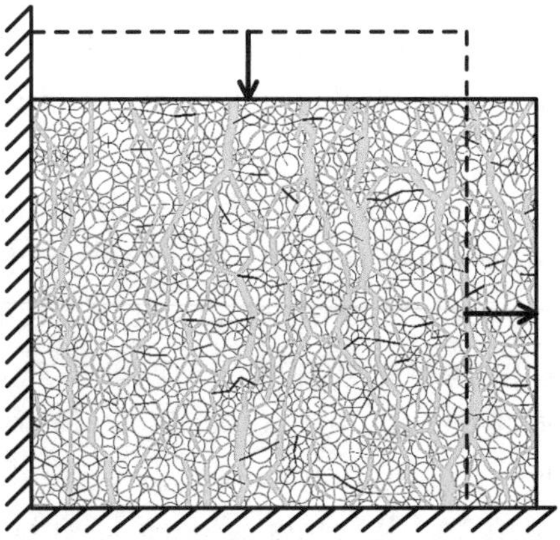

Figure 7-3. *Les chaînes de force dans des assemblages de grains cohésifs simulés numériquement. Une pression est appliquée verticalement sur l'échantillon, ce qui induit des chaînes de force dans la direction verticale (en gris), mais tend également à écarter les grains dans la direction horizontale. Pour résister, des forces en traction entre les grains (en noir) apparaissent entre les grains dans la direction horizontale.*

malgré leur faible compacité. Une observation similaire peut s'appliquer aux milieux granulaires *cohésifs** dont un exemple est représenté sur la figure 7-3. Contrairement aux milieux non cohésifs dont les contacts se séparent dès qu'on les tire, un contact cohésif entre deux grains résiste à une tension. Le réseau est alors constitué de deux types de contacts : 1) des contacts en compression, et 2) des contacts en tension. Au cours d'un cisaillement, ces derniers apparaissent essentiellement dans la direction de l'extension du matériau tandis que les contacts en compression apparaissent plutôt dans la direction de la contraction du matériau.

Quelles sont les directions des contacts ?

Le désordre granulaire se manifeste également par des orientations très variables des contacts entre grains au sein du milieu. Ce désordre de l'orientation se traduit en moyenne par une distribution uniforme des directions des contacts. Les encombrements stériques favorisent l'isotropie du réseau des contacts : dans la couche des plus proches voisins de chaque grain, les encombrements obligent les voisins à former des contacts dans des directions très différentes. Par contre, le poids des grains tout comme le cisaillement conduisent à des réseaux anisotropes de contacts dans lesquels un nombre important de contacts est orienté suivant certaines directions de l'espace. Lorsque les grains sédimentent, chaque grain tombe et entre en contact avec un grain déjà déposé. Pour des grains non cohésifs, cette première position est souvent instable et le grain roule jusqu'à former un contact avec au moins un autre grain du substrat. Cette procédure induit moins de contacts dans la direction verticale et un excès de contacts orientés selon les directions à 45 et 135 degrés dans un assemblage bidimensionnel.

Lorsqu'un empilement ainsi créé est cisaillé, les grains se déplacent les uns par rapport aux autres. Par conséquent, de nouveaux contacts se forment dans la direction où la contraction est maximale tandis que des contacts s'ouvrent dans la direction de l'extension. Au regard de cette distribution anisotrope des orientations des contacts, le nombre moyen z de contacts par grain ne fournit qu'une description partielle de la texture. Il est nécessaire également de prendre en compte l'*anisotropie** des orientations des contacts. Des études récentes par simulations numériques ont montré que la résistance au cisaillement est proportionnelle à l'anisotropie.

Effet de voûte

L'avez-vous remarqué ? Dans un sablier qui s'écoule, le débit de grains reste pratiquement constant jusqu'à ce que le compartiment supérieur soit pratiquement vide. Au contraire, dans la clepsydre, l'horloge à eau de l'Antiquité, le débit diminue continûment avec la hauteur d'eau au-dessus de l'orifice. L'*effet de voûte** est la réponse à ce comportement paradoxal des milieux granulaires que nous allons étudier dans un cas général.

Les descriptions précédentes des forces de contact et du réseau des contacts montrent qu'un milieu granulaire soumis au cisaillement se structure pour supporter les contraintes qui lui sont appliquées ; en particulier, le caractère anisotrope du réseau et la formation des chaînes de force reflètent l'effet de voûte. Les bâtisseurs de cathédrales ont réalisé des arches de plus en plus élancées afin de donner plus de lumière à l'intérieur des édifices. La stabilité de tels ouvrages d'art dépend moins des qualités mécaniques des blocs de pierre utilisés ou des liants entre les blocs que de l'arrangement géométrique de l'ensemble. Dans l'architecture gothique, la stabilité de la structure est assurée par une hiérarchie de voûtes qui s'appuient les unes sur les autres jusqu'à une clé de voûte au niveau supérieur (voir la figure 7-4a). Ainsi, les efforts dus au poids de la couverture et de la charpente se transmettent harmonieusement et efficacement jusqu'aux piliers et aux contreforts

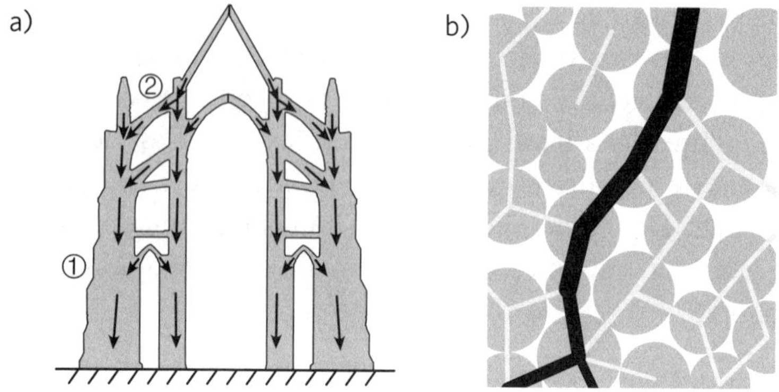

Figure 7-4. a) En plus du poids des voûtes, des forces transverses s'exercent. Elles sont équilibrées par des contreforts 1 et des arcs-boutants 2. b) Les forces d'un milieu granulaire se transmettent principalement par des chaînes de grains fortement comprimées. Mais un réseau de forces faibles (en traits minces) assure la stabilité transverse.

extérieurs. Cette image est à comparer à la figure 7-4b, où l'on voit une chaîne de force forte dans la direction verticale soutenue par des forces faibles exercées sur les grains par lesquels passe la chaîne de force. Par ailleurs, dans les deux cas, une partie de la structure est soit vide (dans les voûtes architecturales) soit composée de vides plus ou moins grands contenant des grains qui ne sont soumis à aucune force. Le nombre de ces grains flottants augmente avec la polydispersité dans la mesure où des petits grains peuvent facilement se trouver dans des grands pores entre les gros grains. Cela indique que, aussi bien dans un milieu granulaire que dans une structure architecturale, les forces sont portées par des éléments bien orientés (comme des chaînes de force fortes ou des colonnes dans une cathédrale) épaulés par des contreforts (à l'image des forces faibles).

La stabilité des arches et de leurs modes de rupture fait l'objet d'études depuis fort longtemps par des ingénieurs et des bâtisseurs. La figure 7-5 montre des dessins des expériences d'Augustin Danyzy, présentées en 1732 à Montpellier sur des arches constituées de blocs de pierre. S'il est relativement facile de faire des murs verticaux à partir des blocs, il est nettement plus difficile de les empiler pour former une arche. Cela demande à tailler les blocs en fonction de leur position dans l'arche. Même en juxtaposant des blocs bien taillés, l'arche peut encore s'effondrer si les colonnes sur lesquelles elle s'appuie ne sont pas rigidement ancrées sur le sol et solidement attachées aux gros blocs de part et d'autre de la structure qui servent de contrefort. Si ces règles ne sont pas respectées, soit les blocs glissent, soit les contacts entre eux s'ouvrent vers l'intérieur ou vers l'extérieur. La condition de stabilité de l'arche est que les lignes de force, représentées par des lignes pointillées sur le premier dessin à gauche, passent par les blocs.

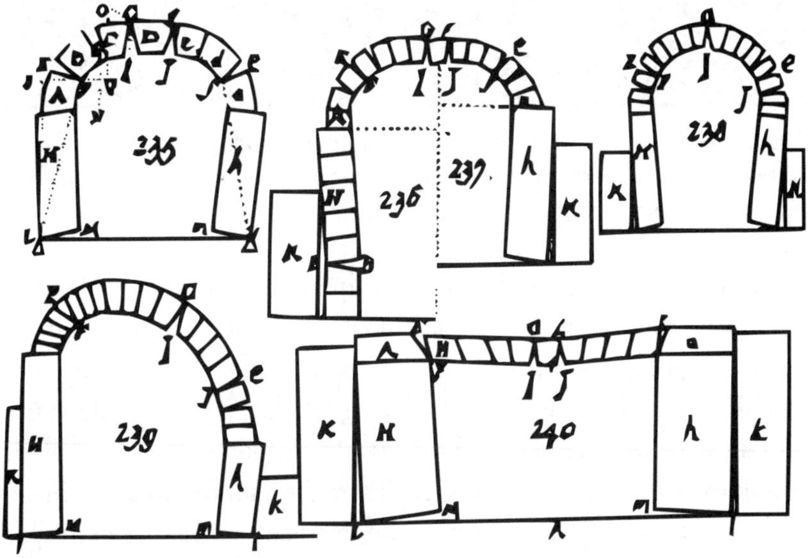

***Figure 7-5.** Dessins des expériences d'Augustin Danyzy à Montpellier pour l'étude de la stabilité des voûtes.*

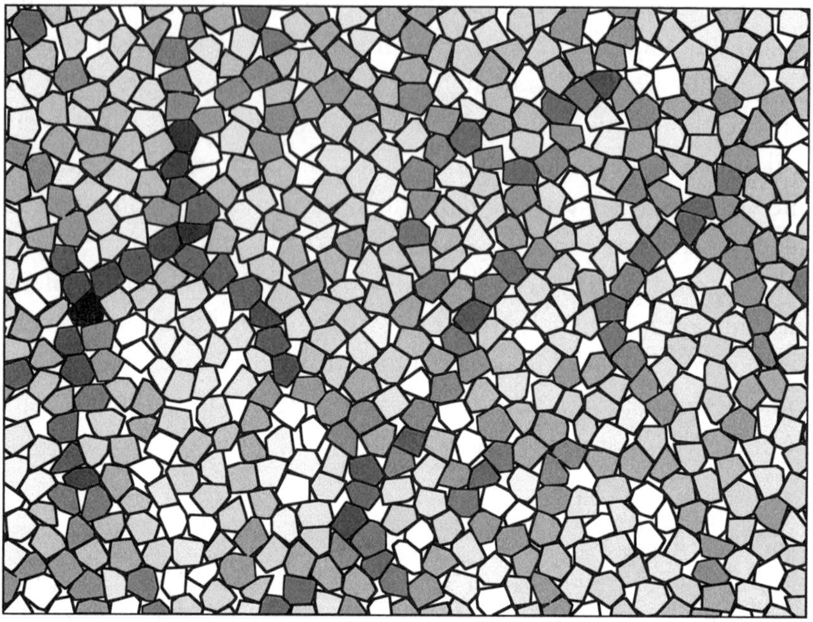

Figure 7-6. *Empilement de pentagones comprimés par une force appliquée verticalement. L'expérience numérique indique par une progression de grisés la distribution des contraintes dans les grains individuels.*

Cette analyse des arches montre que, comme pour un empilement de grains sphériques, les blocs de forme cubique peuvent rouler et glisser les uns par rapport aux autres si la géométrie globale de la structure est mal calculée. Il est clair que l'effet de voûte présent dans les chaînes de force est plus important pour les blocs anguleux que pour les sphères. La figure 7-6 montre un assemblage de polygones dans lequel la pression exercée sur chaque grain par ses voisins est représentée en niveaux de gris. On observe des grains soumis à de faibles pressions entourés par des voûtes sombres qui portent des pressions nettement plus élevées. Des études récentes indiquent clairement que la stabilité du ballast, par exemple, est essentiellement liée à ces chaînes de force plutôt qu'à l'anisotropie du réseau des contacts, comme évoqué précédemment pour les assemblages sphériques. L'effet est semblable à celui des boulons coinceurs (ou clefs), auxquels est attachée une cordelette, que fixent rigidement les grimpeurs à l'intérieur de fissures pour leur assurance : les surfaces planes de ces objets entraînent la formation de contacts très stables, bord contre bord, entre le rocher et le boulon.

La compacité obtenue lorsqu'on verse en vrac des billes d'un seul coup dans un récipient est faible. Ce mode de remplissage favorise l'apparition de poches et de vides, de taille parfois importante. Ils sont maintenus en place par des voûtes qui peuvent impliquer plusieurs dizaines de grains. Celles-ci ne sont pas très stables dans le cas de sphères lisses pouvant glisser et rouler facilement les unes sur les autres : un tel empilement peut facilement être rendu plus compact par légère agitation ou vibration. C'est particulièrement vrai si cette vibration se fait au cours du remplissage. Il nous a été rapporté que, dans certaines campagnes, le commerçant devait se confesser de ne pas avoir appliqué la correcte procédure de remplissage des boisseaux de grains en plongeant brusquement le boisseau dans le sac de grains, ce qui lui permettait de vendre moins de matière pour un volume donné !

L'ordre des opérations importe ! On ne peut pas complètement corriger une mauvaise distribution granulaire initiale. En appliquant une pression après coup sur un empilement peu dense, on peut quand même améliorer un peu la compacité parce que la pression provoque le déplacement local de certaines billes. Si, toutefois, on applique une série de cycles de pression ou des vibrations, la compacité augmente, et un état de compacité limite est obtenu très vite (au bout de quelques cycles) lorsque chaque sphère a trouvé une position d'équilibre stable.

Lorsque la stabilité d'un contact entre grains est importante du fait d'une surface rugueuse qui limite leurs déplacements, ou lorsque la forme des grains s'oppose au mouvement de rotation qui leur permettrait facilement de se positionner plus bas, les voûtes qui se sont formées lors du remplissage sont très stables : une pression sur l'empilement ne fait que renforcer la stabilité des voûtes en pressant davantage l'un contre l'autre les grains qui les constituent. Elle est donc inefficace pour augmenter la compacité qui, par ailleurs, est plus faible que celle des sphères lisses. La création de voûtes a souvent des effets néfastes dans les applications industrielles, comme nous le verrons plus loin dans le cas des silos à grains.

Architectures aléatoires

Les structures géométriques aléatoires telles que celles de la figure 7-6 ont été une source d'inspiration pour des architectes contemporains. Les parois latérales du très récent stade de Pékin sont constituées d'une structure ouverte faite de barres d'acier *en désordre apparent* fixées à leurs contacts. Son surnom « nid d'oiseaux » renvoie aux enchevêtrements aléatoires de tiges ou de branchages d'une architecture aviaire efficace. L'aléatoire devient une source de création qui a été inspirée par les réseaux de lignes de force des modèles granulaires. Il présente des avantages autres qu'esthétiques en termes de légèreté, d'ouverture et de distribution d'efforts comme, à plus petite échelle, le font des empilements de particules de formes adaptées.

Pressions sous un tas de sable

Les micro-voûtes que nous avons décrites plus haut sont des petites structures au sein d'un milieu granulaire. Une micro-voûte peut impliquer un certain nombre de grains, mais sa taille reste petite devant celle d'un tas de sable ou d'un silo constitué de millions et de milliards de grains. Comment alors ces micro-voûtes peuvent-elles influencer le comportement d'un milieu granulaire à grande échelle ? La compacité est une conséquence de la formation des voûtes, comme nous l'avons évoqué précédemment. Le volume du sel qu'on verse dans une salière peut ainsi diminuer de 10 % lorsqu'on la secoue pour en détruire les micro-voûtes. C'est un effet macroscopique des voûtes. Mais on peut également attribuer la redirection des forces au sein d'un milieu granulaire à ces micro-voûtes. C'est ainsi que la contrainte verticale due au poids des grains se dirige vers le bas dans la salière, mais aussi vers les parois ; un matériau granulaire dans un récipient vertical exerce ainsi une pression horizontale sur les parois du récipient. Contrairement aux liquides au repos, où la pression est la même dans toutes les directions, la pression exercée par un milieu granulaire sur les parois verticales peut être plus grande ou plus petite que la pression verticale exercée sur un plan horizontal. Une manière simple d'expliquer cette différence consiste à dire qu'elle dépend des orientations de micro-voûtes ou de chaînes de force. Le calcul des pressions exercées par un sol sur un mur de soutènement fait partie des problèmes classiques en mécanique des sols. À une profondeur donnée, la pression sur le mur peut varier entre 1/3 et 3 fois le poids des grains à la même profondeur suivant les déformations subies par le sol et donc sa texture.

Un exemple qui met bien en évidence cet effet de redirection des forces est la répartition des pressions sous un tas de sable. On sait que, dans un liquide, la pression hydrostatique est proportionnelle à la profondeur. On pourrait donc penser que la pression exercée par un tas de sable sur sa base est maximale à la verticale du sommet du tas. Il n'en est rien. Lorsqu'on mesure la pression à partir des bords du tas vers le centre, on observe que la pression augmente effectivement mais d'une manière non linéaire. Il est encore plus contre-intuitif d'observer que la pression se met de nouveau à diminuer et atteint une valeur de minimum local juste au centre du tas (voir figure 7-7) ! La présence de ce minimum au centre du tas a pu surprendre des chercheurs de l'université de Pierre-et-Marie-Curie qui ont entrepris des mesures très précises des pressions en variant la méthode de construction des tas. Ces mesures ont permis de montrer que la valeur de la pression au centre dépend en partie de la méthode de remplissage. Cette variabilité rappelle celle de la contrainte sur un mur de soutènement, qui dépend de l'histoire des déformations subies par le sol.

Pourquoi la pression n'est-elle pas proportionnelle à la hauteur de la colonne de sable juste au-dessus de chaque point ? Tout

a) 

b) 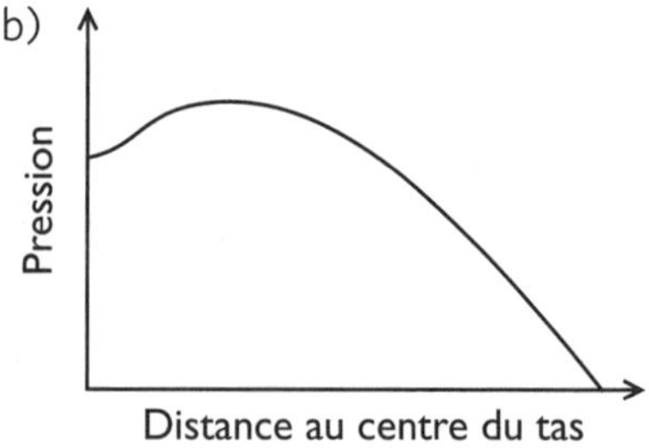

Figure 7-7. *Un tas de sable obtenu en versant les grains à partir d'un entonnoir. La pression mesurée à la base du tas en fonction de la distance au centre montre un minimum au niveau du sommet du tas, ce qui est paradoxal.*

simplement parce que la contrainte au sein de la colonne, qui résulte du poids des grains, n'est pas orientée vers le bas. Chaque colonne est soutenue par la colonne qui se trouve en aval et soutient la colonne qui se trouve en amont. Sans entrer dans les détails, on peut dire que la colonne juste au centre du tas est soutenue par les autres colonnes et donc qu'une partie de son poids est supportée par tous les grains qui se trouvent dans son voisinage. C'est un peu comme une rangée de livres qui s'appuient les uns sur les autres ; si on soulève un peu un livre coincé entre deux livres et puis qu'on le lâche, il peut rester suspendu par l'action des forces de frottement exercées par les deux livres voisins. En d'autres termes, son poids est équilibré par les forces de frottement et il n'exerce pas de force sur la base.

Le tas de sable peut ainsi être décrit comme une cathédrale constituée d'innombrables micro-voûtes. L'effet global qui en résulte est un effet de voûte macroscopique ou volumique. Ce sont ces voûtes qui traduisent l'effet du frottement entre les grains et expliquent l'existence d'un angle de talus.

Pressions dans un silo

Un entonnoir rempli de grains de riz ou, à plus grande échelle, un silo rempli de céréales, peut se bloquer ; c'est par des coups portés sur sa paroi externe qu'on fera redémarrer l'écoulement ! Regardons un silo de modèle cylindrique (figure 7-8). En l'absence de frottement entre les grains et les parois du silo, la pression au niveau de l'ouverture inférieure du silo varierait proportionnellement à la hauteur *h* du remplissage (droite 2). Mais le frottement entre les grains et les parois verticales du silo s'oppose au mouvement des grains vers le bas (figure 7-8b). Par suite de ce frottement, une partie du poids des grains est supportée par les parois du silo ; la force *F* exercée sur le fond du silo (figure 7-8 ; courbe 1) augmente moins vite qu'en l'absence de frottement. En particulier,

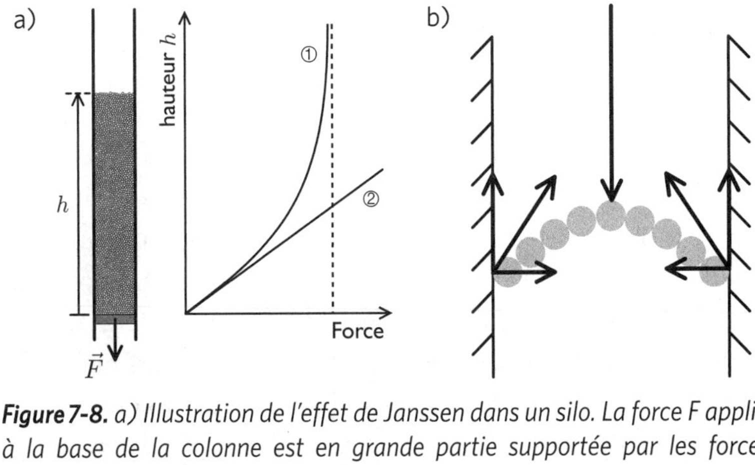

Figure 7-8. *a) Illustration de l'effet de Janssen dans un silo. La force F appliquée à la base de la colonne est en grande partie supportée par les forces de frottement exercées sur les parois. Courbe (1) : l'augmentation de F avec la hauteur de remplissage est plus lente que dans le cas (2) sans frottement, pour laquelle F est simplement le poids des grains en fonction de h. b) Représentation schématique de l'effet de blocage du silo. La contrainte appliquée verticalement est en grande partie supportée par les forces de frottement mobilisées horizontalement.*

au-delà d'une certaine hauteur, F ne varie pratiquement plus ; tout le poids en plus si on poursuit le remplissage est supporté par la paroi. Cet effet est connu sous le nom d'effet de Janssen, du nom du physicien allemand qui l'a décrit au XIXe siècle. Tout se passe comme si la colonne granulaire était suspendue aux parois du silo. Cette situation fait penser au grimpeur *en opposition* qui écarte bras et jambes de part et d'autre des deux parois d'une fissure rocheuse pour soutenir le poids de son corps.

L'effet de Janssen se manifeste également dans les écoulements de grains dans un tube ou dans une couche de grains confinée entre deux plans parallèles. Par exemple, les grains de ballast ferroviaire sont confinés entre le sol soigneusement compacté et les traverses. Sous le poids des trains qui passent, les grains de ballast sont comprimés entre les traverses et le sol, et tendent donc à s'étaler horizontalement. Les pressions latérales exercées par le sol de surface étant faibles, l'étalement de la couche ballastée est limité par les forces de frottement horizontales entre les grains de ballast et les traverses.

Un autre exemple de cet effet est la force de frottement exercée par un matériau granulaire sur un objet qui y est enfoncé. On peut facilement s'en rendre compte par une expérience simple à réaliser. On place un bâton de bois verticalement au milieu d'un seau cylindrique et on verse des grains dans le seau à ras bord. Le bâton se retrouve ainsi enfoncé profondément dans le matériau granulaire. Si l'on tire verticalement sur le bâton, il sort malgré le frottement exercé par les grains sur le bâton. Mais si l'on densifie le matériau en donnant des tapes sur le pourtour du seau pendant le remplissage, non seulement le bâton ne sort pas, mais il peut même soulever le seau ! Cette démonstration spectaculaire montre que l'effet de Janssen est renforcé lorsque la compacité augmente.

*

*   *

Ces deux derniers chapitres nous ont montré l'hétérogénéité des milieux granulaires. Si dans les voûtes des cathédrales l'organisation des pierres taillées joue un rôle bien précis pour la stabilité, le milieu granulaire est fait de grains en vrac. Quoi de plus banal et d'*a priori* indescriptible que ce tas de sable, véritable enchevêtrement de contacts au hasard ! Pourtant, contre toute attente, l'effet moyen de ce désordre est reproductible et peut être contrôlé par les sollicitations appliquées aux grains.

Le modèle de percolation a fourni une image rigoureuse qui s'applique directement aux propriétés électriques, intimement liées à l'organisation des contacts les plus sollicités et des chaînes de grains auxquels ils donnent naissance. Par contre, pour décrire le comportement mécanique du milieu, il faut tenir compte des contacts les plus faibles qui soutiennent, comme un arc-boutant, les chaînes de force les plus fortes et les empêchent de céder. La résistance à la déformation est la conséquence de ce très grand nombre de petites forces et du nombre beaucoup plus limité de grandes forces. Le caractère vectoriel de celles-ci et du réseau des contacts implique que l'équilibre d'ensemble se fait par une organisation anisotrope. Le maillon faible est la résistance au frottement entre grains. Si l'on réduit le frottement, on diminue la probabilité de formation des voûtes et donc la résistance mécanique. Mais on ne pourra pas pour autant augmenter la résistance indéfiniment de cette manière, puisque le grand désordre ne permet pas la formation de voûtes macroscopiques ou d'arches construites en mettant des blocs bien taillés les uns contre les autres. Ici chaque grain doit trouver sa place lui-même. Au hasard des interactions, le milieu granulaire s'organise en formant, aux diverses échelles, ses propres structures porteuses faites de chaînons de grains. Concluons par cette phrase prophétique de Victor Hugo dans *Les Misérables* : « Le petit est grand, le grand est petit ; tout est en équilibre dans la nécessité. »

CHAPITRE 8

Écoulements de grains

> « Ce sont des atomes lisses et ronds qui forment les corps de nature liquide et fluide. Car les atomes de forme sphérique ne peuvent se maintenir unis, et, sous un choc, roulent aisément comme sur un plan incliné. »
>
> Lucrèce, *De Natura rerum.*

Un éboulis, un glissement de terrain, une avalanche sont des exemples naturels, souvent spectaculaires et désastreux, de mise en mouvement collective de grains de matière. Le mouvement de dunes sur des distances importantes module de façon dynamique les reliefs des déserts. Les côtes sont façonnées par le transport du sable sous l'effet des courants marins. Les minerais broyés sont transportés dans des canalisations sur de longues distances poussés par des courants d'air. Les manipulations de grains en agriculture, de la récolte à la distribution à partir d'un silo, évoquent des écoulements liquides.

Tous ces écoulements impliquent une forte agitation des grains et se distinguent des situations de déformations lentes, rencontrées précédemment. Alors que les écoulements lents étaient bien décrits par la loi de frottement de Coulomb, qui explique leur déformation *plastique** irréversible, dans le cas des écoulements rapides il nous faudra tenir compte également des collisions *inélastiques** entre les grains.

Dans ce régime dynamique, les grains subissent des accélérations : leur énergie cinétique et leur inertie, qui exprime la résistance au changement de vitesse, modifient les propriétés de l'écoulement c'est-à-dire sa *rhéologie**. On parle alors de régime d'écoulement inertiel. C'est la même distinction qu'on fait dans le cas d'un liquide ou un gaz entre le régime visqueux, pour des écoulements lents, et, pour des écoulements rapides, turbulents et inertiels. L'introduction du *nombre de Reynolds** au chapitre 11 permettra de préciser les domaines d'existence de ces deux régimes. De façon analogue, afin de distinguer les écoulements lents et inertiels de grains, il convient d'introduire un nombre sans dimension adapté aux écoulements granulaires. Ce nombre, appelé *nombre inertiel**, joue un rôle équivalent au nombre de Reynolds des fluides.

Dans ce chapitre, nous allons nous intéresser à ces deux régimes en considérant d'abord les écoulements stationnaires, puis les écoulements transitoires comme une avalanche de grains sur une pente. Nous évoquerons aussi le cas où la dynamique résulte de vibrations imposées.

L'inertie des grains

Dans un match de rugby, la progression vers la ligne de l'en-but adverse peut être ralentie par un placage ou une mêlée ouverte avec le porteur de ballon, ou encore par une collision directe. De même, dans un granulaire, l'écoulement peut être freiné par le frottement ou par les chocs entre grains. Lorsque le taux de cisaillement augmente, les chocs, de plus en plus nombreux, contribuent à augmenter la résistance au cisaillement. C'est un peu comme ce qui se passe lorsqu'on se déplace dans une foule dense. Dans une parade organisée, tous les participants évoluent au même rythme dans la même direction ; au contraire, dans un marché, il est difficile de progresser en esquivant les autres piétons et, si l'on est pressé, les collisions deviennent inévitables. Des expériences montrent que le ralentissement est proportionnel au nombre de chocs. Cela nous permettra de montrer que tout se passe comme si chaque particule subissait une force proportionnelle au carré du cisaillement.

Considérons un matériau granulaire confiné entre deux plaques parallèles que l'on déplace l'une par rapport à l'autre à une vitesse V tout en maintenant leur distance de séparation h constante. Cette configuration est appelée *cisaillement simple** et s'applique aux liquides ou suspensions diluées de grains. La grandeur permettant de caractériser l'intensité de ce cisaillement n'est pas la vitesse relative entre les deux parois V mais cette vitesse rapportée à l'épaisseur de la couche. Ce rapport noté γ est appelé taux de cisaillement. Il est égal à $\gamma = V/h$ et son unité est l'inverse d'un temps. Si l'écoulement est homogène, la vitesse relative v entre deux grains dont les centres sont séparés d'une différence de hauteur d (correspondante à un diamètre moyen) est $v = \gamma d$. Ce calcul donne l'ordre de grandeur de la vitesse relative entre deux grains en contact frottant appartenant à deux couches voisines. La loi fondamentale de la dynamique, ou loi de Newton, nous dit que la force entre ces grains doit être équilibrée par le produit de la masse par l'accélération, ce qui correspond à la quantité de

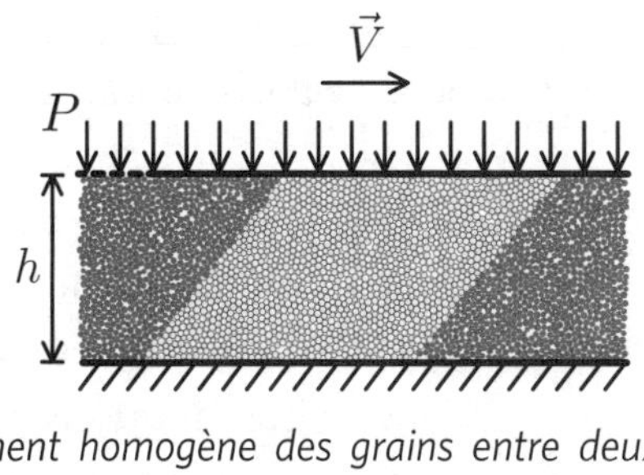

Figure 8-1. *Écoulement homogène des grains entre deux plaques. La paroi du haut se déplace avec une vitesse V par rapport à la paroi de base. Une pression P est appliquée sur la paroi du haut. Le volume peut changer lorsque le matériau granulaire se dilate sous l'effet du cisaillement. Cette configuration est souvent utilisée en mécanique des sols.*

mouvement mv échangée par unité de temps entre des grains de masse moyenne m. Au cours du cisaillement, cette quantité est $mv = m\gamma d$; le temps caractéristique de cet échange correspondant à l'inverse du taux de cisaillement. En faisant le rapport de mv par $1/\gamma$ on obtient la force inertielle $F_i = md\gamma^2$ qui agit entre les grains. Cette force dont l'intensité est proportionnelle à la masse moyenne m et au carré du taux de cisaillement représente donc un effet dynamique.

Avant d'aller plus loin, il est important de distinguer le cisaillement à pression constante présenté en figure 8-1 du cisaillement à volume constant ou *cisaillement simple** pour un liquide ou une suspension diluée. Dans la nature et dans beaucoup de procédés industriels mettant en jeu des grains, le volume n'est pas imposé, et le milieu granulaire est libre de se dilater ou se contracter. On a vu au chapitre 4 que cet effet de *dilatance** est une propriété générale des matériaux granulaires. Lorsque la compacité est supérieure à la compacité critique, une dilatation préalable est nécessaire pour que le mouvement de cisaillement puisse se produire. Dans ces conditions, si la distance h entre les plaques en cisaillement restait fixe, le matériau granulaire se bloquerait. Pour pallier cette difficulté on applique une pression P qui confine le matériau tout en laissant h varier au cours du cisaillement. Cette situation n'est pas éloignée du cas d'un écoulement sur un plan incliné. Dans ce cas la pression est due à la masse m des grains : sa valeur moyenne est le poids mg divisé par la section moyenne d'un grain d^2.

Le *nombre inertiel* I est faible si le taux de cisaillement est faible, mais aussi si la pression de confinement P est élevée ou la masse des grains m faible. Pour une valeur faible de I, typiquement inférieure à 10^{-3}, les effets inertiels des grains seront négligeables. On parle alors d'écoulements quasi-statiques ou lents. Dans le cas contraire, l'écoulement sera bien évidemment dit inertiel.

Nombre inertiel

Plaçons-nous dans la configuration d'un cisaillement simple avec une pression (ou contrainte) contrôlée comme présenté à la figure 8-1. La force moyenne statique que subit chaque grain $Fs = Pd^2$ est due aux effets du confinement. Cette force peut être comparée à la force inertielle $F_i = md\gamma^2$ due aux collisions. Le rapport de ces deux forces est un nombre sans dimension appelé *nombre inertiel*, $I = \sqrt{F_i / F_s} = \gamma\sqrt{m / Pd}$. Dans cette expression, l'utilisation de la racine carrée permet d'obtenir un nombre proportionnel au taux de cisaillement γ.

Les régimes d'écoulement

Le nombre inertiel *I* permet d'unifier la *rhéologie** de différents écoulements de grains à travers une loi décrivant tous les comportements possibles. C'est ce qui a été réalisé dans un travail collectif de chercheurs français en 2004 dans un groupement de recherche du CNRS appelé MiDi (milieux divisés). Les chercheurs ont comparé les écoulements de grains réalisés avec plusieurs dispositifs expérimentaux : en cisaillement plan ou entre deux cylindres, en silos, sur plan incliné, en tambour tournant… Les grandeurs mesurées étaient les vitesses des grains obtenues à partir de prises d'images à la caméra rapide permettant de suivre, soit l'ensemble des grains, soit certains grains marqués. De la même manière, les variations de la compacité ont pu être déterminées. La loi de comportement, valable quelle que soit la configuration géométrique, se résume en deux relations, représentées à la figure 8-2, qui sont fonction du nombre inertiel *I*. La première indique comment la compacité Φ évolue en fonction de *I* et par conséquent précise comment le matériau change de volume. Les mesures montrent (figure 8-2a) que plus *I* est grand plus la compacité diminue, donc plus l'échantillon a tendance à se dilater et à prendre de la place. La deuxième relation

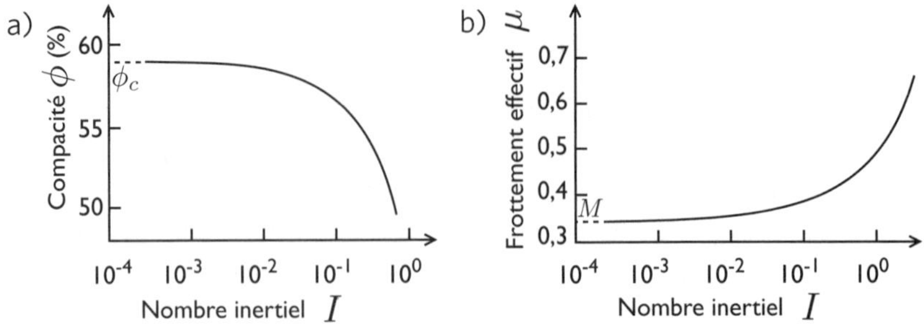

Figure 8-2. *a) L'augmentation du nombre inertiel I s'accompagne d'une intensité des effets de collision, d'où découle une diminution de la compacité Φ. b) La dissipation d'énergie, qui n'est plus due seulement au frottement mais aux effets inertiels des collisions, augmente, ce que traduit l'augmentation du coefficient de frottement effectif μ.*

donne l'évolution du coefficient de frottement effectif μ en fonction de I (figure 8-2b). Dans ce cas, μ (rapport de τ/P) augmente avec I indiquant que, avec la vitesse, il devient de plus en plus difficile de cisailler le milieu par suite de l'effet des chocs entre grains.

Lorsque le nombre inertiel est proche de zéro, la force dominante est la force statique F_s. Dans cette limite quasi-statique, le coefficient de frottement $\mu = M$ correspond au coefficient de frottement effectif. La contrainte de cisaillement minimale τ_c pour mettre en mouvement le milieu granulaire est alors $\tau_c = MP$, et la compacité prend sa valeur critique Φ_c comme on a pu le voir à la figure 4-7.

Lorsque le nombre inertiel augmente, la dissipation d'énergie due aux forces inertielles dans les chocs s'ajoute à celle de frottement, et la friction totale μ augmente. La différence $\mu - M = (\tau - \tau_c)/P$ représente l'excès de dissipation due aux collisions inélastiques entre grains. La diminution de la compacité reflète aussi la fréquence plus importante de ces collisions entre grains. Ce régime des valeurs intermédiaires de I est aussi appelé *régime liquide* par analogie avec les liquides moléculaires visqueux où la contrainte de cisaillement augmente avec le taux de cisaillement.

Si on avait gardé la distance entre plaques constante, le matériau granulaire ne changerait pas de volume et sa compacité Φ resterait fixe. C'est la pression P qui augmenterait avec le taux de cisaillement.

Les expériences et simulations montrent que τ et P sont proportionnels au taux de cisaillement au carré avec des constantes de proportionnalité qui ne dépendent que de la compacité. Cette loi est connue sous le nom de loi de Bagnold. Ralph Bagnold était général dans l'armée britannique. En service dans le désert de Libye en 1925, il a décrit les effets du vent sur le sable dans la formation des dunes. Sa connaissance du désert et des possibilités de faire circuler des engins militaires sur les dunes joueront un rôle essentiel dans les combats des Britanniques contre Allemands et Italiens jusqu'à la fin des conflits en 1943. On lui doit d'avoir le premier compris et décrit l'importance des collisions entre les grains sur leur déplacement d'ensemble. La description présentée par Bagnold était basée sur l'hypothèse que les grains sont dans le régime *gaz* et n'interagissent que par des collisions. Son travail a posé les bases de la compréhension moderne des écoulements granulaires. Depuis, une théorie cinétique de l'écoulement des matériaux granulaires, utilisant les analogies entre le mouvement des grains et celui des molécules d'un gaz, a été élaborée. Le régime gaz correspond à des valeurs élevées du nombre inertiel en cisaillement à pression contrôlée ou des valeurs faibles de la compacité en cisaillement à volume contrôlé. La loi de Bagnold s'applique donc aussi au régime *liquide*, même si les interactions sont dues à la fois aux contacts prolongés et aux collisions entre grains.

L'analogie entre un écoulement granulaire rapide et un gaz moléculaire pour les valeurs élevées du nombre inertiel est inspirée de l'agitation thermique des grains. Il existe néanmoins deux grandes différences entre ces deux problèmes.

• *L'agitation thermique** est une manifestation de la température absolue d'un gaz. Chaque particule dispose d'une énergie d'agitation thermique (voir encadré au chapitre 1) mesurée par le produit de la constante de Boltzmann k, des grains, et de la température absolue T (300 K pour la température ambiante). Cette énergie kT se présente sous forme d'énergie cinétique (1/2) mv^2 où m est la masse de la particule, et v^2 la moyenne du carré de la vitesse d'agitation en toutes les directions. Dans l'air ambiant, les vitesses des molécules de gaz sont de l'ordre de quelques centaines de mètres par seconde.

Mais, pour un grain de 10 µm de diamètre dont le volume est 10^{14} fois celui d'un atome d'oxygène, la vitesse d'agitation ne serait que le millionième de celle d'une molécule de gaz. Ainsi, l'agitation des particules de neige en surface d'une avalanche n'est pas due au mouvement brownien, mais aux coups de pouce de chute des particules du matelas superficiel de neige qui dégringolent la pente et entretiennent leur mouvement relatif par rapport à l'écoulement d'ensemble. On ne sait pas encore précisément établir la correspondance entre une *température granulaire*, que l'on pourrait définir par analogie avec l'agitation thermique, et les mécanismes qui lui ont donné naissance.

• Une seconde différence vient de la nature des chocs. Pour un gaz, ces chocs sont *élastiques* : l'énergie cinétique totale de deux molécules qui s'entrechoquent se retrouve sous forme d'énergie cinétique après le choc. Il n'y a pas d'énergie perdue, et le mouvement moléculaire est un mouvement perpétuel ! Pour des grains de matière, une partie de l'énergie disparaît sous forme de chaleur à chaque choc ; cette énergie peut être assez importante pour porter des particules de poussière à l'incandescence. Le coefficient de restitution, e, compris entre 0 et 1, mesure l'efficacité du rebond de particules qui n'est que partiellement élastique (chapitre 5). En pratique, le modèle de théorie cinétique ne s'applique correctement que si ce coefficient est suffisamment proche de l'unité.

On se rapproche de la situation de l'agitation thermique des molécules d'un gaz en faisant vibrer les particules tout en réduisant le frottement. La table soufflante utilisée dans les laboratoires d'enseignement est une surface horizontale percée de petits trous par où des filets d'air maintiennent des palets en lévitation en réduisant la friction. Le principe est celui des aérotrains, sauf que l'on recherche ici des collisions entre palets ! On obtient un bon modèle de l'agitation thermique d'un gaz en faisant légèrement vibrer les parois latérales de la table pour redonner de l'impulsion aux palets qui atteignent le bord de la table, et entretenir ainsi leur agitation.

Nous avons commencé ce chapitre en évaluant la résistance au cisaillement d'un ensemble de grains en les plaçant entre deux plaques parallèles auxquelles on impose un déplacement relatif. C'est un exemple remarquable d'écoulements homogènes. Mais en pratique, les écoulements rencontrés dans la nature et dans les exemples les plus communs sont rarement aussi homogènes ou stationnaires. Dans la suite de ce chapitre, nous allons considérer successivement les cas suivants : sablier, avalanches sur une pente granulaire, instabilités de tas vibrés et un ensemble d'effets, qui se produisent pour des mélanges de grains, rassemblés sous le titre intrigant d'« effet de noix du Brésil ».

Sablier et silo

Le sablier

Le classique sablier de trois minutes qui garantissait la cuisson à point de l'œuf à la coque a disparu depuis quelques années. Et pourtant, quel bel objet d'investigation ! Il a accompagné pendant quelque sept siècles la mesure du temps. Toutefois, l'image classique des Parques contrôlant la durée de vie humaine à l'aide d'un sablier est sans doute controuvée car seule la clepsydre – ou horloge à eau – était utilisée dans le monde antique.

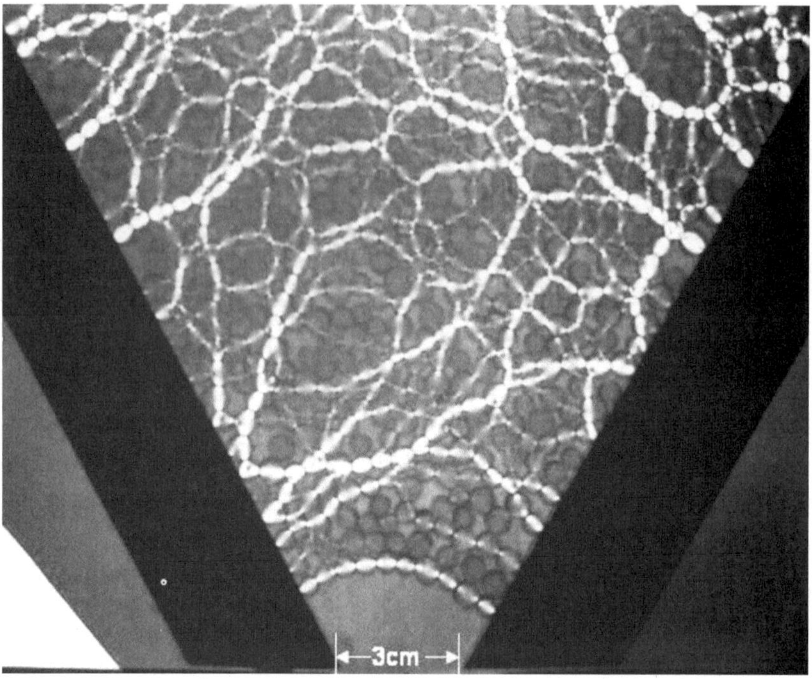

Figure 8-3. *Cliché instantané d'un écoulement de grains photoélastiques à 2 dimensions. Les voûtes formées redistribuent le poids des couches supérieures sur les parois.*

Lorsque l'on fait couler un filet d'eau par un petit orifice, comme dans une horloge à eau, la *clepsydre*, son débit diminue avec la hauteur d'eau au-dessus de l'orifice. Dans le sablier en revanche, le débit reste constant, pratiquement jusqu'au moment où le récipient supérieur est vide. Voici un premier paradoxe. Un premier facteur tient aux frottements des grains sur les parois du récipient qui s'opposent à la transmission des forces vers le bas de l'empilement. Revenons un moment sur l'expérience de visualisation des contraintes par *photoélasticité** du chapitre 7 : la transmission des efforts se fait suivant un réseau de contraintes assez complexe. Les grains les plus comprimés forment des voûtes continues en dessous desquelles se trouvent de nombreux grains qui sont pratiquement libres : il est ainsi clair que les grains au niveau de l'orifice n'ont pas à supporter le poids de tous les grains qui les surmontent ; ce sont eux qui vont définir le débit indépendamment de l'épaisseur du sable au-dessus (figure 8-3).

Une analogie va nous aider à comprendre la création de voûtes au niveau de l'orifice de sortie du sablier. Imaginons une situation catastrophique créée par un début d'incendie se déclarant au fond d'une salle de cinéma. Si la panique s'empare des spectateurs, ils vont tous se ruer vers l'issue de secours. Le débit des gens qui s'échappent dépendra peu du nombre de personnes qui restent dans la salle, mais plutôt de la capacité des gens à se dégager de l'embouteillage qui se forme au niveau de l'issue de secours du fait de l'étranglement à cet endroit. De fait, les modèles de matériaux granulaires trouvent actuellement des applications dans la régulation de la circulation, en particulier des embouteillages, ou encore dans des situations de panique collective. Il suffit parfois d'introduire des obstacles ou des limitations de circulation pour augmenter les débits, de façon paradoxale, de l'évacuation. Des modélisations utilisant des grains ou des palets posés sur un tapis roulant permettent de simuler ces situations à notre échelle.

Comment le débit dépend-il du rayon d'un orifice circulaire de diamètre D ? Pour un liquide, le débit est proportionnel à l'aire $\pi D^2/4$ de l'orifice et à la surpression due à la hauteur du liquide dans le récipient. De nombreuses expériences montrent que le débit des grains varie plutôt comme $(D - d)^{5/2}$, où d est le diamètre des grains. Cette loi, découverte par Gotthilf Hagen en 1852 et mise en évidence en 1961 par Beverloo et collaborateurs, est une conséquence de la présence des voûtes au-dessus de l'orifice. Les grains ont une vitesse non nulle à la sortie de l'orifice, ce qui indique qu'ils ont subi une chute libre à l'intérieur du silo. D'après les arguments présentés plus haut, la hauteur sur laquelle les grains sont accélérés est du même ordre de grandeur que le diamètre du trou. Les grains quittent une voûte instable avec une vitesse zéro et s'accélèrent sur une hauteur de l'ordre de D sous l'effet de leur poids. Pour un mouvement uniformément accéléré, la vitesse acquise sur cette hauteur augmente comme $\sqrt{D}$. Pour obtenir le débit, c'est-à-dire le nombre de grains qui quittent le silo par unité de temps, il suffit de multiplier le nombre de grains par unité de volume dans la section de l'orifice, qui est nécessairement proportionnel à D^2, par la vitesse, ce qui donne bien une dépendance en $D^{5/2}$. Il faut toutefois remarquer que la section « efficace » de l'orifice pour le passage des grains n'est pas D mais plutôt $D - d$ car, pour un diamètre du trou de l'ordre de d, aucun grain ne peut passer.

L'écoulement dans un sablier n'est relativement continu que pour des diamètres de trou beaucoup plus grands que les diamètres des grains. Pour les grains sphériques de même taille et sans cohésion, le diamètre de l'orifice doit être au moins six fois celui des grains. Cette limite peut considérablement augmenter par une forme irrégulière des grains, un frottement important, ou encore des forces d'adhérence entre les grains lorsque ceux-ci sont de très petite taille ou en présence des forces capillaires en milieu humide. Des études récentes indiquent que pour des diamètres d'orifice faibles, le nombre de grains qui passent entre deux blocages successifs est un *processus de Poisson*, d'après le mathématicien français Denis Poisson. Par « processus » on entend l'occurrence d'une suite d'événements rares dans le temps ; par exemple, on peut s'intéresser au nombre d'enfants nés en fonction du temps. Le processus est dit « de Poisson » si la naissance d'un enfant est indépendante de toutes les naissances qui la précèdent. On parle aussi de processus sans mémoire.

Le silo

Intéressons-nous maintenant aux écoulements dans un silo de céréales. Ils dépendent de facteurs liés au matériau lui-même (géométrie des grains ; qualité des contacts entre eux, qui dépend de l'humidité), de la géométrie du réservoir (angle d'ouverture ; diamètre de l'orifice), des interactions entre les grains et le réservoir (frottements aux parois). Comme dans le cas d'école du sablier, l'écoulement peut s'arrêter par la formation d'une voûte stable au-dessus de l'orifice. Les situations rencontrées lors de la vidange d'un silo sont en fait très diverses et encore mal comprises. Le mauvais contrôle que nous avons des écoulements de grains peut se mesurer au nombre de bosses que l'on peut voir sur les parois d'un silo métallique : une bonne façon de rétablir l'écoulement d'un silo bloqué est en effet d'appliquer de violents coups de masse sur les parois extérieures !

On cherche généralement à faire en sorte que, en moyenne, tous les grains descendent uniformément jusqu'à l'ouverture du silo, quelle que soit leur distance à l'axe : on parle dans ce cas d'écoulement en masse (figure 8-4a). Cette situation se rencontre dans un silo relativement étroit avec un angle d'ouverture faible. Dans le cas contraire, on peut observer un autre régime où seuls les grains de la partie axiale s'écoulent, entraînant de proche en proche les grains de la surface supérieure du matériau ; un tel écoulement à noyau (figure 8-4b) permet de limiter le contact et le frottement des grains avec les parois du silo. Si la pente de la partie convergente du silo n'est pas suffisante, ou si les frottements sont importants, il est possible que l'écoulement s'arrête avant vidange complète, la situation extrême étant celle où l'écoulement se limite

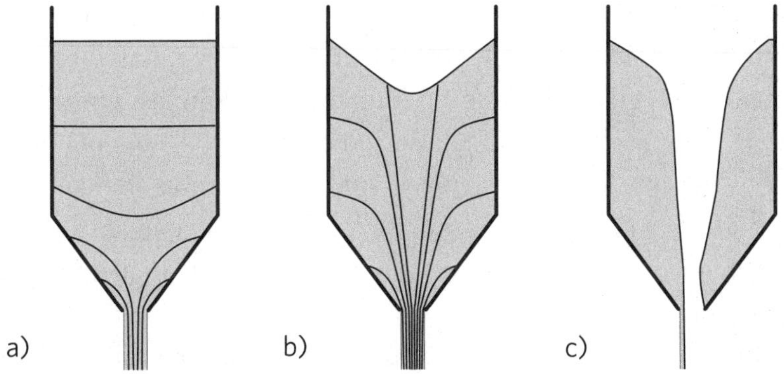

***Figure 8-4.** Différents modes d'écoulement d'un silo : a) écoulement en masse ; b) écoulement à noyau ; c) formation accidentelle d'une cheminée.*

à la formation d'une cheminée appelée « trou à rat » par les Anglais qui se développe jusqu'au niveau supérieur du matériau (figure 8-4c).

La rupture d'une cheminée ou d'une voûte, provoquée par une action mécanique ou spontanée, peut conduire au *fusage*, c'est-à-dire au déferlement brutal du matériau. En tombant, le matériau emprisonne une quantité d'air importante quand il rentre en contact avec le dispositif chargé de l'évacuer (par exemple un tapis roulant). Il va ensuite libérer cet air à une vitesse dépendant de sa perméabilité : pour des gros grains, la désaération est très rapide ; pour des petits grains elle est beaucoup plus lente. Dans ce dernier cas, l'air emprisonné est sous pression élevée ; en s'échappant, il fluidifie le matériau qui s'écoule alors comme un liquide, éventuellement déborde en dehors du dispositif d'évacuation et envahit une zone qui peut être étendue. On imagine les dégâts qui peuvent être causés dans une usine par un tel phénomène.

L'angle du talus

Quand on construit un tas de sable en l'alimentant à son sommet avec un débit régulier (ce qui se passe au niveau de la chambre inférieure d'un sablier), on obtient un cône dont l'angle au sommet reste constant au cours du temps ; cela distingue bien cet état d'un liquide. Le tas grossit en gardant cet angle constant et laissant s'écouler les grains en excès le long des flancs du tas. L'angle que fait le cône avec l'horizontale lorsqu'on a arrêté l'alimentation en grains est appelé angle de repos, ou angle de talus, rencontré au chapitre 5 : nous le noterons θ_r. Sa valeur dépend de l'état de surface et de la géométrie des grains, du type d'empilement, des conditions aux limites, etc.

Les conditions d'équilibre d'un tas de sable ont fait l'objet de nombreuses études récentes en relation avec des problèmes d'état critique que nous rencontrerons plus loin. Une des expériences les plus

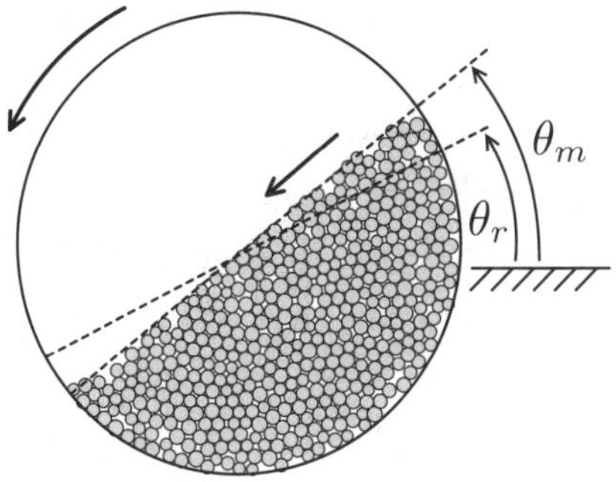

Figure 8-5. *Angle maximal θ_m et angle de repos θ_r d'un tas que l'on a fait tourner dans un récipient cylindrique.*

courantes utilise un cylindre tournant d'axe horizontal, partiellement rempli de billes (figure 8-5). Cette configuration permet une variation progressive de l'angle du tas avec l'horizontale et aussi une réalimentation permanente en grains du sommet du tas. Pour une faible vitesse de rotation, le milieu granulaire suit en bloc, comme un solide, le mouvement de rotation du cylindre tant que l'angle de sa surface libre avec l'horizontale reste inférieur à un angle θ_m, appelé angle maximal de stabilité, supérieur de quelques degrés à l'angle de repos θ_r (la différence est d'environ deux degrés pour du sable). Lorsque cette valeur θ_m est atteinte, des avalanches se déclenchent à la surface du tas et ramènent rapidement l'angle à sa valeur de repos. Les avalanches cessent, l'angle augmente à nouveau, et ainsi de suite. Cette expérience montre que deux angles sont nécessaires à la définition de la stabilité d'un milieu granulaire. Entre les deux valeurs θ_r et θ_m, la situation est complexe ; le tas peut être stable ou évoluer, selon la façon dont il a été préparé et dont il a été sollicité. Une chute à ski dans un mur de piste noire peut déclencher une avalanche. Cette fragilité aux effets d'avalanche peut disparaître avec l'utilisation des particules de forme non convexe (comme des croix) rencontrées au chapitre 4, à la base d'applications aujourd'hui.

Le modèle de Coulomb, basé sur un seul angle critique, est insuffisant pour comprendre ce comportement, et il nous faut revenir à celui de Reynolds que nous avons introduit à propos de l'étonnant phénomène de dilatance. À l'époque, Osborne Reynolds étudiait l'influence des propriétés physiques des grains sur le coefficient de frottement solide en inclinant progressivement un récipient contenant du sable. L'interprétation de la différence entre l'angle maximal de stabilité θ_m pour la mise en mouvement du sable et l'angle de repos θ_r est due au fait qu'il faut désengager de leur « cage » les grains de sable soumis à un cisaillement pour leur permettre de se déplacer transversalement d'une quantité δ par rapport aux autres. Cette différence est bien liée à la dilatance mesurée par ce même déplacement relatif δ/d. Cela peut être exprimé par la relation trigonométrique approchée : $\alpha = \theta_m - \theta_r = \delta/d$.

Tas vibrés

L'étude de l'avalanche nous permet de comprendre un phénomène décrit il y a plus d'un siècle par Michael Faraday. En faisant vibrer verticalement un plat contenant une couche horizontale de poudres avec une amplitude suffisante, on constate que la surface de cette couche se crispe en formant des structures géométriques régulières telles que carrés, triangles, bandes. Ce phénomène se retrouve aussi dans une couche liquide vibrée verticalement, et il peut être tentant de le décrire à partir de la même approche.

Si l'on pose un grain isolé sur une membrane horizontale qui vibre verticalement avec une amplitude a et une fréquence ω, il restera fixe sur la plaque tant que l'accélération verticale – proportionnelle à a, et au carré de la fréquence – que communique la membrane est inférieure à l'accélération de la gravité g, ou, en d'autres termes, tant que son poids sera plus grand que la force communiquée par le mouvement de la membrane. Lorsque $a\omega^2$ devient supérieur à g, au cours du mouvement ascendant, la particule se désolidarise de la membrane et acquiert un mouvement libre sous l'effet de la gravité et de sa vitesse comme au trampoline. Le cas intéressant est celui où elle va toucher de nouveau la membrane lorsque celle-ci est dans la même phase du mouvement, une période plus tard. Elle bénéficie de nouveau, d'une façon optimale, de l'impulsion de la membrane. On a alors une résonance. Cela n'est pas toujours le cas et, en général, la particule tombe à une phase différente et ainsi de suite : le mouvement résultant de ce jeu de trampoline est alors un exemple de phénomène chaotique.

On retrouve les mêmes phénomènes pour un ensemble de billes. Si l'accélération verticale excède une valeur seuil, les particules commencent à bouger, et la surface libre devient instable. Il se forme un tas dont le sommet est alimenté par un mouvement convectif des billes influencé par les parois latérales du récipient. Les avalanches qui se produisent à la surface du tas contrebalancent ce mouvement interne. L'effet devient très important pour des poudres fines qui sont facilement fluidisées. Le phénomène peut être comparé à la formation de structures cellulaires dans une couche liquide chauffée par le bas sous l'effet de la coexistence de mouvements ascendants de liquide chaud et descendants de liquide froid.

La ségrégation

Les grains ne font rien comme tout le monde… une fois de plus ! Si l'on secoue, vibre, fait couler un fluide usuel contenant différentes phases en présence, ces opérations vont aider au mélange de ces phases. Dans le cas d'un mélange de grains secs, au contraire, ces opérations conduisent généralement à une démixtion suivant leur géométrie et d'autres caractéristiques physiques. Cela peut être recherché pour faire un tri de grains suivant leur taille. Mais le plus souvent, on s'efforce à garder une composition uniforme des grains.

Les noix du Brésil

Ce titre fait référence à une observation publiée en 1987 dans une lettre à *Physical Review* : « Pourquoi les noix du Brésil sont sur le dessus ? », qui a éveillé l'intérêt des physiciens sur un sujet déjà bien connu des mécaniciens des sols. Les noix du Brésil sont de grosses graines de quelques centimètres de diamètre. Empilées dans des camions avec d'autres plus petites, elles se retrouvent au sommet du chargement après un transport secoué sur de mauvaises routes. Cette expérience est un cas particulier du phénomène de ségrégation rencontré dans les mélanges de grains.

On peut évoquer plusieurs mécanismes pour expliquer cet effet. Le premier repose sur le fait que, dans la phase ascendante d'un mouvement de vibration des billes, celles-ci se dégagent les unes des autres, comme nous l'avons vu plus haut pour un lit vibré lorsque l'accélération verticale est plus forte que celle de la pesanteur. Les petites particules se faufilent plus facilement dans les espaces libérés en dessous des plus grosses et, progressivement, remplissent la partie inférieure du récipient. Un second mécanisme met en jeu le mouvement convectif d'ensemble d'un lit de billes vibrées qui, en quelque sorte, porte les grosses billes jusqu'à la surface où elles restent bloquées. Ce mouvement est induit par la présence des parois verticales latérales le long desquelles descendent les petites billes. La polémique qui s'est développée autour de l'importance relative de ces deux mécanismes souligne bien qu'il n'existe pas encore aujourd'hui une science unifiée de ces écoulements de grains comparable à la mécanique des fluides. Dans le cas présent, la situation a tout de même pu être clarifiée grâce à des expériences à deux dimensions : les effets géométriques sont les plus actifs à faible vibration, tandis que la convection due à la présence des bords latéraux est le mécanisme dominant à forte vibration.

Avant de décrire quelques manifestations naturelles des phénomènes d'avalanche, il nous faut comprendre comment se comporte un mélange de grains de tailles inégales. Dans un tel mélange de grains sédimentant dans un liquide, la distribution la plus naturelle est celle où les gros grains – plus rapides – tombent au fond plus vite que les petits. Il en résulte une gradation normale que l'on retrouve dans des roches sédimentaires ou dans les dépôts du fond des océans, où la taille des particules diminue lorsque l'on va de bas en haut. Les milieux granulaires secs présentent bien au contraire une gradation inverse où les gros grains se trouvent au-dessus. Les amateurs de corn-flakes savent bien que les petits pétales brisés se trouvent au fond du paquet. De même, un champ labouré fait, année après année, apparaître de nouvelles pierres par un enfouissement progressif des petits grains sous les gros.

On peut utiliser la ségrégation pour séparer des matériaux suivant leur taille. Mais, dans la plupart des applications des matériaux granulaires, on cherche au contraire à réaliser des mélanges aussi homogènes que possible : imaginez les conséquences sur la tenue mécanique d'un ouvrage d'un mauvais mélange des composants du béton (ciment, granulat, adjuvant). Imaginez aussi les composants d'une pilule obtenue par compaction d'une poudre pharmaceutique préparée à partir d'un grand conteneur et dont la composition varierait suivant le niveau de remplissage de ce récipient ! On comprend alors l'intérêt soulevé par ce sujet dans tous les domaines où le matériau de base est constitué de grains. Pour éviter ces ennuis, on prépare ces mélanges par voie humide, ce qui limite cette ségrégation.

La ségrégation peut avoir pour origine une différence de densité, de forme, d'état de surface ou de taille des grains, ce dernier paramètre étant de loin le plus important. En fait la ségrégation est présente chaque fois que l'« histoire » du système permet des déplacements relatifs des différentes espèces de grains les unes par rapport aux autres.

Supposons, pour simplifier, que nous n'ayons que deux catégories de billes de diamètres différents. Les trous les plus petits que l'on peut trouver dans un empilement de billes égales de diamètre *d* sont des triangles curvilignes formés par trois billes en contact mutuel ; une petite bille pourra passer à travers ce trou de diamètre *D* si son diamètre est inférieur à 0,15 *D*. De telles petites billes vont pouvoir circuler librement à travers les pores de l'empilement des grosses billes, même si celles-ci sont au repos, sous l'effet des forces de pesanteur. Si la différence relative de taille des grains est plus faible, l'infiltration des grains de l'une des espèces à travers les pores de l'empilement des grains de l'autre espèce ne sera pas spontanée, mais pourra se produire si le matériau est mis en mouvement.

La ségrégation dans les avalanches

Dans un couloir d'éboulis, on remarque souvent que les pierres sont en moyenne de plus en plus grosses lorsqu'on descend le couloir. Sous l'effet de leur poids, les petits grains en surface non seulement roulent avec les plus gros dans une avalanche mais aussi tombent plus facilement dans une couche inférieure si, au cours de leur mouvement, ils rencontrent à leur aplomb un vide suffisant pour les accueillir. La couche superficielle agit comme un tamis au travers duquel passent seulement les plus petits grains. Les gros grains restent en surface et sont aussi moins sensibles à la rugosité de la surface. Grâce à l'inertie de leur chute, ils descendent plus loin en rebondissant sur le tas déjà formé. Leur agitation granulaire favorise encore l'enfouissement des plus petits grains comme si on secouait régulièrement le tamis dynamique qu'ils forment.

Notre environnement nous offre de nombreux exemples de transports de grains tels qu'un éboulis. Il semble qu'un glissement de terrain ayant eu lieu à Flins en Suisse, à une époque préhistorique, a mis en mouvement en quelques minutes un volume de plusieurs kilomètres cubes. La dissipation d'énergie associée correspondrait à l'ensemble de la consommation d'énergie mondiale sur une demi-journée ! Malheureusement, il n'y a pas que la préhistoire pour nous fournir de tels exemples. Les avalanches portent leur propre image de fascination ou d'effroi, suivant la distance à laquelle le skieur les observe. L'équipement actuel des zones montagneuses pour les sports d'hiver, tout comme la disparition des activités traditionnelles (agricoles et d'alpages), conduisent à une accélération grave de ces catastrophes géologiques et en exigent une meilleure compréhension.

*

* *

Dans la plupart des exemples naturels se produisant à grande échelle, en plus des mécanismes de frottement et de collisions entre les grains que nous venons de traiter, il faut tenir compte de la présence d'un fluide. La prise en compte de ce partenaire se fera dans les chapitres suivants : la présence d'eau entre les grains crée des effets d'adhérence entre eux comme dans les boues torrentielles (chapitre 9). Le cas d'adhésions permanentes sera vu au chapitre 10. Un milieu de grains denses en présence de fluide en écoulement relatif sera étudié au chapitre 11. Enfin, le transport de grains accompagné d'un écoulement fluide qui existe dans une avalanche sera l'objet du dernier chapitre.

CHAPITRE 9

Du château de sable aux tours d'argile

Le château de sable est populaire : une exposition pour jeune public du Centre Georges-Pompidou portait sur cette architecture de sable. Ce fut aussi le thème d'un défi d'une émission de télévision, à laquelle nous avions participé, qui consistait à construire un château de sable géant à l'intérieur duquel une personne pouvait rentrer. Le problème de la tenue d'une construction de sable humide intéresse une communauté scientifique concernée par les effets de cohésion et de compacité du sable humide. Celle-ci dépend de la présence de voûtes stabilisées par les effets capillaires et par la présence de terre argileuse. Cet intérêt déborde sur le problème de l'habitat en terre qui est utilisé par une large fraction de l'humanité.

Du fluide entre des grains

Jusqu'ici, nous n'avons pas tenu compte d'éléments présents entre les grains d'un tas : l'air pour un tas sec, l'eau pour un sol saturé d'eau, l'eau et l'air dans les situations intermédiaires de milieux poreux non saturés en eau (figure 9-1). Suivant le niveau

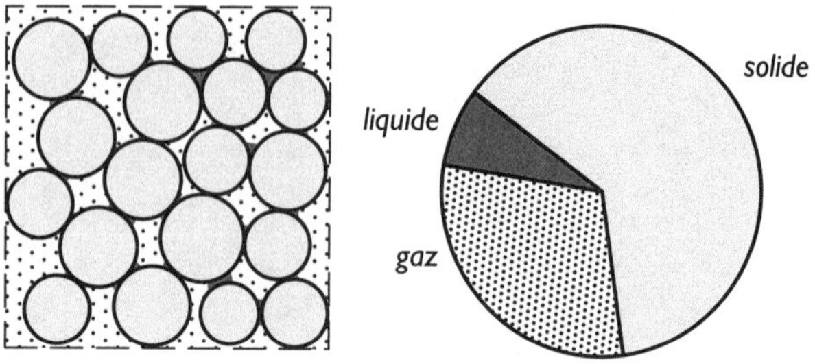

Figure 9-1. *Le sable mouillé est un matériau triphasique constitué de grains, d'eau et de gaz.*

d'humidité ou de sécheresse, un sol se trouve dans l'un ou l'autre de ces états. Mais l'eau ne se contente pas de se frayer un chemin entre les grains : par interaction avec les phases solide et gazeuse, elle crée des liaisons, dites *capillaires**, qui tendent à coller les grains entre eux, conférant au matériau une résistance mécanique supplémentaire ou *cohésion**. On verra au chapitre suivant d'autres mécanismes de cohésion. Ces forces capillaires jouent un rôle déterminant dans la construction d'un château de sable. Par ailleurs, la présence de fluide entre les grains peut favoriser des petits déplacements, et entraîner des modifications de compacité.

D'autres fluides peuvent occuper le terrain libre dans un milieu poreux. C'est le cas malheureux des sols pollués par des dépôts d'huile, ou celui, plus favorable, de l'extraction d'hydrocarbures présents dans les roches-mères. Ici l'eau, les huiles, les goudrons et toutes sortes d'adjuvants se partagent le champ libre avec l'air. Au chapitre 11 nous nous intéresserons aux écoulements où plusieurs phases fluides cohabitent dans un milieu poreux. Limitons-nous au cas où l'air et l'eau sont simultanément en contact avec des grains.

La tension superficielle

Une molécule au sein d'un liquide est soumise aux forces d'attraction de toutes celles qui l'entourent : la force résultante est nulle. En revanche, la symétrie des interactions est rompue pour une molécule à la surface, qui se trouve attirée vers l'intérieur du liquide (figure 9-2) : il en résulte que les molécules qui se trouvent à l'interface avec un gaz, un solide ou un autre liquide non miscible ont une énergie supérieure aux molécules dans le corps du liquide. Cette énergie par unité de surface est appelée *énergie de surface*. La surface libre tend à minimiser cette énergie et donc à prendre une aire la plus petite possible, tout en tenant compte des forces auxquelles le liquide est soumis, comme son poids. Cette minimisation se traduit par le développement d'une force par unité de longueur de l'interface, appelée *tension superficielle**, qui est aussi une énergie par unité de surface. La *loi de Laplace** relie la courbure de l'interface à la tension superficielle et la différence de pression de part et d'autre de la surface (voir l'encadré ci-dessous).

En l'absence de toute force extérieure, un liquide prend une forme sphérique qui réalise la plus petite surface externe pour un volume de goutte donné. Une petite goutte de pluie ou de brouillard

Figure 9-2. *Les forces d'attraction entre molécules à l'interface entre liquide et gaz exercent une force de tension qui courbe la surface de la goutte.*

reste sphérique ; d'ailleurs, si les gouttes d'eau dans l'espace étaient non sphériques de simplement quelques pour cent, les arcs-en-ciel qui dépendent des réflexions de la lumière du soleil dans des gouttes sphériques n'existeraient pas ! Un chercheur – capitaine Haddock d'un court vol d'avion en gravité zéro – *zéro g* – ne pourra pas se servir son verre de whisky (d'ailleurs, le temps de vol parabolique serait trop court pour cela) ; le liquide prend la forme d'une grosse goutte sphérique qui flotte en impesanteur.

La loi de Laplace

Les Anglo-Saxons parlent de loi de Laplace-Young, associant le nom du savant anglais Thomas Young à celui du mathématicien français Pierre Simon de Laplace pour la loi fondamentale de la capillarité. (La période des guerres napoléoniennes où leurs travaux ont été poursuivis indépendamment n'était pas un temps d'entente cordiale !) Une petite goutte liquide prend une forme sphérique afin de minimiser sa surface. L'énergie par unité de surface n'est rien d'autre qu'une force par unité de longueur, la *tension superficielle** γ. Un peu comme pour un ballon de baudruche, la pression à l'intérieur de la bulle est supérieure à celle de l'atmosphère. Tout comme ce ballon qui résiste au gonflement surtout quand il est petit, la surpression varie comme l'inverse du rayon r de la sphère. Pour faire court, la *pression de Laplace* vaut $\Delta p = 2\gamma/r$. Sous une forme plus générale qui s'applique à des surfaces de gouttes non sphériques, la loi de Laplace exprime la surpression sous la forme $\Delta p = \gamma C$. La *courbure moyenne** C est construite à partir de deux rayons de courbure principaux $C = \frac{1}{r_1} + \frac{1}{r_2}$. En particulier dans le cas d'un ménisque de liquide entre deux grains, les deux rayons de courbure sont de sens opposés (figure 9-3).

La physique du château de sable

La tension superficielle permet de rendre compte de la façon dont un liquide « s'entend » plus ou moins bien avec un solide avec lequel il est en contact. Dans le premier cas – c'est la situation usuelle du sable (la silice) et de l'eau –, celle-ci s'étale autant qu'elle le peut, comme elle le ferait sur une plaque de verre bien propre. Le solide est *hydrophile*. Mais on peut attacher chimiquement sur la surface de silice qui constitue le grain un composé organique qui n'aime pas l'eau. On réalise ainsi un sable *hydrophobe* avec lequel on peut construire un château de sable sous l'eau ; l'eau est chassée d'entre les grains par l'air qui entoure aussi ces grains, et c'est l'air qui maintient le grain sous pression. On trouve de tels « sables magiques » dans les boutiques de jeux. On pourrait penser à le pulvériser, si ce n'était son prix, sur des plages polluées par le goudron : les huiles se mettraient entre les grains tout comme l'eau le fait dans un sable ordinaire.

Grains mouillés

Une situation de mouillage se rencontre avec les grains d'un château de sable sur la plage ; elle permet de construire ces fragiles cathédrales de bord de mer. Une goutte n'a plus la forme de sphère lorsqu'elle relie deux grains entre eux. Regardons celle de la figure 9-3 qui est accrochée entre deux grains sphériques sur lesquels elle s'étale – on parle d'une *goutte pendulaire*. Les forces de tension superficielle (flèches) s'exercent sur l'eau pour tirer la goutte déformée qui se colle aux grains ; par réaction, il s'exerce des forces sur les grains qui tendent à les rapprocher et augmentent la cohésion entre deux grains.

Si on place une couche unique de billes de verre dans un récipient horizontal rempli partiellement d'eau de façon que son niveau

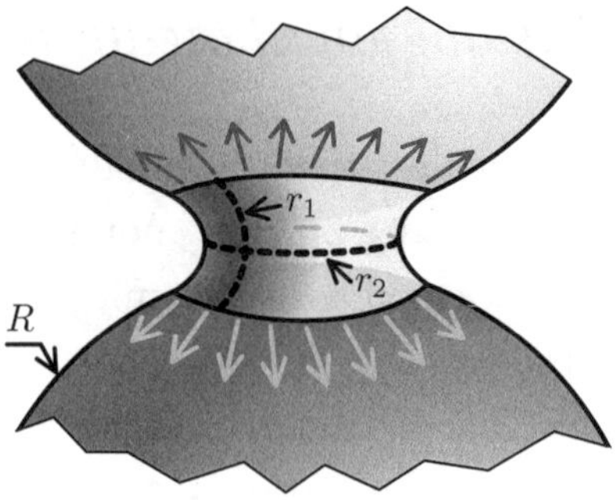

Figure 9-3. *Un ménisque d'eau liquide est placé entre deux grains sphériques. Son rayon* r_1 *est petit devant* r_2 *et contrôle le signe de la loi de Laplace : la forme concave du ménisque impose une dépression de l'eau qui attire les billes.*

soit inférieur au diamètre des billes, les billes s'attirent par cet effet capillaire et font un empilement compact. Par contre, cette attraction disparaît dès que le niveau d'eau devient supérieur au diamètre des billes.

On peut estimer l'ordre de grandeur de la force qui s'oppose à la séparation entre deux grains : elle varie comme le périmètre le long duquel s'exerce la tension superficielle ; elle est donc de l'ordre de la valeur du rayon R des grains. En multipliant R par la valeur du coefficient de tension superficielle γ de l'eau, on a une estimation de la force entre deux grains $f_{cap} \sim \gamma R$. Cette force entre deux grains peut être comparée au poids d'une bille de verre suspendue à une bille identique supérieure. Les deux forces sont comparables pour un rayon de billes de 1 millimètre. Des billes de plus petit rayon tiendront par capillarité. Notons toutefois que ces billes peuvent glisser facilement l'une contre l'autre, et que la présence d'une mince couche d'eau sera favorable à des réorganisations du milieu.

Une explication plus précise de ce résultat prend en compte l'effet de la courbure du ménisque d'eau entre deux gouttes et la loi de Laplace-Young. À l'inverse d'une goutte qui est uniquement convexe, la courbure $C = \frac{1}{r_1} + \frac{1}{r_2}$ est contrôlée par la valeur du plus petit rayon r_1 entre deux grains de la figure 9-3, qui est de signe opposé à r_2. Au lieu d'une surpression pour une goutte sphérique, la goutte est en dépression et attire les deux grains.

Pour une surface unité du milieu granulaire, le nombre de grains est d'autant plus grand que ceux-ci sont petits, c'est-à-dire de l'ordre de l'inverse de leur surface, soit $1/R^2$. La force totale par unité de surface varie donc comme le rapport $f_{cap}/R^2 = \gamma/R$, c'est-à-dire comme l'inverse du rayon des grains : un pâté de sable fait avec des grains fins sera plus résistant qu'avec des gros grains. Il faut aussi tenir compte de la teneur en eau : si l'eau couvre complètement les grains, les ménisques disparaissent et l'effet de tension superficielle du même coup. Dans l'expérience des billes de verre dans un récipient plat, si l'eau recouvre les grains ceux-ci reprenaient leur liberté et se décollaient. Pour tenir compte de cette teneur en eau, tout comme le mécanicien des sols ou le pédologue, nous contrôlerons le degré de saturation S qui est le rapport entre le volume d'eau et le volume des pores qui varie de 0 dans le cas sec à 100 % dans le cas saturé. Nous allons étudier, en prenant appui sur une expérience numérique modèle, la réponse à la question « quelle est la teneur optimale d'eau pour faire tenir un tas de sable ? ».

La preuve par les expériences

Les criados, enfants des rues de Rio, présentent aux promeneurs pour quelques réals, le long de la plage de Copacabana, des constructions de sable, et ils peuvent ainsi les conserver plusieurs jours en les humidifiant en permanence. L'étude de la teneur optimale en eau pour la stabilité d'une telle structure a fait l'objet de très sérieuses recherches. La *tomographie** aux rayons X permet de voir ce qui se passe dans le volume d'un tas à l'aide d'une source de lumière *synchrotron**... Quel honneur pour la physique des grains mouillés ! Ces expériences ont rendu compte de la complexité d'un mécanisme qui a l'air banal. Pour des très faibles teneurs en eau, dans un premier régime dit *hygroscopique* l'eau est fixée sur les grains chimiquement ou par effet de la rugosité. Ce régime est peu important pour le sable. Au-delà de quelques pour cent d'eau du régime *pendulaire*, les ponts capillaires se connectent entre eux. On passe progressivement dans un régime *funiculaire* où les ménisques forment un chemin continu le long des grains. Le nombre de ponts augmente avec la quantité d'eau ; mais, dans le même temps, la force pour chaque couple de grains diminue. La cohésion augmente rapidement aux faibles teneurs en eau jusqu'à atteindre un maximum pour quelques pour cent d'eau. Autour de cet optimum, une légère augmentation d'eau et du nombre de ponts est compensée par une diminution des effets capillaires sur les grains où les ménisques sont moins courbés. Si vous êtes intéressés par un concours de plage, sachez que l'on peut améliorer la cohésion du tas de sable en ajoutant un peu d'argile. On peut aussi l'améliorer en ajoutant à l'eau un agent qui la rend plus visqueuse (comme du sucre en solution) et crée des interactions chimiques entre les molécules en solution et des sites actifs, ce qui limite l'écoulement fatal de l'eau coincée entre les grains !

Des gouttes et des grains simulés

En complément des observations et des expériences parfois complexes comme celle de la visualisation par une lumière *synchrotron**, l'ordinateur offre un recours très précieux : il voit dans l'épaisseur du milieu et permet de varier simplement les paramètres d'étude… et de pouvoir les utiliser directement dans les calculs. Cela dit, il ne se substitue pas aux expériences nécessaires pour valider les approches numériques ! Ces hypothèses et l'aller-retour entre expérience et simulation révèlent progressivement les traits de phénomènes physiques, faisant apparaître plus clairement une image de l'essentiel, dépouillé de ce qui l'est moins.

L'ordinateur peut-il nous aider à prédire où va l'eau dans un milieu granulaire ? Oui, si l'on tient compte des déplacements de l'eau dans l'espace entre les grains. On pourrait décrire le mouvement de chaque molécule d'eau. Mais nos grains sont beaucoup plus gros que des tailles atomiques, et il nous faudrait un nombre considérable de molécules pour voir apparaître des ponts capillaires. On a alors recours à un artifice que l'on doit à Ludwig Boltzmann, père de la physique statistique et fervent défenseur de l'existence des atomes au XIXe siècle. On s'intéresse à la probabilité de trouver un ensemble de molécules à un endroit donné. S'il y a peu de

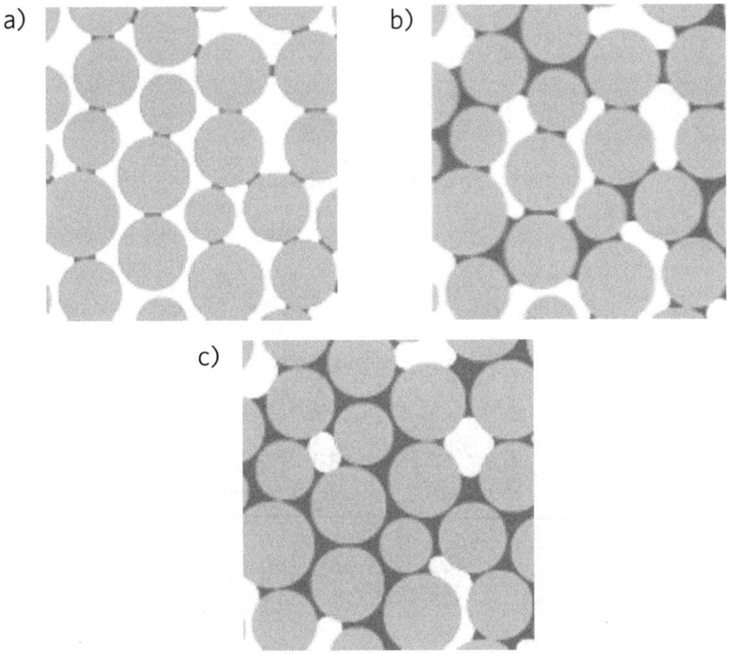

Figure 9-4. *Trois états de mouillage d'un milieu granulaire : a) régime pendulaire formé de quelques ponts liquides indépendants entre paires de grains ; b) régime funiculaire avec des amas de liquide isolés les uns des autres ; et c) régime funiculaire où le liquide est formé de ponts qui percolent : il est possible de passer d'un bord à l'autre du milieu sans quitter l'eau (en noir sur les figures). Dans cette représentation, on néglige les petits mouvements de grains qui peuvent être induits par le mouillage.*

molécules, il s'agit d'un gaz (vapeur) ; s'il y en a beaucoup, on a un liquide. L'équation de Boltzmann régit le mouvement de ces fluides. Si l'on se place à une position particulière dans notre échantillon, à chaque instant la probabilité d'y trouver des molécules d'eau dépend de leur mouvement d'ensemble et du nombre d'arrivées et de départs de l'endroit considéré. Mais, du fait des chocs, certaines molécules qui auraient dû rejoindre cette position sont défléchies avant d'y arriver, d'autres au contraire y arrivent alors qu'elles ne se

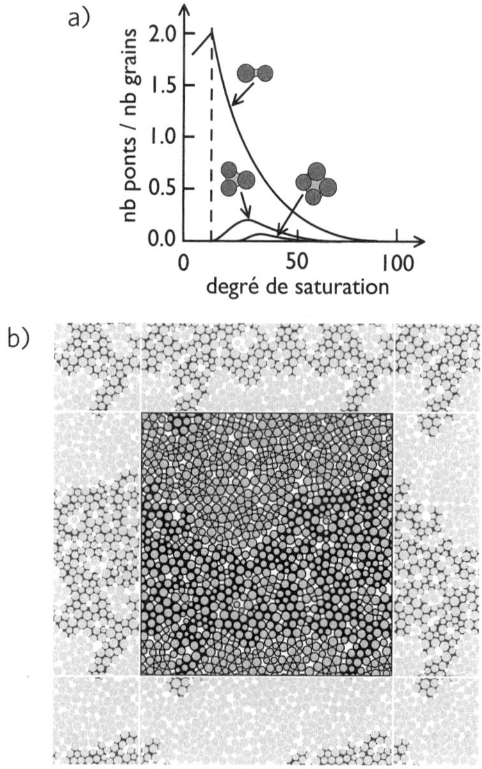

Figure 9-5. *a) Évolution du nombre de ponts capillaires connectés à 2, 3 et 4 grains rapporté au nombre de grains. b) État de l'eau (en noir) au moment où le plus gros amas d'eau traverse l'échantillon de part en part. Pour limiter la taille de la simulation, l'échantillon est reproduit périodiquement (le bord des répliques est représenté en gris clair).*

trouvaient pas dans la trajectoire initiale de la molécule. La figure 9-4 montre un exemple de simulation de ponts capillaires dans un milieu granulaire pour différentes quantités d'eau.

Si l'on considère l'évolution du nombre de ponts d'une taille donnée en fonction du degré de saturation en liquide defini précédemment, on distingue deux régimes (figure 9-5a). Dans le régime pendulaire, le nombre de ponts capillaires binaires augmente jusqu'à atteindre un pic. En effet, alors qu'aux très faibles teneurs les ponts capillaires ne peuvent se faire qu'au niveau des contacts, pour des teneurs supérieures il est possible de former de nouveaux ponts même si les grains ne se touchent pas. À partir du pic, les ponts binaires fusionnent et donnent des ponts entre 3 grains. Puis le même phénomène se reproduit, à un degré de saturation plus élevé, donnant naissance à des ponts entre 4 grains, et jusqu'à 6 (figure 9-6a). On constate qu'à partir de 6 ponts, pour des raisons de stabilité on a des grains noyés (figure 9-6b) au niveau desquels le liquide ne transmet plus de force.

La figure 9-5a montre un résultat étonnant. Pour le protocole de mouillage utilisé, quel que soit le degré de saturation, les ponts formés entre 2 grains sont majoritaires, suivis par les ponts entre 3 grains, 4 grains… Si l'on continue à saturer l'échantillon, un amas d'eau plus gourmand que les autres va capturer l'eau qui l'entoure et devenir suffisamment important pour traverser de part en part le système (figure 9-5b). On retrouve ici la notion de *percolation** vue

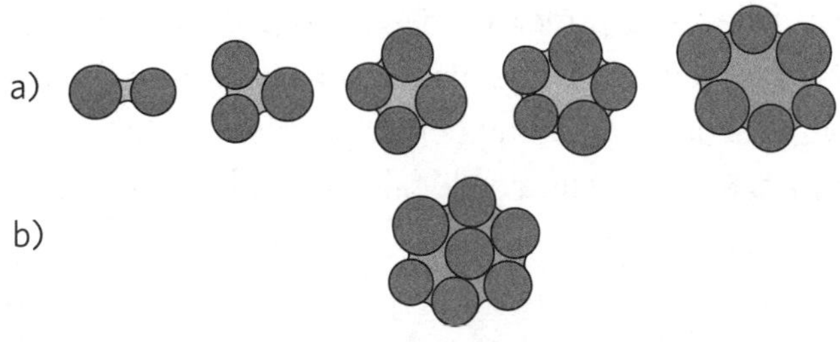

Figure 9-6. *a) Exemples de ponts liquides entre grains. b) Exemple de pont liquide incorporant un grain noyé à l'intérieur. Pour des raisons de stabilité, un pont liquide impliquant plus de 6 grains est peu probable.*

au chapitre 6. Enfin, aux forts degrés de saturation, il vient un moment où il n'y a plus assez d'air pour former des ponts et où il ne reste plus que des bulles piégées entre les grains qui maintiennent une succion locale.

Cohésion macroscopique

Avez-vous confectionné le croquembouche, cette pyramide de choux à la crème pâtissière ? Cette pièce montée à la pente très abrupte formée de « grains » de même taille ne peut tenir debout que si l'on ajoute, au niveau des contacts, du sucre caramélisé qui assure la cohésion de l'édifice. Dans un sol mouillé, c'est l'eau qui permet de coller les grains grâce à la force d'attraction capillaire f_{cap}.

Nous avons vu au chapitre 5 que, en absence de collage, la contrainte tangentielle τ appliquée à un bloc que l'on pousse est reliée à la contrainte normale P qui est la pression exercée par le poids du bloc, par la relation $\tau = \mu P$. Dans cette équation, μ est le coefficient de frottement. Il représente la pente de l'angle de repos d'un talus de sable sec.

En présence d'une « colle » au niveau des contacts, pour déplacer le bloc il faudra exercer une contrainte tangentielle suffisante pour vaincre non seulement un effet de frottement mais aussi un effet de collage décrit par un paramètre c appelé *cohésion de Coulomb*. L'expression donnée précédemment prend alors la forme générale : $\tau = \mu P + c$. Elle est représentée par la courbe en trait plein sur la figure 9-7. On peut mettre l'équation sous la forme $\tau/P = \mu + c/P$: la cohésion c/P contribue à augmenter l'angle de talus τ/P au-delà de la valeur μ pour du sable sec : le sable mouillé peut se maintenir à l'équilibre avec des pentes très élevées, voire verticales. On notera que, *a contrario*, le poids P tend à limiter les effets de la cohésion.

L'effet de la cohésion c se compare à la pression (ou au poids) appliquée P par le rapport c/P. Elle n'est significative que pour une pression faible devant *la cohésion*. La cohésion capillaire est suffisante

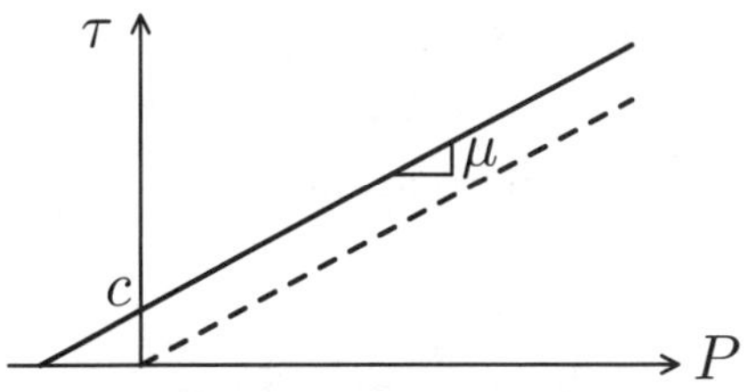

Figure 9-7. *Critère de Mohr-Coulomb. La contrainte tangentielle τ varie linéairement avec la contrainte normale P. La droite en pointillé représente le cas d'un milieu granulaire sec pour lequel la cohésion c est nulle. La droite en trait plein correspond au cas où il existe une cohésion c qui rend compte d'un effet de colle et d'une résistance au cisaillement, même si le poids P est négligeable.*

pour construire des châteaux de sable sur la plage. En revanche, la même cohésion sera négligeable pour des gros tas de sable pour lesquels la contrainte verticale due au poids des grains devient prépondérante. Lorsqu'on construit un château de sable, la pression à la base du château qu'on construit augmente au fur et à mesure qu'on ajoute du sable humide. À partir d'une certaine hauteur, le rapport c/P devient trop petit et le château s'écroule. Pour des grains de 0,1 millimètre de diamètre, la cohésion capillaire est suffisante pour fabriquer une colonne d'une hauteur maximale de 30 centimètres. C'est d'ailleurs la hauteur des petits seaux pour faire des châteaux de sable ! Pour dépasser cette hauteur, il faut utiliser du sable encore plus fin car, comme on a vu plus haut, la cohésion de Coulomb varie comme l'inverse de la taille des grains. La cohésion capillaire atteint ses valeurs les plus élevées dans les argiles où les agrégats de plaquettes sont de taille nanométrique (voir plus bas).

La cohésion influence les états de *compacité** et la *dilatance** des milieux granulaires. En présence des forces capillaires, un grain pourra trouver une position d'équilibre en utilisant moins de contacts. Il est donc possible d'obtenir des configurations plus lâches et moins compactes que pour un granulaire sec. Cependant, pour une pression P suffisamment grande, la cohésion perd son effet, et l'on tend vers la compacité d'un matériau sec. L'aptitude qu'a le matériau à se densifier est essentielle pour la réalisation de pastilles par compression telles que les pastilles de sel pour les adoucisseurs d'eau ou les comprimés pharmaceutiques.

L'eau dans le sol

Le sol mouillé

Lorsqu'on plonge un tube de verre fin dans un liquide qui mouille le tube, l'eau remonte d'autant plus haut que le diamètre du tube est petit. Cette expérience met en évidence un phénomène connu sous le nom de *succion capillaire* ou d'*imbibition**. La force qui entraîne le déplacement de la couche est la pression de Laplace dont rend compte la déformation du ménisque en haut du tube. C'est le même phénomène que l'on observe quand on plonge l'extrémité d'un morceau de sucre dans le café ; c'est aussi un phénomène particulièrement important pour les sols et la disponibilité de l'eau pour les plantes.

La quantité maximale d'eau que peut retenir ou stocker un sol après que l'excédent s'est infiltré (ou « égoutté ») dans la nappe phréatique est appelée *capacité au champ* (ou *capacité de rétention*). C'est un paramètre important en agriculture car, associé à la *perméabilité** que l'on présentera au chapitre 11, elle intervient dans l'estimation du niveau d'irrigation. La courbe de rétention permet de décrire de façon plus détaillée la façon dont le matériau retient ou relâche l'eau contenue dans l'espace des pores. Cette courbe relie le degré de saturation à la *succion*, et dépend essentiellement de la taille des grains, et notamment de la présence d'*argile**, les particules les plus fines du sol. De même, pour aspirer cette eau, il faudra un effort d'autant plus grand que la quantité d'eau est faible. Les plantes qui puisent l'eau du sol le font au prix de cet effort : les racines doivent vaincre les forces capillaires qui attachent l'eau au

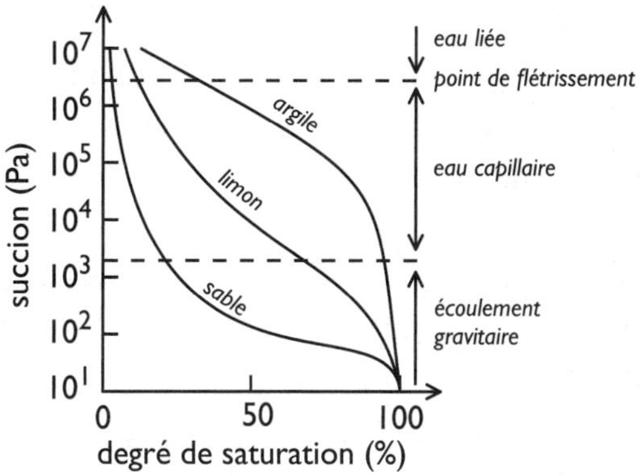

Figure 9-8. *Évolution du degré de saturation en eau en fonction de la pression capillaire, ou succion, pour différents sols du plus grossier (sable) au plus fin (argile).*

solide ; mais, si la quantité d'eau est trop faible, il devient impossible de l'extraire, et la plante se flétrit : on dit que la teneur en eau du sol est au *point de flétrissement*. Sur la figure 9-8, on constate qu'en fonction de la teneur en eau et de la granulométrie du sol, l'eau peut être présente sous forme d'eau liée, très fortement attachée au sol, d'eau capillaire facilement disponible pour la plante, ou d'eau gravitaire, non retenue par les grains.

Les états mécaniques du sol mouillé

Lorsque l'on se rend vers le rivage en traversant une plage, on rencontre d'abord un sable sec qui se déforme et où le pied s'enfonce, rendant la marche laborieuse. Puis le sable devient plus humide ; la surface de la plage est presque plane et l'on s'y déplace sans mal en laissant des traces dorénavant identifiables derrière soi. Enfin, tout près des vagues, le sable semble se fluidifier ; l'eau sature les espaces entre les grains qui, tel un coulis, s'écoule si bien que le pied s'y enfonce, laissant des trous que l'eau comble sans difficulté.

Il est possible de distinguer au moins trois comportements mécaniques distincts qui dépendent de la nature des grains et de la quantité relative d'eau. Si la teneur en eau est suffisante, le mélange s'écoule entre les doigts comme un fluide dense ou une pâte à crêpe. À l'opposé, aux faibles teneurs en eau on peut former un tas solide qui se brise si on le déforme. Il existe entre ces deux phases extrêmes un régime intermédiaire *plastique**, pour lequel il est possible de former une pâte ou un boudin qui garde sa forme quand on pétrit le mélange entre les mains. Cette phase est utile au potier ; il lui donne une forme que la cuisson rendra durable. Les deux transitions de comportement solide/plastique et plastique/liquide sont appelées *limites d'Atterberg* et sont à la base d'une qualification des milieux granulaires humides. Elles dépendent notamment de la vitesse avec laquelle l'eau migre dans le milieu, et de la nature physico-chimique des grains. La présence d'argile, de fines particules et de matière organique contribue largement à cette phase plastique.

Le compactage des grains mouillés

Si l'on veut densifier du sable en le damant, il existe une quantité d'eau optimale pour laquelle la fraction volumique solide de l'assemblage de grains après compaction est maximale. Ralph Proctor a proposé en 1933 une analyse pratique du compactage pour les ingénieurs du génie civil qui doivent tasser les sols sur lesquels ils vont édifier des bâtiments et des routes. Un essai simple consiste à tasser dans un moule un échantillon de sol, avec une teneur en eau donnée, sous l'action répétée de la chute d'une masse calibrée. On contrôle l'énergie appliquée en fixant le nombre de coups transmis à l'échantillon. On détermine ensuite la densité sèche de ce sol. En répétant l'opération, on en déduit l'évolution de la densité sèche pour différentes teneurs en eau, c'est-à-dire du poids de l'eau rapporté au poids des grains. Cette courbe permet de déterminer, par un procédé très simple, la teneur en eau qui permet la meilleure compaction possible. La fraction volumique maximale est appelée *optimum Proctor* (figure 9-9).

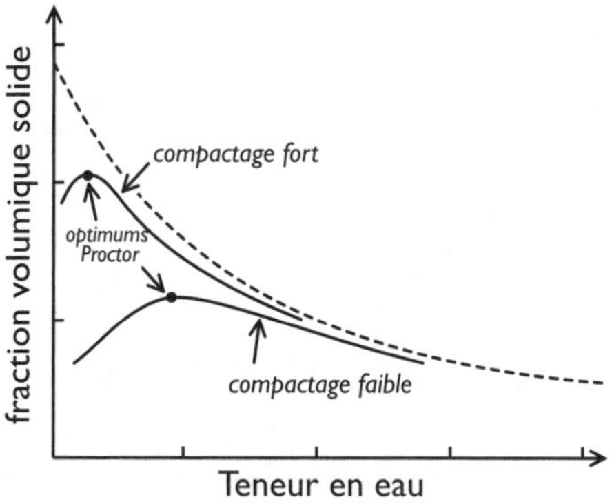

Figure 9-9. *Essai Proctor : dépendance de la fraction volumique solide avec la teneur en eau pour deux énergies de compactage. La courbe asymptotique en pointillé représente le cas limite où le matériau est saturé d'eau.*

La description que l'on vient de faire est très générale. Pour différents procédés de compactage, on trouve des courbes très similaires, mais elles dépendent de la composition du matériau granulaire et de l'énergie transmise. Des travaux récents ont montré l'intérêt de généraliser cette analyse à tous les procédés manipulant des mélanges de grains en présence de liquide. Un tel diagramme, qui décrit les phases d'un milieu granulaire humide, est qualifié d'*hydrotextural*. Il permet de suivre la formation d'agglomérats de couscous, la réalisation de comprimés pharmaceutiques, ou tout autre procédé dans lequel on cherche à conférer à la matière une texture en contrôlant avec précision le dosage eau-poudre et l'énergie nécessaire pour pétrir, malaxer, compacter… La figure 9-10 montre un exemple de résultat d'expérience de malaxage. Prenez de la polenta, de la semoule, ou toute autre poudre suffisamment insoluble et malaxez-la avec un peu d'eau. Aux faibles teneurs en eau, la compacité du milieu va d'abord diminuer se traduisant par une augmentation parfois très spectaculaire du volume de l'échantillon. Un phénomène similaire, bien connu du terrassier, est appelé foisonnement des sables : en réalisant une excavation, il n'est pas rare de se retrouver avec plus de 30 % de sol en plus que le volume

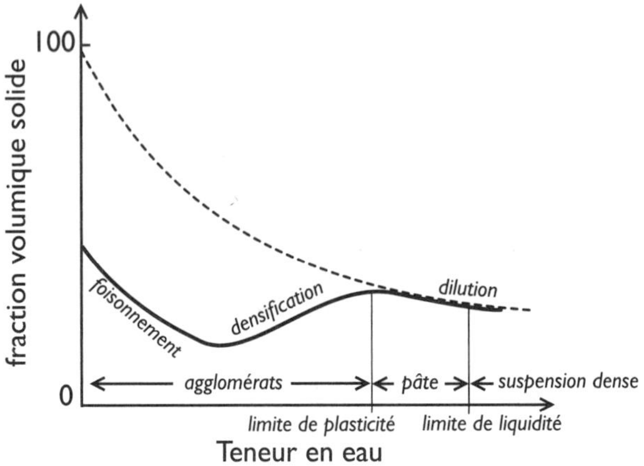

Figure 9-10. *Diagramme des phases d'un milieu granulaire humide représentant la variation de la fraction volumique solide en cours de malaxage d'une poudre en fonction de sa teneur en eau. Pour des teneurs en eau inférieures à la limite de plasticité, il se forme des agglomérats. Quand la courbe rejoint la saturation, on obtient une pâte. Dans ce test dynamique, la compacité du milieu granulaire augmente lorsque la teneur en eau diminue avant la phase de foisonnement (d'après Thierry Ruiz).*

du trou creusé. On a là une manifestation du travail des forces capillaires qui empêchent le sol déformé sous l'action de la pelle de se densifier de nouveau. Si l'on continue à rajouter de l'eau, le foisonnement diminue et le matériau se densifie jusqu'à un optimum qui est l'équivalent de l'effet Proctor de la figure 9-9. Finalement, on entre dans un régime où la quantité d'eau va occuper tout l'espace entre les grains, et ceux-ci vont petit à petit être dispersés dans l'eau.

Nous avons vu que la compacité d'un granulaire sec dépend du mode de remplissage des grains. Il en est de même pour un milieu humide présentant des effets capillaires ; la diversité des états résultants est alors très riche. Si l'on part d'un ensemble de grains que l'on humidifie par un ajout d'eau, tel que par pulvérisation, il existera des mécanismes d'agrégation, en particulier par les forces capillaires locales, qui modifieront les positions de ces grains et la compacité finale. Voilà pourquoi mélanger et malaxer des milieux granulaires humides est une opération délicate. Le boulanger qui pétrit sa pâte en sait quelque chose, et le résultat final dépendra de l'action sur la pâte pour homogénéiser la distribution d'eau et créer le réseau de gluten qui donnera son élasticité au pain.

Constructions de terre

L'objectif premier de ce chapitre, au-delà du jeu de plage ou des démonstrations des effets de la capillarité dans les milieux granulaires, est d'examiner comment stabiliser les sols inclinés contre une érosion, comment réaliser des talus qui tiennent, ou consolider les constructions de terre crue. Cette dernière application est essentielle si l'on réalise qu'elle concerne deux milliards d'hommes. Dans chaque cas, on cherche à augmenter la cohésion intergranulaire qui est limitée par la taille des grains et la teneur en eau, comme nous l'avons vu plus haut. Un ensemble de méthodes très efficaces qui peut encore améliorer la résistance d'un matériau consiste à ajouter des éléments étrangers pour solidariser les grains, comme nous le verrons plus loin.

La terre armée

N'oublions pas trop vite nos jeux de bord de mer. C'est en jouant sur une plage avec ses enfants qu'un ingénieur inspiré, Henri Vidal, eut l'idée de renforcer considérablement un pâté de sable en y incorporant des aiguilles de pin. Cela le conduisit à prendre en 1963 un brevet sur *la terre armée* afin de renforcer les sols. Les développements ultérieurs ont été considérables, en particulier au laboratoire des Ponts et Chaussées. Une voie en terre qui se déforme ou se couvre d'ornières par suite du roulement après une forte pluie, ou un talus routier trop pentu qui glisse, sont des situations qui ont bénéficié de cette amélioration. Des murs contenant des armatures métalliques renforçant la cohésion du milieu granulaire commenceront à être construits en France à partir des années 1970. Par ailleurs, l'utilisation des géotextiles posés sur les différentes couches de sol a permis de limiter les déformations telles que l'effet de tôle ondulée résultant de l'arrachage périodique par les roues. Le *texsol*, encore une invention française, réalise un mélange homogène de fils synthétiques et de sable. Il permet d'obtenir en particulier des talus beaucoup plus pentus qu'avec le même sable seul. On peut alors planter ou semer sur ces talus, de façon à favoriser la formation d'un système racinaire durable.

Bâtir en terre

Le titre de ce paragraphe a été emprunté à un superbe livre scientifique, écrit par un couple de jeunes chercheurs d'une équipe

Figure 9-11. *La stabilité de cette construction d'une dizaine de mètres de haut construite avec du sable sec est due à la présence de fines couches de papier placées régulièrement entre les couches de sable et les entretoises qui évitent le flambage.*

de l'école d'architecture de Grenoble. Ils ont eu l'ambitieux projet d'étudier comment améliorer les constructions en terre pratiquées depuis de nombreux siècles. Si des inventions découlant des originales contributions d'un ingénieur français ont été à l'origine d'applications industrielles importantes, l'idée d'associer des fibres à un sol pour assurer la cohésion d'une construction de terre est très ancienne. La Grande Muraille de Chine, construite et reconstruite depuis plus de vingt siècles, en est un spectaculaire exemple ; se trouvant dans des zones sèches, elle a dû se passer de la capillarité. L'équipe grenobloise a ainsi pu monter de longues colonnes verticales de sable sec en intercalant régulièrement des feuilles de carton entre les couches de sable (figure 9-11). Les gratte-ciel du Yémen ou les mosquées d'Afrique de l'Ouest montrent une architecture ambitieuse, même si un entretien régulier est nécessaire (figure 9-12). Un habitat traditionnel, probablement depuis l'époque néolithique, abrite aujourd'hui des milliards d'êtres humains. Dans le Grenoblois, les maisons d'une terre tassée mais non renforcée, le *pisé*, habillent

Figure 9-12. *La mosquée de Djenné au Mali, construite en brique de terre crue séchée au soleil (adobe).*

le paysage rural. Il ne s'agit pas de remplacer cette architecture vernaculaire, qui emprunte à la nature voisine ses ressources matérielles, mais de l'améliorer pour augmenter sa cohésion et la résistance à la pluie venant d'en haut, ainsi qu'aux effets de la capillarité qui fait monter l'humidité à partir du sol.

Le sujet est d'importance et il n'est pas déraisonnable d'imaginer de nouveaux modes de construction qui utilisent des matériaux disponibles localement et qui respectent l'environnement naturel. Et cela a été bien compris par des architectes contemporains qui ont réalisé des architectures ambitieuses d'habitats ou de monuments.

Des constructions renforcées

On a daté des murs de brique de terre crue en Orient d'une dizaine de milliers d'années. On note dans ces briques l'inclusion de tiges de céréales qui complétaient le remplissage en terre avant le tassement et le séchage de ces briques. Des améliorations récentes permettent de réaliser des briques ayant une meilleure résistance mécanique et thermique. C'est le cas en particulier de briques associant au sol local du typha, une plante invasive du bord du fleuve Sénégal, qui résistent à des chocs répétés d'un marteau ; la qualité de cette association tient au traitement préalable des fibres qui doivent adhérer à la terre humide. Le projet est gagnant-gagnant puisqu'il conduit à utiliser un matériau nuisible à une cause utile du point de vue de l'environnement. On peut aussi ajouter à ces bétons de terre des déchets dont on souhaite se débarrasser et qui contribuent aussi à la qualité. Un ingrédient essentiel que nous examinerons séparément plus bas est l'argile présente dans ces constructions de brique ; on parle d'*adobe* pour des briques de terre crue séchées au soleil, associant de l'argile à des déchets végétaux.

Outre les constructions de brique, l'architecture exploite des stratégies différentes de construction et d'association de terre, d'argile et d'adjuvants sous des noms divers selon les régions et traditions de construction : le *torchis* associe une architecture de fibres ou de bois souples en treillis pour construire des murs. Dans le *colombage*, une ossature visible (et décorative) faite de poutres croisées de bois, il s'agit d'un remplissage des vides intermédiaires par du torchis. La *bauge* réalise la même combinaison de matériaux. Dans tous ces cas, la présence d'argile contribue à la cohésion de l'ensemble.

Les grains prennent racine

Il est un cas où la nature réalise ce qui se fait dans les constructions : les racines stabilisent le sol et, dans le même temps, en absorbant l'eau de pluie, limitent les phénomènes d'érosion. Un exemple est celui des *oyats* plantés sur les dunes pour les stabiliser par des racines qui poussent verticalement, avec un système d'épais rhizomes qui s'étendent en surface, et par des tiges horizontales en

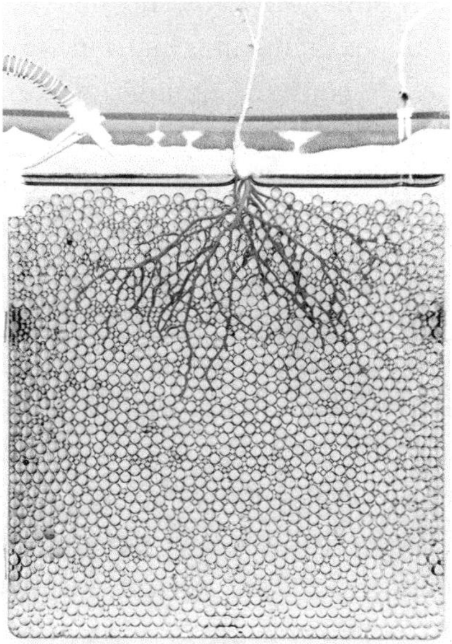

Figure 9-13. *Croissance de racines de pois chiche dans une couche mince de grains. Les racines s'insinuent entre les grains et doivent les déplacer ou les comprimer pour s'ancrer dans le sol.*

profondeur, les *stolons*. Il n'est pas dans notre propos de décrire la riche variété de tous ces systèmes, mais d'en suggérer la diversité et l'importance dans le dialogue avec les structures granulaires du sol et du sous-sol.

Le dialogue entre les milliers de mètres de racines que contient une surface d'un mètre carré de sol et qui peuvent s'étendre jusqu'à des dizaines de mètres en profondeur pour chercher l'eau, comme le *prosopis* des zones désertiques, est essentiel à la vie et à la tenue de la plante. Ce dialogue s'exprime en termes de rhizosphère, champ d'influence des micro-organismes, de l'eau et des minéraux du sol et sous-sol sur la croissance et la vie aérienne que nous connaissons bien mieux. Et pourtant, qu'il s'agisse de cette tenue de la plante et, en dessous, de celle des sols non saturés dans lesquels plongent les racines, les études couplant transferts de masse, d'énergie et mécanique du sol restent insuffisantes et peuvent bénéficier d'approches telles que celles que relate notre ouvrage.

La diversité des situations, comme dans d'autres domaines d'application des milieux granulaires, nous incite de nouveau à faire appel à un sol modèle constitué de billes de verre et d'un milieu nutritif pour les plantes, comme cela est réalisé dans la culture hors sol (figure 9-13). La graine posée va croître par sa racine et sa tige ; il est possible de suivre la croissance « souterraine » dans un conteneur transparent contenant des billes de verre. L'apex racinaire se développe en créant de nouvelles cellules et en allongeant des cellules anciennes. Si l'on remplace le verre par des grains *photoélastiques**, on peut voir l'effet des contraintes radiale et axiale qu'exerce la racine sur les grains dans sa croissance. Dans l'illustration modèle ci-dessus, la racine se développe vers la partie inférieure contenant une solution nutritive. Elle crée des contraintes sur les disques qui symbolisent les obstacles mécaniques et qui retardent, ou même bloquent, son développement.

Un paramètre supplémentaire est la cohésion géométrique : la forme même des racines tordues qui s'accrochent stabilisent les composants d'un sol, un peu comme le font des granulaires de forme non convexe et allongée. Dans cette symbiose, la plante et le sol sont solidaires pour une meilleure résistance mécanique.

Augmenter la compacité

L'eau joue un rôle ambivalent dans la solidité des constructions de terre : elle est responsable de la solidité d'un tas de sable… si on en fait un usage modéré ! Une façon de diminuer la teneur en eau d'un tas de grains est d'en diminuer la porosité, c'est-à-dire de laisser le moins de vide possible entre les grains. Dans une expérience modèle avec des billes, on constate (chapitre 3) que la compacité reste constante (de l'ordre de 60 à 64 %) si on utilise des billes de même diamètre de tailles différentes, mais qu'elle est plus élevée si on mélange des billes de diamètres différents. Cette simple remarque a conduit à utiliser des remplissages à échelles multiples. Le remplissage *apollonien* représentant un modèle théorique qui conduirait à une porosité nulle s'il était poussé jusqu'à des grains infiniment fins (figure 3-14). Dans l'utilisation des matériaux solides pour remplir les constructions d'architectures de terre, on recherchera la distribution de tailles la plus large possible. Nous verrons dans le chapitre suivant comment la décision, apparemment anodine, d'ajouter à un mélange de grains de tailles variées des très fines poudres de silice (déchets d'industrie) a joué un rôle révolutionnaire dans la création de bétons à hautes performances.

L'argile

Renforcer une structure par des fibres, diminuer sa porosité par un mélange de grains de tailles différentes et ajustées si possible, c'est bien, mais il ne faut pas oublier l'ingrédient essentiel dans ce partenariat de grains solidaires. Pour faire une solide construction de terre avec des particules de tailles très variables du sol, on a besoin des plus petites d'entre elles : l'*argile**.

Le silicium et l'aluminium sont omniprésents dans la croûte terrestre (on parle de la *couche Si-Al*). En combinaison avec d'autres éléments, métalliques en particulier, ils réalisent des édifices chimiques en plaquettes, l'argile. Celle-ci constitue la fraction de plus petite taille des roches sédimentaires et des sols, avec des tailles de grains de quelques micromètres. L'argile, dans les mythes fondateurs, donne naissance à l'homme (Adamah-Adam veut dire argile). Et pour les humains, il sera un recours constant de tout temps à travers les céramiques et les constructions de terre, tels les bétons d'argile pour des constructions dont la consistance et la solidité sont dues à une boue argileuse.

Chimie de l'argile

Un chimiste minéralogiste explique que l'argile est construite comme un Lego à partir de plans associant des tétraèdres et octaèdres construits autour des ions positifs tels que le silicium et l'aluminium entourés d'ions négatifs hydroxyde et oxygène et d'eau. Un feuillet est un empilement d'une dizaine de nanomètres d'épaisseur de deux ou trois plans chimiques. Des empilements de tels feuillets constituent des grains de quelques microns ressemblant à un livre fait de feuillets de papier bible. Au-delà de cette description très schématique, on rend compte de la diversité des structures suivant le nombre de couches élémentaires d'un feuillet, suivant que les charges dans les feuillets s'équilibrent comme dans le cas du kaolin, ou font appel à des ions extérieurs pour assurer la neutralité électrique. Ces dernières argiles pourront gonfler par resserrement des feuillets ou dégonfler suivant les conditions physico-chimiques ambiantes. Cette adsorption est catastrophique dans le cas de terrains en pente où l'absorption fluidise le sol argileux et est à l'origine de glissements de terrain. Au contraire, en période de sécheresse, le déficit en eau absorbée se manifeste par des réseaux de fissures dues à la rétraction de l'argile.

Faisons appel maintenant à un spécialiste de la matière en terre et de la boue, Henri Van Damme. Il met en avant la fonction de l'eau et sa contribution à la cohésion des milieux granulaires

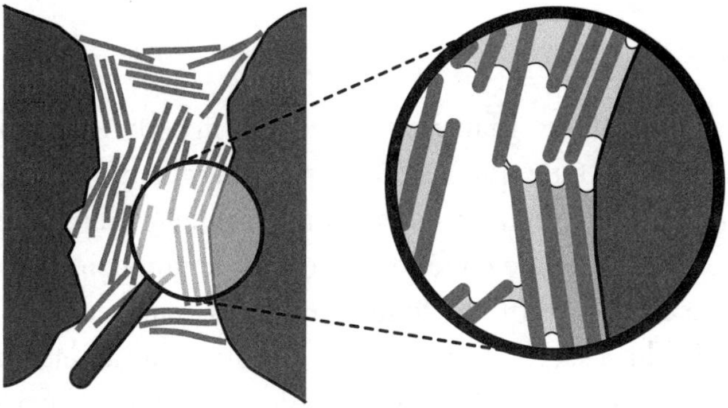

Figure 9-14. *Microstructure argileuse montrant les effets de capillarité au niveau des feuillets assurant la cohésion entre deux grains (d'après H. Van Damme).*

classiques. Nous savons que les effets capillaires sont d'autant plus importants que les échelles de taille sont plus petites. L'eau se loge dans les espaces entre les feuillets d'argile et, comme les séparations de couches sont plus faibles qu'entre des grains, l'attraction capillaire est plus forte. Le schéma 9-14 montre comment des effets capillaires se manifestent et assurent une cohésion beaucoup plus forte que pour un château de sable. Par ailleurs, l'eau est incluse dans l'argile, même dans le cas d'une atmosphère sèche : avec une teneur en eau de quelques pour cent dans le désert, elle existe sous forme condensée dans des canaux de quelques nanomètres. À cette échelle, l'argile reste humide de façon permanente et la cohésion est assurée. Le contenu d'une cannette est suffisant pour humidifier un mètre cube de terre ! À ces forces de cohésion, s'ajoutent des forces électriques dues à la présence des composants de l'argile sous forme ionique. Toute une gamme de comportements nouveaux en découle : par exemple, en variant le pH du milieu, on pourra modifier totalement le comportement rhéologique d'une suspension d'argile – d'une boue compacte à une solution concentrée de grains. C'est le triomphe de la capillarité et des petites échelles.

*
* *

Ce chapitre nous a fait rencontrer les effets de cohésion faible entre matériaux, telle que les grains peuvent glisser l'un sur l'autre et se séparer si le milieu est suffisamment sollicité. Nous allons nous intéresser à des effets de cohésion forte dans le prochain chapitre. La différence est ténue et il existe une continuité dans cette transition. L'exemple du « sable cinétique » que l'on peut acheter dans les boutiques de jeux en offre un exemple : une faible épaisseur de couche d'une huile silicone qui couvre les grains de silice assure la cohésion et remplace l'effet de la capillarité de l'eau. On n'a plus besoin d'aller sur la plage pour faire des pâtés ! La déformation aisée de ce matériau est un exemple de plasticité comme la pâte que manipule le potier.

CHAPITRE 10

Les grains collés

> « Alors la terre, comprimée par l'air de manière que l'eau ne peut la dissoudre, forme une pierre, la plus belle étant la pierre transparente formée de parties égales et homogènes, la plus laide celle qui a les qualités contraires. L'espèce qui, sous la rapide action du feu, a été dépouillée de toute son humidité et qui forme un corps plus cassant que la précédente est celle qu'on nomme terre à potier. »
>
> PLATON, *Timée*.

Du nougat, un cake aux olives, une barre de céréales... la cuisine offre de nombreux exemples où l'on mélange des grains avec différents liants pour obtenir des textures cohésives agréables aux gourmets. Les industries des matériaux de construction, de fabrication de pièces manufacturées, ou de pharmacie, manipulent elles aussi quotidiennement des grains collés. Il y a une multitude de façons de composer ces matériaux en jouant sur les proportions des trois phases : les grains, la matrice assurant la cohésion, et les vides remplis d'air. La figure 10-1 illustre quelques assemblages remarquables.

L'empilement de grains dont nous avons abondamment parlé est la première étape dans l'élaboration naturelle ou contrôlée de

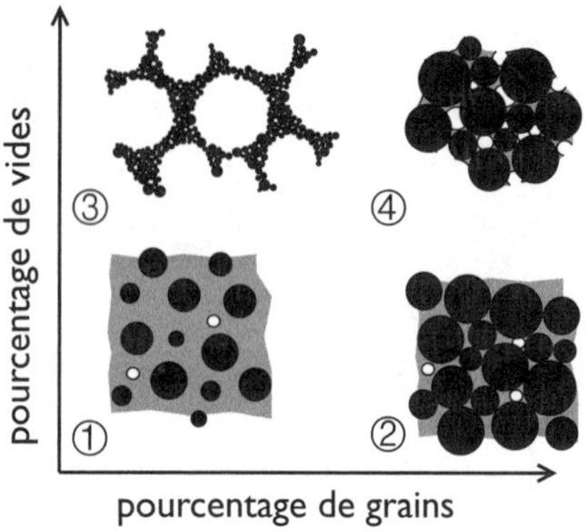

Figure 10-1. *Exemples de microstructures obtenues pour différentes quantités de matrice (grise), de grains (noirs) et de vides. (1) Composite constitué d'une matrice et de grains dilués, (2) Granulaire cimenté dans lequel les grains dans la matrice sont en contact, (3) Mousse granulaire formée d'un squelette de grains cimentés entourant de larges pores, (4) Granulaire cohésif dont la tenue mécanique de l'assemblage granulaire est due à la présence d'une adhésion localisée au niveau des contacts.*

matériaux dans lesquels des contacts permanents – des soudures – peuvent être établis entre les grains. Nous nous intéresserons dans ce chapitre à de tels matériaux, dits *consolidés**.

Une première façon de coller les grains entre eux consiste à remplir le milieu poreux par une résine polymérique suffisamment fluide, puis à l'éliminer le plus possible par drainage. Du liquide reste coincé au niveau des contacts entre grains par capillarité (les gouttes pendulaires du chapitre 9) tout en laissant des vides dans les espaces plus grands. Après polymérisation, cette colle solidarise les grains de façon permanente tout en laissant des vides entre eux. On a consolidé le milieu granulaire. Ce type de soudure s'observe dans les *roches sédimentaires** qui seront décrites plus loin : l'eau chargée en sels minéraux, qui circule entre les grains, laisse à la longue des dépôts solides qui soudent les grains en induisant parfois une réaction chimique au niveau des contacts.

Dans l'élaboration des *bétons* de ciment*, le milieu granulaire fait de sable et de grains de tailles variables est mélangé, en présence d'eau, avec une poudre réactive : par réaction avec l'eau, le ciment forme des cristaux qui font une soudure entre les grains ; c'est la *prise*. En fin de réaction, il subsiste toutefois une porosité résiduelle que l'on souhaite la plus faible possible. L'eau résiduelle ne joue plus aucun rôle et disparaît en partie avec le séchage. Les tests mécaniques d'un ouvrage en ciment se font d'ailleurs après une période d'attente de plusieurs semaines.

Enfin, un dernier procédé est le *frittage** dans lequel il n'y a aucun apport de matière externe.

Les matériaux frittés

Le frittage

Sans en être conscient, lorsque vous prenez une poignée de neige fraîche pour en faire une boule, vous faites du frittage. L'eau liquide qui existait entre les grains et qui devient solide ou encore la pression de vos mains qui mettent les grains en contact et les soudent assurent la cohérence ultérieure de la boule. Exemple futile ? Pas tant que cela car, dès le XIXe siècle, il fut l'objet de débats scientifiques auxquels participèrent Michael Faraday et Lord Kelvin pour comprendre les raisons de cette consolidation des grains. Utilisé dans l'élaboration contrôlée de très nombreux matériaux, le *frittage* consiste donc à transformer un ensemble de particules de poudre comprimées en un matériau cohérent, sous l'effet d'une élévation de température ou de pression. La température de frittage reste toujours bien inférieure à la température de fusion des grains. De tels matériaux obtenus à partir de grains soudés de façon permanente entre eux, quel que soit le type de liaison, sont dits *frittés**.

Le frittage réalise donc une soudure entre des grains initialement libres. Le déplacement de matière nécessaire pour cette soudure peut se faire dans le volume des grains ; mais cela se passe plus souvent en surface, où les atomes sont plus libres (figure 10-2a).

La mobilité en surface est fortement influencée par les effets de la tension superficielle décrits au chapitre précédent, en relation avec la loi de Laplace. Celle-ci exprime les effets de pressions qui résultent de la courbure des interfaces entre le solide et les vides. Dans un matériau en cours de frittage se rencontrent de forts effets de courbure : la zone entre deux grains forme un ménisque dont la concavité s'oppose à la convexité du grain (figure 10-2a). Les atomes migrent de la zone convexe vers la zone concave où ils sont mieux attachés. Dans le même temps, le cou qui se forme entre deux grains s'épaissit.

Ces atomes en surface peuvent aussi utiliser la « voie des airs ». À cause de l'effet de la courbure, la pression de la vapeur constituée d'atomes du solide est plus grande en face d'une zone convexe que d'une zone concave parce que, justement, les atomes du solide sont plus exposés à l'extérieur sur la surface de la zone convexe. Il y a donc mouvement d'atomes dans l'espace poreux qui, lui aussi, épaissit le cou entre deux grains et consolide l'ensemble de grains soudés. La photographie de la figure 10-2b montre de tels cous à un stade peu avancé de soudure.

Par la suite, les cous créés par le frittage s'épaississent, et l'on peut en observer plus fréquemment à l'intérieur d'une coupe. Des pores se ferment et la *porosité** diminue. La densification totale

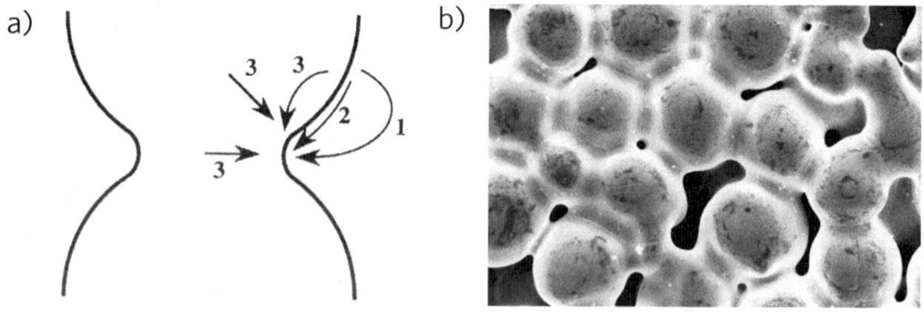

Figure 10-2. *a) Différents modes de transfert de matière de grains vers un cou de frittage en formation: (1) transport par vapeur, (2) diffusion en surface, (3) diffusion en volume. b) Observation au microscope de cous de frittage entre grains de cuivre.*

correspond au stade ultime où toute la porosité a été éliminée : on a un solide compact avec des défauts, résidus de l'histoire passée. Ce stade ultime pose évidemment la question de l'élimination de la vapeur contenue dans des pores fermés déjà totalement entourés de solide : on peut chercher à faire sortir le gaz résiduel par les défauts connectés entre eux en appliquant une très forte pression.

Caractériser un fritté

On peut aller plus loin que la simple observation de ces coupes. Une analyse quantitative d'une coupe permet de remonter à certaines caractéristiques en volume du matériau. C'est l'objet de la *stéréologie**, branche des mathématiques qui a obtenu ses lettres de noblesse des travaux d'Euler et de Monge, il y a plus de deux siècles. Les élèves de Polytechnique, formés par Gaspard Monge dès la fin

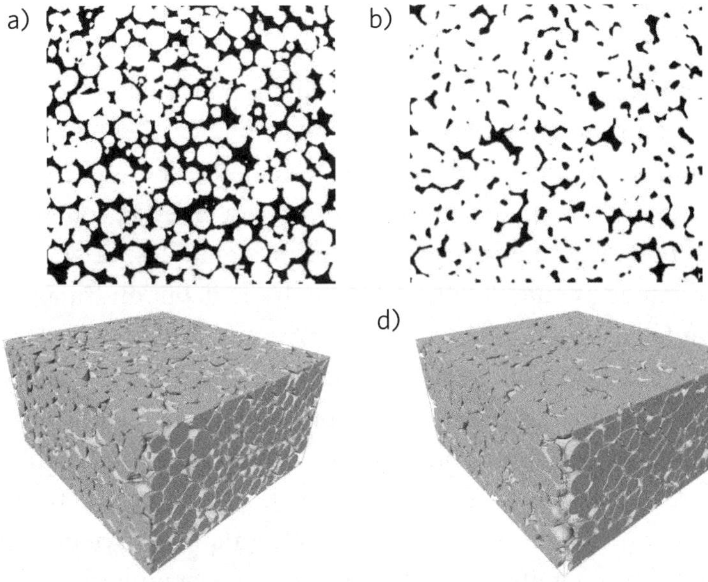

Figure 10-3. *a) Coupes avant et b) après frittage d'un assemblage de billes de cuivre. c et d) Reconstruction tomographique en 3 dimensions.*

du XVIIIe siècle, travaillaient sur des coupes de roches. Et cela a duré : la géométrie descriptive des épreuves de concours scientifiques est héritière de ce souci d'obtenir des images planes représentatives d'objets en volume. Nous examinerons dans le prochain paragraphe comment peuvent être ainsi obtenues des informations moyennes sur les frittés.

Si les coupes d'objets restent un moyen classique pour obtenir les propriétés volumiques moyennes d'un composite, le développement récent des méthodes de *tomographie** utilisées en médecine (IRM ; tomographie à rayons X) a eu comme conséquence leur utilisation par la communauté des spécialistes des matériaux (figure 10-3). Ces méthodes utilisent un ensemble d'images du matériau prises dans des directions différentes ; on peut, par un traitement numérique, reconstituer la structure tridimensionnelle de l'objet. On parle de la résolution de *problème inverse* qui permet de remonter d'images *directes*, formées à travers un échantillon, à son volume.

COMPACITÉ ET SURFACE SPÉCIFIQUE

Deux paramètres moyens sont essentiels pour caractériser la géométrie d'un milieu poreux.

• La *fraction volumique* des phases – solide et vide – en présence (la *compacité** du milieu, ou sa *porosité** qui en est le complémentaire). Pour un empilement de sphères identiques, la compacité du milieu augmente de 60 à 100 % entre le début du frittage et le fritté totalement densifié.

• La *surface spécifique** est l'aire par unité de volume de la zone d'interface entre ces deux phases. Pour un ensemble de sphères en contact, sa valeur est de l'ordre de l'inverse du rayon de ces sphères. Pour des grains de 1 micron, elle est de l'ordre de 1 000 mètres carrés par décimètre cube. Cette caractéristique intervient lorsque ce sont des propriétés en surface des milieux granulaires qui sont en jeu, comme lorsqu'un gaz est adsorbé dans un milieu poreux (comme avec le charbon actif ou des zéolites).

COURBURE ET GENRE

• Deux autres paramètres géométriques permettent de compléter la caractérisation moyenne d'un matériau fritté. La *courbure moyenne** est une moyenne des effets de courbure sur tout l'échantillon définie en relation avec la loi de Laplace (rencontrée au chapitre précédent). Aux faibles frittages, on a de très nombreux grains pratiquement isolés les uns des autres, et une grande courbure moyenne positive. Avec le frittage, le nombre d'objets diminue ; dans le même temps apparaissent de nombreuses zones concaves où se forment les cous, laissant entre elles des trous. Lorsque le frittage croît, les trous se referment et disparaissent pour donner, en fin de compte, un objet compact. La courbure est passée d'une valeur positive grande à une valeur nulle là où les effets de courbure des deux sens se compensent, puis à une valeur négative due aux nombreux trous, pour enfin s'annuler lorsque tous les trous se résorbent.

• Un quatrième paramètre, le *genre*, est une caractéristique *topologique* du milieu. Il permet de suivre comment les grains se connectent entre eux au cours du frittage. Pour un ensemble de quatre grains soudés formant un tétraèdre, le genre est trois : on peut couper trois liaisons entre grains en gardant le tout en un seul morceau. Dans une assemblée de grains, le genre est relié au nombre maximal de contacts que l'on peut supprimer sans déconnecter la structure.

Ces quatre paramètres peuvent être évalués à partir de coupes aléatoires d'un fritté comme sur la figure 10-3.

Préparer un fritté

Revenons à l'élaboration des matériaux frittés, qu'il s'agisse de l'effet de l'évolution même des milieux granulaires sous l'effet de la température et de la pression, ou d'un apport de matière extérieure – de colle – pour souder les grains. Ces divers modes de préparation se retrouvent historiquement sous des formes très variables et pour des matériaux très divers. Il y a déjà vingt-cinq siècles, nos ancêtres réalisaient des bijoux à partir de poudres de matériaux réfractaires sans avoir à les fondre en volume. Ils les plaçaient dans des moules représentant en négatif la forme à reproduire, avant de les porter à haute température dans un four. Une haute colonne de fer datant de trois cents ans avant notre ère, érigée à Delhi et conservée intacte jusqu'à nos jours, avait nécessité six tonnes de poudre de fer.

Lors de l'association de matériaux différents, ceux-ci peuvent former ou non des phases telles que des alliages. Si les points de fusion de ces deux phases sont assez différents, comme c'est le cas d'un mélange de cuivre et d'étain, le frittage se fait lorsqu'une seule des phases (l'étain) est à l'état fondu. Cela permet d'éliminer la porosité : par un double effet capillaire en cours d'opération, les grains solides (le cuivre) ont tendance à se rapprocher et, dans le même temps, l'étain liquide se faufilera dans les pores vides par capillarité.

Le matériau final ne sera de bonne qualité que si la mise en place des grains l'est aussi. Il faudra bien remplir en secouant, et éventuellement appliquer la pression. La pression peut être *uniaxiale**, c'est-à-dire appliquée entre les extrémités, supérieure et inférieure, d'un moule cylindrique vertical, ou *hydrostatique** en mettant la poudre dans un moule flexible et en soumettant tout le pourtour de l'enveloppe extérieure à une surpression de liquide ou de gaz. On applique des pressions allant jusqu'à dix mille fois la pression atmosphérique : l'utilisation d'un adjuvant peut permettre de limiter la friction et d'obtenir le même compactage à des pressions plus faibles. Le matériau obtenu, dur mais fragile, subit dans cette phase de compactage, ou ultérieurement, le traitement thermique. Mentionnons un procédé original – la coulée en *barbotine* – utilisé pour les céramiques : on place la poudre dans un liquide, et l'on ajuste les conditions physico-chimiques (le pH, des adjuvants) pour que le mélange pâteux reste fluide. On fait couler ce mélange dans un moule poreux qui absorbe le solvant. C'est un matériau séché qu'on va démouler puis cuire, rendant le moule disponible pour une nouvelle utilisation.

À côté d'applications classiques en métallurgie, le frittage est aujourd'hui à la base de la réalisation de matériaux de haute technologie, mais aussi de l'élaboration de matériaux du quotidien tels couteaux ou comprimés pharmaceutiques. C'est ce qui a pu faire dire que les solides divisés seront une des grandes formes industrielles de la matière dans la technologie de demain.

Des frittés poreux

Pour obtenir une forte porosité, il faut un faible frittage. La perméabilité, qui sera examinée au prochain chapitre, dépend fortement de la valeur de la porosité. Comme on a pu le voir précédemment, un matériau granulaire peut être collé avec très peu de liant. Dans le cas des milieux humides, si les grains sont en contact la quantité d'eau n'influence pas trop ce collage. Il est donc possible de réaliser des milieux frittés avec un grand pourcentage de vides entre les grains, mais avec une résistance mécanique faible.

Dans un échangeur thermique en cuivre, on recherche une grande *perméabilité** et une grande surface de contact entre un fluide qui circule entre les pores et échange de la chaleur avec un poreux. Une application de ce type de matériau est la réalisation de coussinets utilisés dans des contacts avec des objets en mouvement, par exemple comme bagues pour des axes en rotation : Un palier en bronze fritté possédant une porosité de plus de 20 % sera rempli à chaud, une fois pour toutes, par une huile visqueuse utilisée comme lubrifiant. Le frottement dynamique en cours de fonctionnement échauffe le palier, et l'huile devient plus fluide en formant un film sur l'axe métallique, ce qui réduit la friction ; à l'arrêt, après refroidissement, l'huile réintègre les pores. Un second exemple d'application est la fabrication de prothèses en poudre de titane fritté. En augmentant la quantité de vide, on diminue le module d'élasticité, se rapprochant ainsi de celui de l'os humain, et l'on favorise les interactions avec les tissus vivants qui colonisent l'espace des pores, distribuant les efforts de façon plus homogène entre la prothèse et le tissu biologique.

À la différence des empilements de grains non consolidés, le contact est défini une fois pour toutes. En particulier, le nombre de contacts entre grains ne dépend pas de la pression ; les rotations locales des grains les uns par rapport aux autres sont limitées par des forces de rappel élastiques qui mettent en jeu le matériau consolidant les grains. L'élasticité du fritté ressemble à celle d'une grille métallique dont on aurait coupé les liens au hasard, ce qui conduit à un modèle de *percolation vectorielle,* évoquée au chapitre 6.

Les céramiques

La poterie est un des plus anciens témoignages du travail de l'homme. Elle peut être considérée comme une forme de frittage. Le sujet est tellement riche que nous nous limiterons à quelques remarques. L'observation d'un sol argileux qui se solidifie en séchant a sans doute inspiré les premiers artisans. Le mot céramique vient d'ailleurs du mot grec *keramos,* la « terre à potier », ou « argile ». Cette *argile** est l'élément clé de ces sols issus de la chimie minérale où il est associé avec d'autres minéraux. Sa consistance, élément critique de ce qu'on appelle la *matière molle**, dépend de la teneur en eau ainsi que de sa nature. Pour faire une pâte de consistance suffisante, l'artisan contemporain fait le même geste que son ancêtre. Nous avions vu au chapitre 9 les divers types de comportements d'une pâte faite de terre et d'eau tenue entre les mains pour en faire un boudin. Le potier recherche une phase *plastique** qu'il pourra travailler et mettre en forme, comme avec de la pâte à modeler. La qualité du produit final dépendra de la teneur et la nature de l'argile et de la température de cuisson. Il sera aussi nécessaire d'éliminer les poches d'air résiduelles qui peuvent aussi causer des dégradations en cours de chauffage. Pour assurer la cohésion et éviter que cette argile ne se fissure en cours de cuisson, l'addition de grains (sable, coquillages, déchets...) participe au frittage et améliore la cohésion.

La terre cuite, connue depuis l'Antiquité, est obtenue dans des fours à moins de 1 000 degrés. Elle reste perméable, mais on connaît depuis longtemps la technique de glaçage qui consiste à déposer dans une seconde cuisson une couche continue d'une suspension de pigments en surface. Une augmentation de la température conduit à une fusion de l'argile qui donne des céramiques plus résistantes. Inventée par les Chinois il y a deux mille ans, et copiée seulement en France au XVIIIe siècle, la porcelaine transparente utilise le kaolin qu'on mélange à du quartz et du feldspath ; ce dernier composé permet en particulier d'abaisser la température pour la fusion. De nombreuses céramiques ont été produites depuis. Il faut toutefois souligner l'intérêt industriel considérable aujourd'hui de céramiques qui résultent du frittage de matériaux réfractaires.

L'impression en 3 dimensions par frittage

Jusqu'à récemment, le frittage se faisait dans des moules ou matrices préalablement remplis de poudre. Mais il existe des procédés plus modernes, dits « additifs », qui permettent de réaliser des objets en volume à partir de ces poudres ou de tiges ou de fibres. Contrairement aux méthodes classiques d'usinage qui retirent de la matière et produisent des déchets sous forme de copeaux, ces procédés consistent à réaliser la pièce par apport progressif de matière. Le principe consiste à coller par couches successives des grains à l'aide d'une source d'énergie localisée. Par exemple, le frittage par laser se fait dans une enceinte chauffée dans laquelle une poudre métallique est étalée sur un plateau. Un faisceau laser infrarouge élève localement la température et met en fusion la surface des grains, qui se collent entre eux par capillarité et se solidifient en refroidissant. L'opération est répétée couche par couche jusqu'à la réalisation de la pièce qu'on extraira de la poudre en fin d'opération. Outre la simplicité d'obtention de pièces mécaniques complexes, un avantage de ces méthodes est la possibilité de réaliser des matériaux constitués de plusieurs poudres. Pour cela, la pièce mécanique est réalisée en couches successives mais avec des dosages variables des composants. De cette façon, on peut obtenir des « alliages » avec une transition continue d'un composé à un autre. Cela est particulièrement intéressant lorsque l'on veut améliorer les propriétés thermodynamiques ou limiter les interfaces entre des métaux difficiles à associer à cause de l'impossibilité de les souder, ou parce qu'ils ont des coefficients de dilatation très différents et qu'ils sont soumis à des variations de température.

Une technique très similaire a été mise en œuvre par Markus Kayser du MIT pour proposer une imprimante en 3 dimensions appelée Solar Sinter (« frittage solaire »), qui fonctionne à l'énergie solaire. Dans le désert, il a pu fabriquer des objets de sable cimenté uniquement avec les ressources disponibles sur place. À plus long terme, ce type de procédé ouvre des perspectives très intéressantes pour l'exploitation du sable des déserts, et pourquoi pas dans des planètes privées d'eau liquide.

Le béton

Le béton est un exemple de milieu consolidé avec un apport extérieur de matière pour assurer une cohésion entre grains.

Coller les grains entre eux

Plâtre, chaux ou ciment sont des ingrédients classiques de construction utilisés comme *liants* entre des grains solides de tailles très variées. Les sels minéraux qui constituent ces phases forment en présence d'eau des hydrates cristallins solides qui jouent le rôle d'une colle. Nous nous limiterons au cas des bétons obtenus en mélangeant des granulats qui n'ont aucune fonction réactive et des agents de liaison : les classiques *liants hydrauliques* se font par réaction avec l'eau, mais peuvent aussi se faire sous l'eau, comme sous une pile d'un pont. De fait, le mot béton a une signification plus générale : on parle de *béton bitumineux* quand on utilise un liant hydrocarboné et de *bétons de terre* lorsque l'argile solidarise les grains solides comme nous l'avons évoqué dans le cas des constructions de terre au chapitre 9.

Une longue histoire interrompue

L'invention des bétons n'est pas récente, mais elle a connu des hauts et des bas. Le Panthéon de Rome, avec sa coupole de 18 mètres de diamètre, a passé l'épreuve du temps. La recette : un mélange de chaux et de silicates, et une charge de sables pouzzolanes particulièrement légers des volcans voisins. On associe à cette période romaine le nom de l'architecte Vitruve. Son traité *De architectura*, dédié à l'empereur Auguste, faisait le point ; il stimula de nombreuses réalisations dans les siècles suivants comme la voûte de Sainte-Sophie à Istanbul. Puis vient une longue période d'oubli où le bois et la pierre se substituent aux mélanges de minéraux réactifs dans la construction des grands édifices. Il faut attendre le début du XIXe siècle avec les travaux pionniers de Louis Vicat et, plus tard, avec la compréhension par Le Châtelier des réactions chimiques qui interviennent lors de la prise entre les grains, pour que revienne en force le béton tel qu'on le connaît avec des mélanges de chaux, silice et alumine, obtenues à partir de matières premières abondantes sur Terre mais qu'il faut d'abord traiter par la chaleur.

Les nouvelles performances des bétons

La recherche pour obtenir de meilleurs bétons mobilise des spécialistes des matériaux granulaires et du génie civil, avec des implications pratiques considérables. De fait, on parle *des* bétons plutôt que *du* béton. Une exposition au Musée des arts et métiers – *Bétons : étonnez-vous !* – a mis en valeur la large gamme de produits et d'applications de ce matériau étonnant. Les bétons et les mortiers classiques contiennent des grains de tailles différentes : sables, graves, gravillons, ballasts. Le béton accueille aussi des résidus dont on ne sait que faire, comme des débris de poterie ou des poudres, si toutefois il n'y a pas de risque de pollution par le lessivage (ou lixiviation) dû à la circulation de l'eau dans le béton. Un béton de bonne granulométrie contient à la fois des grains fins, moyens et gros (figure 10-4) ; les mélanges trop homogènes de sables très fins, ceux de dunes par exemple, entraîneraient une mauvaise résistance du béton. De fait, on aimerait se rapprocher d'un *empilement apollonien** vu au chapitre 3, dont la porosité tomberait à zéro si on pouvait aller jusqu'à des grains infiniment petits.

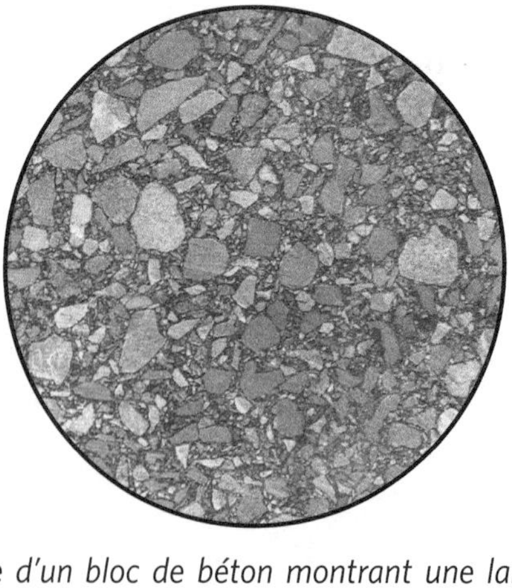

Figure 10-4. *Coupe d'un bloc de béton montrant une large distribution de tailles de grains anguleux.*

Les bétons modernes ont dû leur réussite un peu accidentelle à l'intégration de poudres de silice de quelques microns, déchets de préparations métallurgiques industrielles dont il fallait bien se débarrasser. De déchet, ces poudres sont devenues un produit commercial ! Ces poudres fines permettent en effet de remplir les plus petits pores entre les grains de matière. La *porosité** du matériau, c'est-à-dire la teneur en eau résiduelle après séchage, diminue jusqu'à quelques pour cent. Les vides constituant des zones de fragilité pour un poreux, la résistance mécanique augmente. Quelques chiffres : le ciment ordinaire permet de réaliser des bétons qui vont pouvoir supporter une charge de 20 MPa (un MPa correspond à une charge de 100 tonnes par mètre carré). À l'autre extrême, les *bétons à hautes performances* peuvent avoir des résistances en compression vingt fois plus fortes. Dans le même temps, ils ont une résistance à la traction comparable à la valeur en compression des ciments ordinaires alors que les bétons ordinaires ne résistent pas beaucoup à la traction comme c'est aussi le cas pour un milieu poreux. Le viaduc de Millau, ou le nouveau musée MuCEM à Marseille avec ses élégants murs externes en résille construit par un architecte fameux du béton, Rudi Ricciotti, sont de spectaculaires exemples de l'utilisation de ce matériau performant. La passerelle à peine courbée de plus de 100 mètres qui relie le Musée au fort Saint-Jean sur le Vieux Port, a un tablier qui ne mesure que quelques centimètres d'épaisseur grâce à ces nouveaux bétons et à l'incorporation de fibres en volume, à des coûts inférieurs à une passerelle métallique et un impact écologique positif par l'utilisation de matériaux plus disponibles et moins chers. Nous avons parlé de haute performance et pas simplement de haute résistance. Car, grâce à l'adjonction d'adjuvants polymériques, ils restent très fluides lors de leur mise en place. Ainsi, on a pu monter le béton sous forme fluide en canalisation jusqu'en haut de l'Arche de la Défense. Enfin, grâce à leur porosité réduite et à une faible quantité d'eau résiduelle dans les pores, le béton est moins sensible aux effets de la dégradation chimique qui affecte sa durabilité.

Le ciment

Les performances mécaniques du béton dépendent de celles du ciment. Le ciment classique sous sa forme anhydre est une poudre fine qui résulte de la cuisson d'un mélange d'argiles et de calcaire. Les silicates de calcium hydratés sont les principaux hydrates produits lorsque de l'eau est ajoutée à la poudre de ciment. L'hydratation est un processus de dissolution-précipitation qui conduit au durcissement progressif de la pâte de ciment sur quelques heures à quelques jours. Après la prise, le milieu est constitué de particules allongées de quelques nanomètres de diamètre, de pores et d'eau (figure 10-5). Chaque particule est structurée en feuillets constitués d'une double couche octaédrique calcique comprise entre deux couches de tétraèdres de silice. L'eau fait partie de cette structure et participe à sa rigidité par des liaisons entre feuillets. La cohésion du ciment est due à la fois à la cohé-

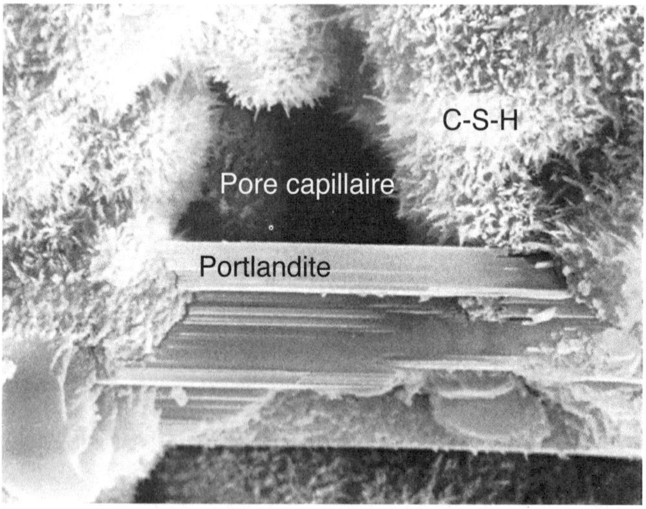

Figure 10-5. *Structure interne du ciment constitué de petites particules de silicate de carbone hydraté (CSH) allongées et enchevêtrées. Elles exercent une soudure entre les grains d'un béton. La portlandite sert essentiellement à remplir l'espace.*

sion interne entre les feuillets et à celle entre les particules du ciment hydraté. On peut donc représenter le ciment durci comme un matériau *nanogranulaire.*

Les milieux consolidés naturels

Les roches sédimentaires

Sans aucun doute, c'est dans les roches sédimentaires que l'on rencontre le plus grand nombre d'exemples de matériaux granulaires cohésifs. Sous l'effet du temps et des conditions extrêmes de température et de pression rencontrées dans le sous-sol, les couches de sédiments accumulés recouvrent environ 50 % de la surface de la France. Les couches déposées successives très visibles sur des faces rocheuses rendent compte de l'histoire de ces dépôts ainsi que des déformations successives qu'ils ont subies au cours du temps. Nous nous limiterons à citer un seul exemple : le *grès**. Ces grains de quartz se reconnaissent aisément sous un microscope ; en grattant, on peut les extraire un à un. Les grès poreux sont souvent des réservoirs de pétrole, et la connaissance de la géométrie des pores est nécessaire pour optimiser la récupération, ainsi que nous le verrons au chapitre suivant.

Agents bactériens

Les bétons ne sont pas l'apanage des humains. *Sporosarcina pasteurii* est une petite bactérie qui intéresse depuis une dizaine d'années les chercheurs. En dégradant l'urée, elle crée un précipité de carbonate de calcium qui cimente entre eux des grains de sable, transformant les sols en véritables roches pouvant être dures comme du grès. Un intérêt majeur de ce procédé est son impact énergétique inégalable. En outre, ces bactéries sont naturellement présentes dans le sol et ne posent pas de problème pour l'environnement, alors que les produits classiquement utilisés pour le renforcement des sols, telles les résines époxy, peuvent être très toxiques. Les applications potentielles sont nombreuses : cicatrisation de fissures dans les monuments anciens, stabilisation de terrains en pente ou de sols sensibles à la liquéfaction et qui peuvent devenir particulièrement instables en cas de séismes... Certains architectes ont même imaginé d'utiliser ces bactéries pour construire directement dans le sable du désert ! Le principe, un peu fou, consisterait, à la manière des imprimantes en 3 dimensions, à les injecter sous le sable à des positions précises, au moyen de petits forages. Une fois le sol transformé en roche, il serait possible de retirer le sable et de révéler la construction.

Le monde animal et végétal utilise aussi des matériaux à la structure très proche de nos bétons. Bâtisseurs de cathédrales de terre, les termites *Macrotermes bellicosus* sont passés maîtres dans la formulation d'un ciment organique élaboré à partir de déjections et de sucres non dégradés. Il faut un matériau performant et facile à mettre en œuvre pour construire ces termitières de plusieurs mètres de hauteur avec une architecture complexe prenant en compte l'exposition aux vents dominants, aux pluies et au soleil... Mélangé à des particules de sol, le liant qu'ils utilisent intéresse les chercheurs par ses propriétés. Bien que moins résistant que nos bétons modernes, son élaboration à partir de résidus végétaux a l'avantage d'être biodégradable, et peut être produite à température ambiante, impliquant une faible consommation d'énergie.

Le blé

Les réserves de céréales sont constituées majoritairement de granules d'amidon plus ou moins sphériques collés entre eux par un assemblage de protéines appelé *gluten* (du mot *glue*). N'est-ce pas là un véritable béton biologique très résistant ! Essayez de prendre un grain de maïs à pop-corn et de le casser avec vos doigts ; même

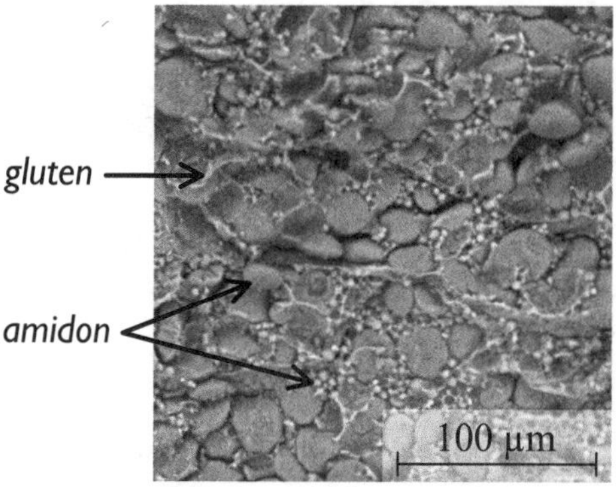

Figure 10-6. « Béton biologique » : albumen de blé vu au microscope à balayage électronique constitué de petits et gros granules d'amidon et d'un filet de protéines appelé gluten.

en l'écrasant entre les dents, il est très difficile d'en venir à bout ! On abordera un peu plus loin la mécanique de la fragmentation et de l'extraction de ces farines, semoules, polentas, boulgours... universellement utilisées pour l'alimentation humaine et animale.

Mécanique des composites granulaires

Dans tous les exemples de matériaux granulaires collés que nous avons abordés dans ce chapitre, la qualité de collage entre grains est contrôlée par la quantité de la matrice (dépôt, ciment, gluten...), mais aussi par la façon dont cette matrice adhère aux grains. Ces paramètres influent sur les *modules élastiques** du matériau et sur son seuil de *rupture**. Nous donnons ici quelques éléments de la mécanique de ces milieux hétérogènes.

Types de rupture

Pour comprendre ces effets, des expériences ont été réalisées à l'université de Montpellier. Des billes d'argile expansée sont utilisées

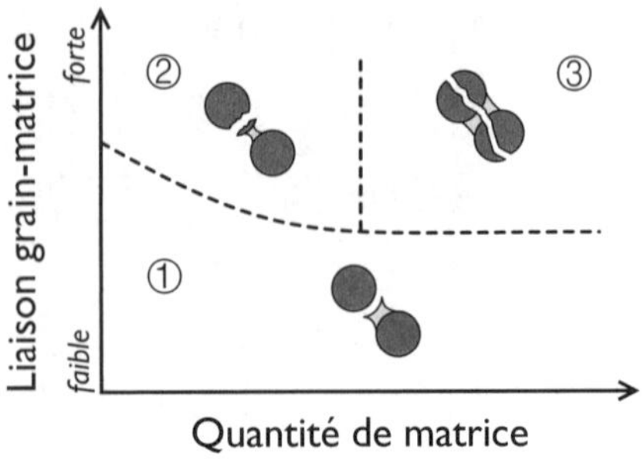

Figure 10-7. *Carte des 3 types de rupture en fonction de la quantité de matrice cimentaire et de la qualité de la liaison grain-matrice.*

comme granulat, et de la colle à carrelage fait office de ciment. Des revêtements en silicone sont appliqués sur les grains de manière à altérer la résistance à la rupture de l'interface entre grain et matrice. On observe différents types de rupture en fonction de la quantité de matrice et de la qualité de la liaison grain-matrice. Pour des liaisons de mauvaise qualité, les fissures se propagent à l'interface (figure 10-7, type 1) et contournent les grains sans les endommager, ce qui se passe quand on casse une tablette de chocolat aux noisettes ! Le matériau est *friable* quelle que soit la quantité de matrice si le volume est bien rempli par les grains. Par contre, si la fraction volumique des grains est faible par rapport à celle de la matrice, la résistance mécanique dépend plus fortement des propriétés mécaniques de cette dernière que de celles des interfaces.

Si l'adhérence grains/matrice est bonne, alors deux régimes de rupture apparaissent suivant la quantité de matrice cimentaire. Si celle-ci est présente sous forme de ponts de faible extension entre grains, on constate des arrachements localisés (type 2) en surface de grains. Pour des quantités allant du seuil de percolation de la matrice jusqu'à la saturation de tout l'espace entre grains, les fissures ont tendance à traverser les grains si ceux-ci ne sont pas beaucoup plus résistants que la matrice (type 3).

Le broyage

Ces idées peuvent être appliquées au broyage du blé. Il existe plusieurs milliers de variétés de blé, chacune avec ses spécificités, avec sa propre génétique. À cela s'ajoute la variabilité importante qu'imposent les conditions environnementales à la plante. Un sol riche ou appauvri, trop de pluie ou trop de sécheresse, et la composition des grains varie, changeant de façon non négligeable leur résistance mécanique. Pour comprendre cette variabilité, il faut revenir à la résistance d'un grain et se placer à l'échelle de la microstructure de l'assemblage entre gluten et granules d'amidon.

La *microscopie à force atomique* (AFM)* a été utilisée récemment pour évaluer les résistances du gluten, de l'amidon et de leur interface. Si les contraintes sont fortes dans une zone faiblement résistante, par exemple au voisinage d'un pore ou d'un défaut, on est peut-être en présence d'un « maillon faible » d'où peut s'initier une rupture. Cette faiblesse apparaît souvent aux niveaux d'interfaces entre constituants. Comme dans le cas des expériences modèles plus haut, l'adhérence granule-gluten joue un rôle majeur sur la résistance globale du grain de blé. Il a été montré que certaines protéines, les puroindolines, fragilisent cette interface en réduisant l'adhésion de surface. Pour cartographier les facteurs qui influencent la qualité de la mouture, on représente le nombre de granules endommagés suivant deux axes : un axe pour le pourcentage de gluten remplissant l'espace entre les granules, et un axe pour le taux de puroindoline fragilisant les interfaces. Les trois régimes de rupture présentés (figure 10-7) sont aussi mis en évidence dans l'albumen de blé.

Mais cette faiblesse peut aussi se trouver au niveau des constituants. Le gluten est un filet de polymères intriqués qui, avant de casser, peut beaucoup se déformer sans trop opposer de résistance. Les granules d'amidon, au contraire, ont une structure en sandwich alternant des couches cristallisées et amorphes. Cette structure peut supporter des contraintes importantes, mais pas de grandes déformations. Lors du procédé de mouture, il est fréquent que les granules d'amidon (surtout les plus gros) s'endommagent. Le taux d'amidon endommagé a une grande influence dans la fabrication des pains, biscuits, nouilles ou galettes. Une des raisons principales est qu'un amidon endommagé absorbe plusieurs fois sa masse en eau alors que, s'il reste intact, il en absorbera moins de la moitié. Dans le cas de la panification, si un peu d'amidon endommagé est nécessaire pour augmenter le pouvoir absorbant de la pâte, trop d'endommagement conduit à une pâte collante qui se relâche et devient difficile à travailler.

Transmission des contraintes

Dans les composites granulaires qui contiennent une fraction volumique élevée de grains, les forces sont transmises à travers la matrice ainsi qu'à travers les contacts entre grains. Cette transmission de grain en grain est similaire aux *chaînes de force* que nous avons déjà à plusieurs reprises évoquées dans ce livre. La figure 10-8 montre deux exemples de chaînes de force pour deux cas différents. Dans le premier cas, le volume de la matrice est faible, et les forces sont plutôt portées par les contacts entre grains : on observe de longues chaînes de force comme dans les milieux granulaires non cimentés. Dans le deuxième cas, la matrice remplit tout l'espace entre grains et porte aussi une partie importante des contraintes appliquées sur le système. Pour cette raison, les forces entre grains sont moins fortes et on n'observe plus les longues chaînes de force.

Ce rôle des chaînes de force pour la concentration des contraintes dans les composites est moins connu que l'effet des pores. En effet, on sait que dans un milieu poreux ou fissuré, les contraintes se concentrent autour des pores et des fissures. Un matériau soumis à des forces extérieures en cisaillement ou en traction commence à céder en se fracturant à partir de ces zones de forte concentration

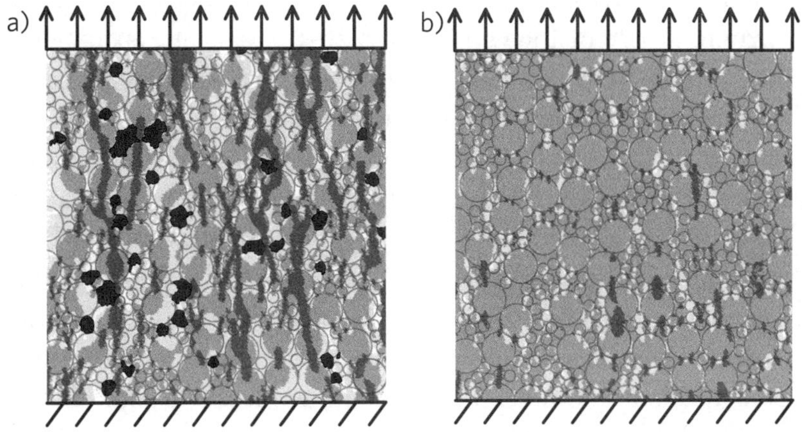

Figure 10-8. *Étude numérique de contraintes en traction (les niveaux de gris indiquant l'intensité des contraintes) dans un composite granulaire avec des pores (en noir). Les pores qui existaient dans la simulation a) ont été bouchés dans b) où l'on remarque que les contraintes se répartissent alors de façon plus homogène dans le milieu.*

des contraintes. Dans un composite, la concentration des contraintes entre grains sous forme de chaînes de force peut jouer le même rôle et favoriser la rupture du matériau. On voit donc que la matrice joue deux rôles distincts : 1) comme une glu pour coller des particules et 2) en remplissant l'espace entre grains, ce qui permet le report partiel de la charge mécanique du squelette granulaire vers la matrice. Celle-ci contribue ainsi à réduire l'hétérogénéité des contraintes et à augmenter la résistance mécanique du matériau.

*

* *

Dans ce chapitre, nous avons vu des exemples de matériaux composites qui incorporent des grains, et de milieux granulaires *consolidés** par apport de matière entre les grains. Les mécanismes physiques qui contrôlent la résistance de ces matériaux sont complexes et continuent à faire l'objet d'études expérimentales et de modélisations. La fraction volumique de la matrice et l'adhésion des grains à cette matrice sont importants, mais d'autres paramètres peuvent également intervenir. Par exemple, la répartition des grains dans l'espace et le degré de désordre peuvent modifier la résistance mécanique. Suivant cette distribution, les distances entre grains peuvent être plus ou moins grandes et permettre ou non que des chaînes de force se forment ou percolent au sein du milieu. Il est connu que la présence des grains rigides au sein d'un milieu continu augmente la résistance mécanique par rapport au même milieu sans grains incorporés : les grains peuvent en effet arrêter la propagation des fissures ou les obliger à les contourner, ce qui a pour effet de rendre la propagation des fissures plus coûteuse en énergie. Un contrôle de la répartition spatiale des grains consolidés peut donc permettre de fabriquer des matériaux aux propriétés nouvelles.

CHAPITRE 11

Les fluides dans les granulaires

Le fluide présent entre les particules d'un milieu granulaire est resté bien calme jusqu'à présent : il se reposait coincé entre des grains du château de sable et se déplaçait un peu lorsqu'il s'agissait de modifier la compacité du milieu solide ; à lui de s'écouler maintenant ! Prenant le parti des grains, nous allons observer comment un fluide circule dans un milieu poreux qu'il modifiera éventuellement au cours de son écoulement. Dans le chapitre final, nous prendrons une démarche complémentaire : comment un ensemble de particules est-il entraîné par un fluide en mouvement. Nous prendrons successivement l'un puis l'autre point de vue. Mais, naturellement, ces deux descriptions se recoupent pour un milieu où fluide et grains sont en mouvement.

L'écoulement d'un fluide à travers les pores d'un milieu granulaire est un chapitre essentiel de l'étude de ces milieux. Le nom d'Henry Darcy y est associé durablement. Ingénieur des Ponts, responsable de l'alimentation en eau de la ville de Dijon, son travail technique a fait de cette ville la première en France à avoir l'eau courante dans tous ses immeubles dès 1850. Il s'intéresse pour cela à la circulation de l'eau dans les sols à partir des cours d'eau avoisinants. Et, dans le même temps, il établit la loi fondamentale de la perméabilité des milieux poreux, dite loi de Darcy.

Les poreux ne se limitent pas aux seuls canaux d'un milieu granulaire. Il existe une très riche variété de structures poreuses. Un spéléologue parcourant grottes et siphons pourrait vous raconter tout le travail effectué par la circulation de l'eau dans des structures poreuses ou fissurées des roches. Pour éviter un effet catalogue de l'ensemble des types de milieux poreux, nous aurons recours au sac de billes comme système modèle.

La matière en grains est pleine de vides

Nous ne réalisons pas qu'une dune de sable puisse être un réservoir d'eau. Et pourtant, elle pourrait contenir jusqu'à 30 % de son volume en eau. La *porosité** Φ, ou fraction de vide d'un volume rempli de grains, est le complément à l'unité de la *compacité** C, $\Phi = 1 - C$. Ayant dit cela, nous ne sommes guère plus renseignés sur la géométrie tortueuse et labyrinthique que va suivre un fluide ou une particule circulant dans l'espace des pores, encore moins sur les propriétés qui lui sont attachées. Elles dépendent aussi des propriétés statiques et d'écoulement des fluides qui le pénètrent. Nous distinguerons les *milieux saturés** dans lesquels une seule

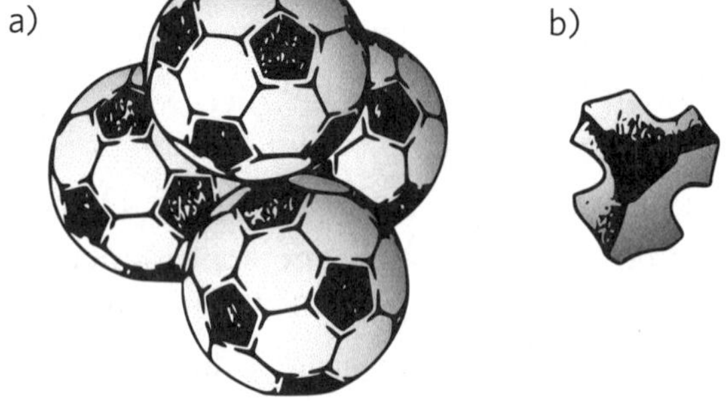

Figure 11-1. *a) Le tétraèdre est la structure élémentaire d'un empilement de sphères. b) Moulage de l'espace des pores à la même échelle.*

phase fluide est présente : c'est le cas d'une *nappe phréatique* d'un sol qui est totalement rempli d'eau. En revanche, aux profondeurs moins grandes, le sol contient un mélange d'eau et d'air, ce qui définit un milieu *partiellement saturé* dans lequel des effets d'interfaces air-eau sont importants.

Au lieu de nous intéresser aux sphères d'un empilement modèle, nous allons parler de son complémentaire : le moulage de la figure 11-1b représente l'espace vide entre quatre ballons de football formant un tétraèdre. On peut se représenter schématiquement le réseau d'écoulement par une zone centrale sphérique reliée aux pores voisins par des tubes de plus faible diamètre, soit un ensemble de tubes cylindriques connectés entre eux par des poches. La plus grande partie du volume poreux est comprise dans les poches, mais les propriétés de transport de fluide sont largement contrôlées par ce qui se passe dans les tubes étroits. Il s'agit toutefois d'une représentation grossière.

Comme pour l'étude des frittés, on peut caractériser la géométrie des pores à partir de coupes. Un système modèle souvent utilisé consiste en des billes de verre que l'on a frittées en ajustant la température et le temps de frittage. Pour des faibles taux de frittage, la porosité est voisine de celle d'un empilement non consolidé

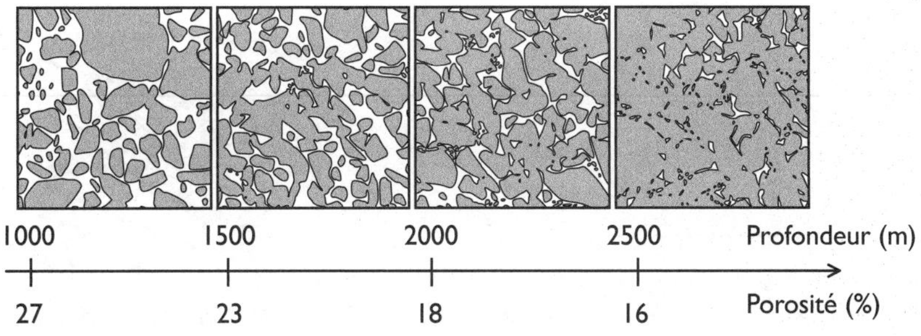

Figure 11-2. *Visualisation d'une section de l'espace des pores d'un grès de Massillon prélevé à différentes profondeurs. L'effet de la pression des couches supérieures (pression lithostatique) conduit à une diminution de la taille des pores entre grains sans modifier notablement la taille des grains eux-mêmes. En profondeur, une bonne partie des pores ne communiquent plus entre eux.*

(30 %). Elle diminue considérablement avec le frittage jusqu'à boucher une majorité des pores. Il n'existe plus de chemin continu pour des fluides à une porosité inférieure à 10 %. Un second exemple est celui d'un *grès** réel avec des prélèvements à des profondeurs croissantes (figure 11-2). Le frittage est cette fois-ci dû à l'effet de la pression due aux couches supérieures. En même temps que la taille des pores diminue avec la profondeur, le chemin entre les pores devient plus tortueux.

La perméabilité

Il est temps de nous intéresser aux écoulements dans le milieu poreux. On confond souvent les termes perméable et poreux. Les deux ont cependant un sens bien différent : la *porosité** est la fraction volumique de l'espace vide ; la *perméabilité** est l'aptitude d'un fluide à circuler à travers un poreux sous l'effet d'une différence de pression, tout comme la conductivité électrique décrit celle de charges électriques à se déplacer dans un milieu conducteur sous l'effet d'une différence de potentiel. Par exemple, un gruyère à gros trous est très poreux, mais ses trous ne sont pas connectés entre eux : le milieu est

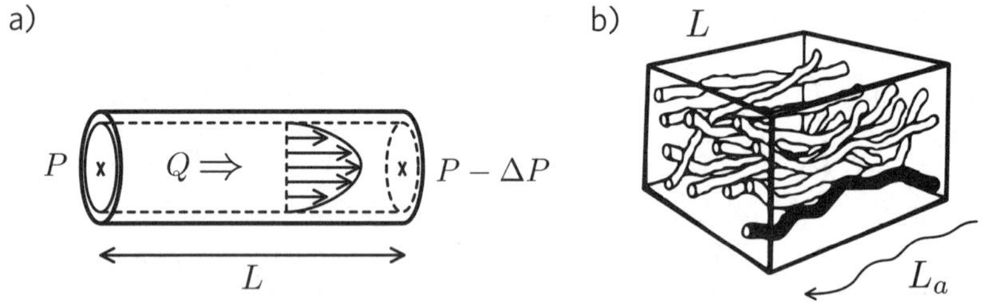

Figure 11-3. *a) Écoulement laminaire*, dit de Poiseuille, d'un fluide dans un tube cylindrique de rayon R. La vitesse est maximale au centre et est nulle aux bords. Le débit total Q diminue donc très vite avec la section. b) Écoulement dans un milieu poreux modèle fait de tubes indépendants dont la tortuosité T est égale à L_a/L. Le débit total est proportionnel à la différence (ou chute) de pression ΔP, comme dans le cas Poiseuille.*

donc imperméable. La combinaison d'une grande porosité et d'une grande imperméabilité est recherchée dans les matériaux de construction pour assurer leur légèreté ainsi qu'un bon isolement thermique ou phonique. Un autre exemple est celui de récipients remplis de la même façon de billes sphériques mais de diamètres différents. La porosité est la même mais la perméabilité est beaucoup plus grande pour les grands pores entre les grosses billes que pour les petits pores entre les petites. Dans un expresso avec du café grossièrement moulu, le débit est plus rapide… et le café moins fort !

L'écoulement dans un tube

La *loi de Poiseuille** relie le débit d'un fluide visqueux dans un tube cylindrique droit à la différence de pression du fluide entre les extrémités (figure 11-3a). Pour calculer la perméabilité d'un granulaire on peut remplacer, ce qui est une approximation, le milieu par un ensemble de petits tuyaux cylindriques tortueux reliant les extrémités du matériau poreux dans lequel circule un fluide (figure 11-3b).

La loi de Poiseuille

Jean-Léonard Poiseuille (1797-1869), médecin et physicien, s'est intéressé aux effets de la viscosité dans les écoulements sanguins, et a établi une loi qui exprime la relation entre le débit Q dans un tube cylindrique de diamètre d, et la perte de charge par unité de longueur $\Delta P/L$ entre ses extrémités (figure 11-3a). La *viscosité** η est une caractéristique du fluide. Le débit est proportionnel à $(d^4/\eta)\ (\Delta P/L)$. Cette variation rapide avec la puissance 4 du diamètre, et non de simple proportionnalité avec la section en d^2 (ce qui serait le cas dans un problème de conduction de courant dans un fil conducteur), peut surprendre. Elle provient du gradient de vitesse entre la vitesse maximum au centre du tube et sa valeur nulle aux bords. Cela cause une grande perte de charge pour les tout petits tuyaux. Ceux d'entre nous qui sont sujets aux engelures au bout des doigts savent que le débit sanguin est très freiné au niveau des vaisseaux capillaires !

La loi de Darcy

La loi de Poiseuille exprime la proportionnalité entre la vitesse moyenne d'écoulement dans un tube et la différence de pression entre ses extrémités. Cette linéarité se conserve pour un poreux si l'on fait la moyenne des débits sur un volume beaucoup plus grand que celui d'un pore. C'est ce qu'exprime la loi de *Darcy** : pour un poreux de section S et de longueur L, entre les extrémités duquel existe une différence de pression ΔP (figure 11-3), le débit volumique par unité de surface S du poreux, Q/S, pour un liquide de viscosité η, est proportionnel à (K/η) $(\Delta P/L)$. Cette formule ressemble à celle de l'écoulement dans un tube. Le facteur K – la *perméabilité* – est une caractéristique de la géométrie du milieu poreux. (Pour un ensemble de tubes, il serait mesuré par le carré du diamètre d'un tube d^2.) Alors que la porosité s'exprime par un nombre, la perméabilité a la dimension du carré d'une longueur et son unité est le *darcy*. Cette loi est valable toutefois seulement pour les écoulements contrôlés par la viscosité à petit *nombre de Reynolds**.

Un premier exemple (figure 11-4) nous montre comment varie cette perméabilité avec la porosité d'un grès pour une série d'échantillons. Si, comme précédemment, on s'intéresse à des échantillons dont la porosité diminue avec le frittage ou la densification, on constate que la diminution de la perméabilité s'accélère aux porosités faibles. Dans ce domaine apparaissent de plus en plus de régions poreuses *mais* imperméables, des voies sans issue pour le fluide comme pour les grès en profondeur de la figure 11-2. Pour décrire ce domaine, il nous faudra tenir compte de façon plus précise des détails de la géométrie. Nous l'avons fait en parlant de la *percolation** au chapitre 6 en relation avec le transport dans des mélanges de grains conducteurs et isolants. C'est d'ailleurs en pensant au bouchage d'un milieu poreux que fut inventé la percolation par John Hammersley.

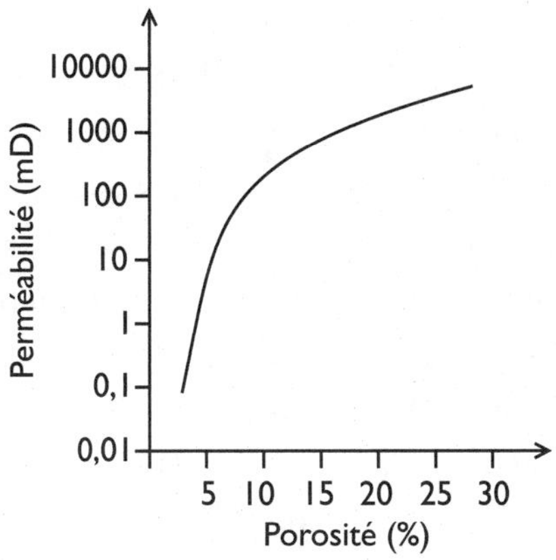

***Figure 11-4.** Variation de la perméabilité à l'air d'un grès de Fontainebleau en fonction de la porosité. On note la décroissance avec la porosité, mais avec une chute très rapide au-dessous de 10 %, due à la présence d'une porosité fermée.*

La perméabilité peut se calculer à partir de trois facteurs géométriques sur le modèle de la figure 11-3b : la *porosité** qui est la fraction de volume des tubes ; le *diamètre d* des canaux ; la *tortuosité T* qui rend compte du fait que cheminer à travers les pores d'un milieu granulaire impose des chemins contournés. On peut estimer *T* rigoureusement : à partir d'une analyse tomographique directe du réseau de pores, ou par des mesures électriques en remplissant le milieu poreux d'un liquide conducteur. La résistivité du milieu poreux imbibé est d'autant plus faible que sa porosité est faible et que les chemins qu'emprunte le courant sont tortueux.

Une longueur caractéristique d'un poreux

La perméabilité d'un milieu poreux est mesurée par une longueur au carré. Nous pourrions penser au rayon *R* des sphères du sac de billes. Mais notre modèle avec un ballon de football (figure 10-1b) montre que le rayon des gorges est plutôt de *R*/7. Élevé au carré, cela fait déjà un facteur de réduction de 1/49 !

Comme les grains naturels sont plutôt de l'ordre du micron à la centaine de microns, l'utilisation de l'unité légale pour la perméabilité – le mètre carré – ferait toujours apparaître de très petits nombres. Le *darcy* – qui vaut à peu près un micromètre au carré – est une sous-unité commode.

Une seconde longueur se dégage si le matériau est fritté comme dans la figure 10-3. La taille des grains varie peu mais la largeur des pores diminue avec le frittage et peut être beaucoup plus petite que le rayon des grains. De nouveau, une méthode indirecte que nous examinerons plus loin permet de définir la longueur à retenir, le *rayon critique* r_c.

Rayon critique

Voici un argument imagé concernant la notion de rayon critique. Il s'applique à toutes sortes de réseaux désordonnés et de systèmes interconnectés de façon très hétérogène. Imaginons un réseau routier, avec ses autoroutes, ses nationales, ses chemins vicinaux, ses voies en impasse. Supposons aussi que l'ingénieur de l'équipement ait placé aléatoirement les éléments de ce réseau. Intéressons-nous à la perméabilité de ce réseau dans une liaison entre deux villes (Lille et Marseille par exemple). La perméabilité des autoroutes à trois voies - éléments bons conducteurs - ne limite pas le débit moyen. La circulation sur itinéraires parallèles de petites routes, où l'on fait du tourisme, mais que les automobilistes pressés n'utilisent pas, ne le limite pas non plus. Ce qui compte le plus, ce sont les plus mauvais éléments (de trafic à deux voies par exemple, ou de rétrécissement dû à un accident routier sur l'autoroute) sur les meilleurs chemins nécessaires au transport. Pour notre espace des pores, les éléments critiques sont les pores les plus étroits parmi les bons chemins que doit emprunter le fluide. Ils nous conduisent bien à la notion de *rayon critique* de pore, r_c. Nous préciserons comment le mesurer par *porosimétrie à mercure* au paragraphe « Un poreux envahi ».

Évaluer la perméabilité

Nous avons les ingrédients essentiels pour une connaissance de la perméabilité d'un lit de grains qui est fondamentale pour les hydrologues ou les pétroliers : la mesure de la tortuosité T par des mesures électriques en remplissant le poreux d'un liquide de conductivité σ_f, et une détermination d'un rayon critique r_c. Lorsqu'il existe une large distribution de tailles des pores, r_c contrôle à la fois le débit de fluide et le courant électrique, puisque ces deux quantités utilisent le même réseau percolant, même si la loi locale de transport n'est pas la même pour les deux phénomènes.

À cause de cette similitude géométrique, la perméabilité et la conductivité électrique vont être simplement proportionnelles. Cela conduit à écrire une loi : $K = ar_c^2 / f$; a est un facteur numérique. La perméabilité est proportionnelle au carré de ce rayon critique et à la conductivité σ_p du milieu qui varie comme l'inverse du facteur de formation f = σ_f/σ_p. Ce résultat empirique a été proposé par deux physiciens de la compagnie Exxon, Katz et Thompson, qui l'ont vérifié sur une grande variété de milieux poreux artificiels ou naturels, sur lesquels ils mesuraient à la fois la conductivité, le rayon critique et la perméabilité sur une large gamme de valeurs. Outre le moyen de corrélation des propriétés d'une roche qu'il fournit, ce résultat apporte une confirmation expérimentale spectaculaire à la notion de chemin critique ; il généralise celle de percolation pour l'appliquer à des systèmes multiplement connectés lorsque la distribution des propriétés des chemins est suffisamment large.

Des milieux non saturés

Les matériaux poreux sont souvent remplis simultanément de plusieurs phases fluides telles que le mélange d'air et d'eau dans un sol, sauf après une forte pluie qui les sature en eau, en est un exemple.

Un autre exemple est une roche pétrolifère contenant une distribution d'eau et de pétrole ou de goudrons. Ce qui caractérise ces couples de fluides est l'existence d'interfaces, les ménisques entre l'air et l'eau ou entre l'huile et l'eau, ainsi que la façon dont les fluides mouillent les pores. Nous avons fait connaissance avec ces forces de *capillarité** au chapitre 9 ; elles étaient responsables de la cohésion d'un château de sable. Mais cette capillarité joue un rôle important pour les poreux à la fois à cause de l'interface entre les deux phases du poreux, mais aussi du contact de ces fluides avec les parois poreuses.

Imbibition et drainage

Si l'on plonge verticalement un tube de verre ouvert à ses extrémités dans un réservoir d'eau, l'eau s'élève dans le tube au-dessus de la surface libre à une hauteur *h* d'autant plus grande que le rayon *r* du tube est petit. Le ménisque limitant la surface supérieure de l'eau est pratiquement une demi-sphère ouverte vers le haut (figure 11-5a). Il s'agit d'une *imbibition* de l'eau comme avec un morceau de sucre plongé dans du café. Nous disons « l'eau mouille le verre » pour traduire le fait que l'angle de contact de l'eau avec le verre est voisin de zéro : l'eau a une affinité positive pour le verre, et s'étale bien dessus.

Si nous sortons totalement ce tube une fois rempli d'eau, celle-ci s'écoule vers le bas (figure 11-5b) sous l'effet de son poids. Il s'agit cette fois-ci d'un *drainage*. On peut exprimer ce phénomène bien simple en termes plus compliqués, mais qui se révéleront utiles : l'air qui est au-dessus de l'eau joue le rôle d'une phase non mouillante. Il interagit peu avec les parois et est antagoniste de l'eau qui, elle, mouille le verre. La pression dans le liquide en haut de la colonne est inférieure à celle en bas d'une quantité correspondant au poids de la hauteur d'eau dans le capillaire. Juste en dessous du ménisque supérieur, l'eau est donc en dépression par rapport à l'air. Nous pouvons traduire cela par : « L'air sous pression, qui ne mouille pas le verre, expulse l'eau qui mouille le verre. »

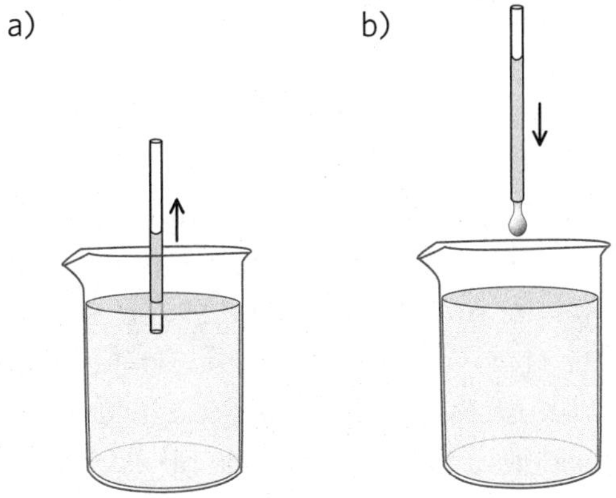

Figure 11-5. *a) Pour un fluide qui mouille le verre, l'ascension capillaire est inversement proportionnelle au diamètre des tubes. b) Représentation schématique du drainage d'un tube sous l'effet du poids de la colonne d'eau. Un mécanisme (délicat) met en jeu ce poids de la colonne et les deux ménisques qui la limitent par le haut et par le bas.*

Un poreux envahi

Une goutte de mercure posée sur une plaque de verre forme une goutte sphérique qui traduit le fait que le mercure ne mouille pas le verre. Si l'on plonge un tube vertical dans une couche de mercure, le niveau du mercure dans le tube est en dessous du niveau de la surface ; la situation est inverse du cas de l'eau. L'expérience de *porosimétrie à mercure* consiste à faire entrer sous pression du mercure par une face d'un poreux. À cause de la difficulté du mercure à vaincre les forces adverses de capillarité imposées par la loi de Laplace, seuls les pores les plus larges sont envahis (figure 11-6). Ce nombre de pores augmente avec la pression d'injection, et le mercure progresse avec un front de géométrie complexe. Ce faisant, il laisse des régions encerclées de diamètre trop petit pour être envahies. Il a aussi des points faibles de passages obligatoires. Cette description évoque, par exemple, l'invasion de la Normandie à la suite du débarquement avec sa « poche de Falaise », et ses passages obligatoires de ponts sur la Seine. Le mot invasion qui s'impose a été introduit et accolé au mot percolation – *percolation d'invasion*. Le nombre de canaux envahis augmente jusqu'à une pression critique où apparaît un chemin continu qui traverse l'échantillon. Les pores de rayon r_c sont les derniers à être remplis lorsqu'on arrive au seuil de percolation d'invasion : ce sont les plus petits des grands canaux actifs. Cette mesure de r_c permet d'établir la correspondance entre perméabilité et conductivité dans des milieux poreux réels. Nous avons déjà illustré le problème général de percolation au chapitre 6 en considérant des mélanges de billes conductrices et de billes isolantes dans lesquels on augmentait progressivement le pourcentage de billes conductrices : le seuil de percolation correspondait au pourcentage où le nombre de billes conductrices était tel que le mélange devenait conducteur. Le paramètre correspondant ici est la surpression de mercure.

De plus, en suivant la loi d'invasion en fonction de la pression, on peut obtenir des informations sur la distribution de tailles des

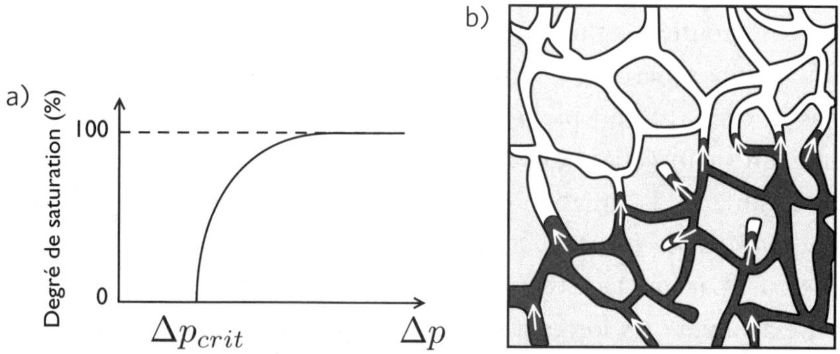

Figure 11-6. *L'injection d'un fluide non mouillant (noir) dans un poreux schématisé par des tubes exige une différence de pression entre ce fluide et le fluide chassé (blanc). Elle est donnée par une valeur Δp inversement proportionnelle aux rayons des interfaces fluides. Au seuil de percolation, un chemin continu noir s'établit de part et d'autre du milieu. La partie gauche montre la façon dont varie la pénétration du mercure dans un milieu de grande taille en fonction de la surpression appliquée.*

pores. La loi de Laplace permet, à partir de la mesure d'une pression et de la connaissance de la tension superficielle du mercure, d'accéder à une échelle de longueur caractéristique d'un pore. En particulier, la pression à laquelle le système s'interconnecte pour la première fois conduit à définir le *rayon critique* de pore r_c.

Le sol est un réservoir d'eau

Cette affirmation est vraie même pour le désert, rappelons-le, à condition de chercher l'eau en profondeur, comme ces plantes qui peuvent enfoncer leur racine à plusieurs dizaines de mètres. Une dune est un réservoir d'une eau en profondeur… qu'on ne sait pas actuellement récupérer !

Les modèles de capillarité permettent de rendre compte des effets physiques d'imbibition quand un sol est mouillé, ou de drainage dans un sol qui s'assèche. Les sols sont hétérogènes et constitués d'un ensemble d'*horizons* de compositions variables suivant la profondeur. L'eau contenue dans ces bandes y est retenue par des forces capillaires, avec la formation de films et de ménisques qui dépendent de la physico-chimie des milieux et de leurs surfaces. Il faut toutefois tenir compte de ce que toute l'eau n'est pas mobilisable par les racines des plantes. Dans les zones argileuses, la présence d'eau est importante, mais elle est piégée entre les feuillets empilés de l'argile (voir figure 9-14) ; seule une petite fraction de l'eau chargée de sels minéraux vitaux pour la plante pourra être utilisée par les racines. Les limons puis les sables ont une eau plus facilement disponible par suite de leurs pores plus grands, même si leur teneur en eau est insuffisante. Les pédologues, spécialistes des sols, parlent de *potentiel capillaire* pour caractériser la façon dont l'eau peut être mobilisée par les plantes ; un potentiel élevé correspond à des pores étroits. L'eau ne peut pas être récupérée au-delà d'une valeur critique de ce potentiel. Le travail de la terre permet d'abaisser ce potentiel en créant de plus grands vides.

Les fluides miscibles

Diffusion moléculaire…

Nous venons de décrire des comportements des fluides lorsque plusieurs phases non miscibles cohabitent dans un milieu poreux. Qu'en est-il si ces fluides sont solubles l'un dans l'autre ? Et, qu'en est-il lorsqu'il existe une seule phase liquide, mais dont la composition change continûment dans l'espace ? Si nous mettons une goutte de lait dans un verre contenant de l'eau, elle va s'étaler. Si la densité des deux liquides était la même, le lent processus de *diffusion** serait contrôlé par les mouvements d'agitation spontanée de gouttelettes de graisse en suspension dans l'eau. Le rayon de la tache croîtrait comme la racine carrée du temps : en gros, la goutte s'étale dix fois plus si on attend cent fois plus longtemps.

… et dispersion

Dans les poreux, les mouvements de fluides sont très efficaces pour disperser les polluants à grande distance et remplacent la diffusion classique (figure 11-7a). Il s'agit d'un mécanisme très important qui intervient par exemple dans une nappe phréatique soumise à une pollution locale : comment va-t-elle s'étaler, à partir de quand, et pour combien de temps ?

Imaginons un milieu modèle dans lequel un fluide s'écoule. Introduisons localement pendant un temps court un polluant, comme dans l'expérience de diffusion moléculaire. Celui-ci va se propager à la vitesse moyenne U de l'écoulement (figure 11-8). Si, comme le ferait un petit bateau déposé dans un cours d'eau, on suivait le trajet du polluant transporté à cette vitesse moyenne, on verrait le polluant se déplacer plus ou moins vite avec une vitesse

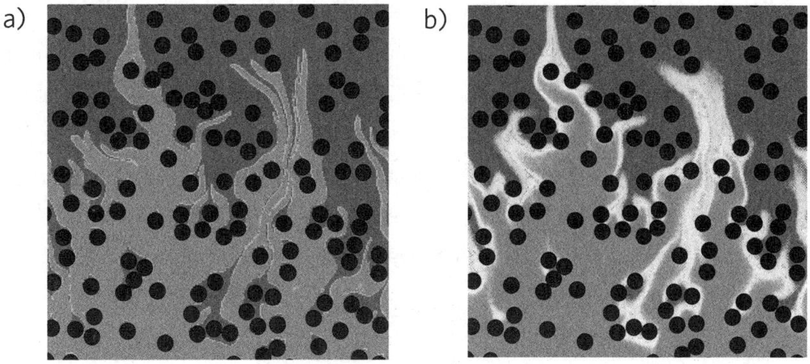

Figure 11-7. *a) Écoulement d'un fluide sombre chassant un fluide clair dans un milieu modèle de poreux en 2 dimensions en l'absence de diffusion. b) Le même écoulement : la diffusion crée un élargissement transverse clair.*

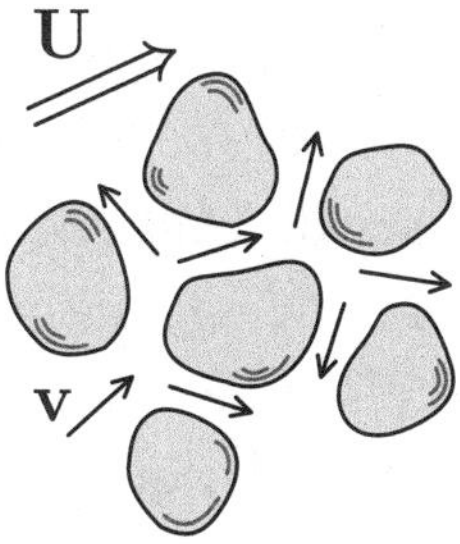

Figure 11-8. *Le processus de dispersion peut être illustré par un modèle de marche au hasard. U est la vitesse moyenne et* V *la vitesse locale.*

relative nulle. Ces variations locales de vitesses sont dues aux cheminements aléatoires du fluide pollué entre les grains de taille moyenne d à une vitesse U, d'où une dispersion de l'ordre de Ud. On notera qu'il ne s'agit pas là d'agitation thermique mais bien d'un effet dû au désordre de l'écoulement.

Si la diffusion moléculaire est très faible, les zones de fluide où la vitesse d'écoulement est faible, situées près des bords du poreux ou dans des anfractuosités, mettront du temps à aller dans des zones d'écoulement rapide ; les effets de dispersion se feront sentir sur des temps beaucoup plus longs lorsque la diffusion moléculaire est petite (c'est le contraire pour un simple phénomène de diffusion). En gros, petite diffusion moléculaire implique grande dispersion. Ce mécanisme dit *diffusion de Taylor* intervient en particulier dans l'écoulement de Poiseuille dans un tube en présence d'hétérogénéités localisées. Pensez-y au moment où vous ouvrez votre tuyau d'eau chaude sous la douche : la diffusion de Taylor intervient dans le temps que met l'eau chaude pour vous arriver alors que le tuyau était initialement rempli d'eau froide.

Modifier la perméabilité

Nous n'avons pas tenu compte jusqu'ici de la façon dont le milieu poreux peut être modifié sous l'effet de l'écoulement. Le fluide qui y circule peut contenir des sédiments en solution ou sous forme de grains qui se déposent et bouchent les pores. C'est le cas pour la lente formation des roches sédimentaires. Afin de réduire les fuites, le blocage des pores est essentiel pour assurer le stockage du CO_2 en profondeur dans les sols ou les aquifères. Au contraire, les techniques de fracturation hydraulique ou d'acidification des sols visent à élargir les pores trop petits pour qu'on puisse en extraire le pétrole ou le gaz qu'ils contiennent. Finalement, nous examinerons comment la perméabilité d'un filtre poreux est modifiée par les grains qu'il collecte.

Le bouchage d'un poreux

Une situation particulièrement importante pour la modification de la perméabilité d'un sédiment est le dépôt lent de substances en solution sous forme d'ions qui enrobent les grains et consolident le matériau. Il s'agit d'un processus géologique, la *diagenèse*, qui se produit sur des temps très longs et conduit à la formation des *roches sédimentaires**. La figure 11-9 montre le même grès avant et après un dépôt sur les grains et fait penser à l'entartrage des tuyauteries.

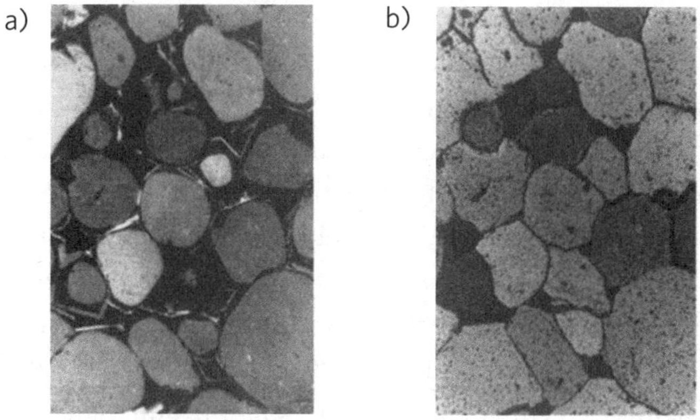

Figure 11-9. *La figure montre la même coupe d'un grès fortement cimenté. a) La technique de cathodo-luminescence permet de voir le grès tel qu'il était initialement. b) On voit l'état réel de la coupe avec une zone perméable, en noir, beaucoup plus limitée.*

Le débouchage d'un poreux

Il est important de pouvoir restaurer la perméabilité de systèmes hydrauliques qui ont été colmatés. C'est le cas d'un filtre en profondeur une fois qu'il a perdu sa porosité. On a vu que c'est un tel modèle de bouchage de masque à gaz qui est à l'origine de la théorie de la percolation. Dans la vie courante, on se contente de changer le filtre. Les opérations de génie des procédés conduisent par contre à inverser l'opération pour le décolmater car les coûts du remplacement peuvent être importants.

Une autre façon de nettoyer une canalisation est d'injecter un liquide contenant un produit agressif pour le tartre et pas pour les tuyaux. Dans le cas des poreux avec une distribution de canaux interconnectés, cela pose des problèmes. Dans le cheminement continu du fluide d'une extrémité à travers filtre, le fluide utilise de façon inégale divers cheminements continus en parallèle. Les chemins les plus accessibles verront donc passer plus de fluide. Au cours du temps, ce sont donc ces canaux qui seront privilégiés et, du coup, qui seront les plus vite dissous et ainsi de suite… En fin d'opération, on peut se trouver avec un seul grand canal où tout le fluide passe alors que le reste des pores n'est pas modifié ! Il faudra trouver des mécanismes ou des matériaux pour qu'il en soit autrement, par exemple en utilisant des fluides dont la viscosité augmente avec le débit ! Une expérience que, tout jeunes, nous avons peut-être faite est la construction d'un barrage qui retient l'eau ruisselant du haut de la plage humide lorsque la mer baisse. La fin de l'aventure est la petite fissure sur ou dans le barrage qui va entraîner l'eau de façon inéluctable et mener à la ruine de l'édifice. Il s'agit là de ce qu'on appelle un *renard hydraulique* où l'eau, filtrant de façon très hétérogène à travers un barrage de terre ou en sous-sol, augmente progressivement le débit local et le transport de grains vers l'extérieur, comme un animal construisant son terrier, et conduit à la destruction du barrage.

La filtration*

Le transport des particules solides dans un milieu poreux et la capacité de celui-ci à les bloquer sont un des principaux domaines d'application à la fois des poreux et des filtres.

De façon générale, les traitements de filtrage qui arrêtent des particules solides contenues dans un fluide conduisent à une situation de colmatage dont on cherche à minimiser les effets. On peut pratiquement bloquer des objets de toutes tailles avec des dispositifs allant de la grille ou de la passoire jusqu'aux membranes d'ultrafiltration. Pour les particules de petite taille, et pour les applications chimiques et biologiques en particulier, la surface des pores du filtre joue un rôle actif dans la fixation. Nous nous limiterons aux principes de base en restant aussi près que possible du milieu granulaire.

Dans la *filtration en profondeur* (figure 11-10a), le filtre est un matériau granulaire de grande épaisseur, naturel (dans le cas d'un sol) ou empilé dans une colonne filtrante. Les pores du filtre sont plus grands que les particules à arrêter, de façon à éviter la formation

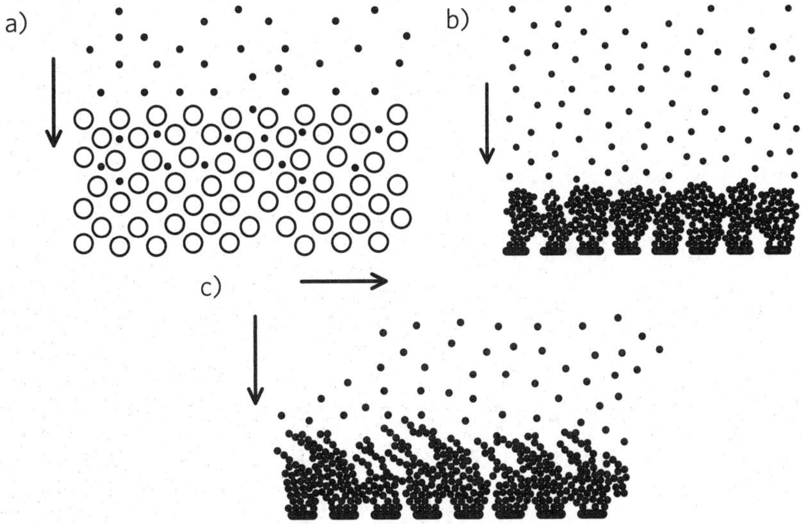

Figure 11-10. *Trois modes de filtration. a) La filtration dans un volume poreux implique le transport de petites particules (points noirs) entre les pores. b) Filtration transverse : le fluide chargé de particules vient du haut. c) Schéma d'une expérience de microfiltration tangentielle : le fluide vient de la gauche et est filtré dans la partie inférieure.*

d'un dépôt sur la surface d'arrivée du liquide. Ce type de filtration est employé pour clarifier des suspensions très diluées (moins de 0,5 gramme par litre) de petites particules (de diamètre inférieur à 10 µm), le poreux étant constitué de grains de diamètre de 500 à 1 000 µm : c'est une méthode courante de traitement des eaux polluées. La façon dont s'écoulent les particules est contrôlée par la structure du milieu poreux. Cependant, cette structure évolue de façon très hétérogène à mesure que les particules se déposent dans le filtre, les couches proches de la face d'entrée étant plus rapidement saturées. Tout au long de l'opération, la perméabilité du milieu filtrant diminue, et cette évolution des conditions d'écoulement rend difficile une analyse complète de la filtration en profondeur.

Lorsque le volume filtrant est encore propre, intéressons-nous au transport d'un grain unique entraîné par le fluide dans le milieu poreux, et aux processus pouvant l'amener à entrer en contact avec la surface des pores. Notre particule est soumise à des forces hydrodynamiques qui tendent à la déplacer le long d'une ligne de courant. Cependant, un certain nombre de facteurs vont l'amener à quitter cette trajectoire. Au niveau des pores étroits, les lignes de courant se resserrent et se rapprochent de la surface des grains. La particule peut ainsi venir heurter un grain si sa ligne de courant passe à une distance de la paroi du grain inférieure à son rayon. Il faut aussi prendre en compte les forces d'inertie qui tendent à la faire se déplacer en ligne droite (cet effet est particulièrement sensible au niveau des changements brusques de courbure de la ligne de courant : c'est celui que subit un automobiliste qui aborde trop vite un virage prononcé et va heurter le parapet). Enfin, la *diffusion brownienne** va aussi influencer notre particule solide si elle est suffisamment petite : au déplacement globalement orienté dans le sens de l'écoulement se superpose un mouvement transverse d'agitation aléatoire de type diffusif. Dans cette situation de petits grains, les effets de piégeage physico-chimique jouent un rôle essentiel.

Si les gros grains sont sensibles aux effets de l'inertie et les petits à l'agitation thermique, les particules de taille intermédiaire passent plus facilement sans être arrêtées. La taille correspondante de filtres, de l'ordre d'une dizaine de microns, est justement – et malheureusement – celle des particules de fumée de cigarette. Qu'une particule qui rentre en contact avec le milieu poreux soit capturée ou non par le milieu poreux dépend d'autres forces physico-chimiques. Les interfaces particules-liquide et liquide-grains du poreux sont porteuses de charges électriques qui donnent lieu à des forces répulsives dont le rayon d'action, de l'ordre de 1 µm, dépend des charges électriques présentes dans la solution ; elles se manifestent à plus longue distance lorsqu'il y a peu d'ions en solution (en ajoutant des ions, on peut les réduire ou même les rendre attractives, ce qui est un moyen d'accélérer la sédimentation pour clarifier une eau polluée). Les forces de *Van der Waals** agissent également à très courte distance, de l'ordre du millier d'angströms ; elles sont attractives et peuvent amener la particule à adhérer à la paroi d'un grain.

Que se passe-t-il lorsqu'un ensemble de particules s'écoule à travers un milieu poreux ? Les conditions de transport et de rétention des particules dépendent de façon complexe de toutes les forces énumérées plus haut. En fait, on peut distinguer deux situations extrêmes.

• La première est celle de la *chromatographie hydrodynamique*, dans laquelle la présence du poreux modifie la vitesse de déplacement des particules par rapport à celle du liquide, sans qu'il y ait filtration. Si nous injectons de petites particules de tailles variables dans le milieu poreux, nous constatons qu'elles traversent le milieu d'autant plus rapidement qu'elles sont plus grosses. Cet effet – inattendu – débouche sur une méthode de séparation des particules microscopiques selon leur taille. On se souvient que le profil de vitesse d'écoulement d'un liquide est parabolique dans un tube capillaire (figure 11-3a). De même, dans un milieu poreux, la vitesse d'écoulement est nulle sur les parois et maximale au centre des pores. Les particules sont exclues du voisinage immédiat de la surface des pores par des effets d'encombrement et de forces électriques qui les repoussent : elles ne « voient » donc pas les vitesses les plus faibles d'écoulement du liquide près de la paroi et se déplacent avec une vitesse supérieure à la vitesse moyenne d'écoulement du liquide. Une petite particule se déplace moins vite qu'une particule plus grosse, car, du fait à la fois de son mouvement brownien et de sa taille, elle peut s'approcher plus près du bord. Dans ce domaine de la chromatographie hydrodynamique, l'écoulement de particules est gouverné par l'encombrement des particules et les forces électriques répulsives, dont les effets combinés l'emportent sur ceux des forces de Van der Waals attractives.

• La deuxième situation extrême est celle du *piégeage*. À partir d'une taille-seuil, les particules sont toutes piégées à l'intérieur du poreux – c'est le domaine de la filtration qui sera plus efficace pour les plus grosses particules à la différence de la situation précédente.

• Un cas limite est celui de la *filtration transverse* qui se fait perpendiculairement à une grille suffisamment fine. Les particules s'accumulent dessus au cours du temps et forment le gâteau de filtration qui joue un rôle de filtre dont la perméabilité diminue au cours du temps lorsque son épaisseur augmente (figure 11-10b). Nous pouvons rapprocher cette étude de celle des sédiments. Ils se forment par un dépôt de particules plus denses que le liquide qui les contient. Mais dans le cas du filtre, les particules sont poussées par un liquide, ce qui conduit à des écoulements plus compacts qu'un sédiment. L'épaississement du gâteau au cours du temps nécessite que le filtre soit régulièrement régénéré, par exemple en inversant de temps en temps le sens de l'écoulement. Dans un processus industriel, une telle opération, qui nécessite l'arrêt du fonctionnement du filtre et des manipulations complémentaires, est coûteuse.

• Pour cette raison, on a développé une *filtration longitudinale* (figure 11-10c). Le liquide à filtrer arrive tangentiellement au filtre, et le liquide purifié circule de l'autre côté du filtre. Localement, le liquide traverse le filtre et crée un gâteau. Dans ces deux derniers modes de filtration, c'est le gâteau plus que le filtre seul qui assure l'opération de filtrage. Mais ici, le liquide balaye tangentiellement le gâteau, il l'érode en permanence, replaçant à sa surface de nouveaux grains, une fois la structure d'équilibre atteinte. Cette structure est utilisée industriellement dans la clarification de boissons. L'écoulement tangentiel crée des structures couchées vers l'amont de l'écoulement, plus lâches et déformables que la filtration transverse. De telles structures se retrouvent aussi sur les fonds de sable lorsqu'il y a un écoulement, ce qui rapproche ce problème très important de filtration en génie civil de problèmes, non moins importants, d'environnement côtier.

*

* *

Nous avons présenté en fin de chapitre une description simplifiée de la filtration. Le rôle relatif des différentes forces en présence et en particulier de l'écoulement fluide qui accompagne le déplacement des grains n'a pas été évalué. Dans le dernier chapitre, nous nous intéresserons aux grains entraînés par un fluide, comme nous avons commencé à le faire dans le cas de la filtration, mais en regardant de façon plus précise l'interaction entre le déplacement des grains et les mouvements fluides.

CHAPITRE 12

Les grains dans un fluide

Panta Rhei (« Tout s'écoule »).

HÉRACLITE.

Dans ce dernier chapitre, nous allons privilégier le « point de vue » des fluides, et regarder comment se comportent des ensembles plus ou moins compacts de grains qui se déplacent dans un fluide au repos ou en mouvement. Des ensembles de grains immergés dans un fluide en mouvement sont nombreux et variés, qu'il s'agisse de sédiments en suspension dans une rivière ou dans un bassin de décantation, des vents de sable dans le désert, d'avalanches sous-marines qui peuvent s'étendre sur des distances kilométriques... Laissant à chacun le soin de ses propres exemples et observations, nous présenterons quelques situations qui illustrent le rôle essentiel des déplacements fluides dans les mouvements de grains. Cette étude de particules en suspension dans un liquide ou un gaz constitue un thème tellement vaste qu'il serait possible de lui consacrer un ouvrage entier. Elle fait appel à la fois à la science des écoulements – la mécanique des fluides – et à la *rhéologie** des milieux granulaires.

Un peu d'organisation !

La concentration des grains

Nous examinerons d'abord la situation la plus simple, celle d'une particule unique placée dans un écoulement. Pour une faible concentration de particules, l'écoulement induit par un grain affecte les autres grains de la suspension ; ainsi, les particules communiquent à travers le fluide. La phase dominante est le fluide : dans ce mélange, qu'on appelle une *suspension*, l'effet des particules se traduit par une augmentation de la *viscosité** du mélange. Pour des concentrations de grains supérieures telles pour les pâtes et les boues la phase dominante est le matériau granulaire ; l'écoulement des grains est contrôlé par le frottement entre grains comme dans un granulaire sec. C'est pourquoi il est alors plus raisonnable de parler d'un matériau granulaire *immergé*.

Le fluide modifie l'écoulement des grains par les forces visqueuses qu'il exerce sur les grains proches, mais aussi, éventuellement, par son inertie comme dans les *laves torrentielles*. Le fluide peut également être un agent d'érosion, par exemple dans les barrages en enrochement ou au fond d'une rivière. Mais, dans le même temps, il peut avoir un rôle lubrifiant comme c'est le cas par exemple pour l'air entre les grains d'une poudre fine. La *rhéologie*, ou science des écoulements de matière, s'intéresse à de tels matériaux qui associent grains et liquides.

Des grains de tailles différentes

On peut mettre de l'ordre dans les divers régimes d'écoulement en prenant pour repère la taille et la masse des grains. Les objets suffisamment petits restent suspendus dans le fluide sous l'effet de l'*agitation thermique**, décrite en encart du chapitre 1, qui est le mouvement permanent incessant de petits objets et une manifestation de la température thermodynamique. Ce mouvement permanent est d'autant plus intense que la masse des particules est faible. Les particules se dispersent alors spontanément dans l'espace, ce que traduisent les notions de *diffusion moléculaire* et de *mouvement brownien**. On peut produire des situations modèles où la gravité ne joue pas, telles que la densité du liquide soit ajustée à celle des grains solides et où, dans un fluide au repos, seule la diffusion moléculaire joue. Un certain nombre de recettes permettent d'ajuster la densité d'un liquide à celle des grains : ainsi, la salinité de l'eau de mer nous permet d'y faire « la planche » sans couler ou encore de faire flotter un œuf frais dans l'eau salée.

Dans le cas général, la gravité conduit à l'accumulation de particules dans leur chute, et s'oppose à la *diffusion brownienne* qui tendait à les disperser. Il résulte de ce conflit que les particules forment une couche de sédiment à partir du fond du récipient où elles se déposent, et ce, d'autant plus vite que leur masse est élevée. L'agitation thermique étale cette distribution pour des petites particules. C'est le domaine des *colloïdes**, qui est aussi celui où les interactions physico-chimiques entre grains sont prépondérantes.

Figure 12-1. *L'effet d'une lave torrentielle dans un torrent du massif de Belledonne. Les barrages latéraux contribuent à stabiliser les berges.*

Récupérez une petite poignée de sol autour de chez vous et videz-la dans un récipient transparent rempli d'eau. Les gros grains tomberont vite au fond ; les plus petits, au bout d'un certain temps, formeront des couches superposées denses. L'eau qui ne se clarifie pas tout à fait est chargée de très petites particules qui restent en suspension.

Et les plus gros grains ? Un torrent de rivière peut charrier des blocs de taille considérable dans des laves torrentielles. On sait les ravages qu'a fait l'association d'eau, de boue, de cailloux et de roches à Fréjus, au Grand-Bornand ou à Vaison-la-Romaine. La *lubrification** de la pâte formée par l'eau et les plus petits grains et, en général, des sols argileux, facilite leur glissement sur le fond du lit.

La nature du fluide

Naturellement, ce n'est pas la même chose de suivre des grains qui chutent dans l'air, dans l'eau, ou dans une huile visqueuse. Nous avons dit le mot – *viscosité** – cette propriété de la matière qui donne lieu à une force qui s'oppose à la vitesse de déplacement d'un grain : si, dans une chute de 1 ou 2 mètres dans l'air, la vitesse d'une balle augmente continûment, c'est que l'effet de la friction de l'air qui limite sa vitesse n'est important qu'à de plus grandes vitesses, obtenues après une plus longue chute. Dans le cas des graines transportées dans l'air – les samares de la graine d'érable qui tournent comme une pale d'hélicoptère en tombant lentement, ou les akènes surmontées d'une aigrette de la fleur de pissenlit qui évoque une voile de parachute –, la nature a trouvé des stratégies pour ralentir la chute et permettre une plus grande dispersion des graines sous l'effet du vent.

Dans le cas d'un liquide, la viscosité joue un rôle important. Faites tomber une bille dans l'eau ou, mieux, dans une eau dont on a augmenté la viscosité en lui ajoutant du sirop de sucre de canne : la bille accélère jusqu'à ce que la friction, qui croît avec la vitesse, équilibre le poids corrigé de la poussée d'Archimède. Pour des

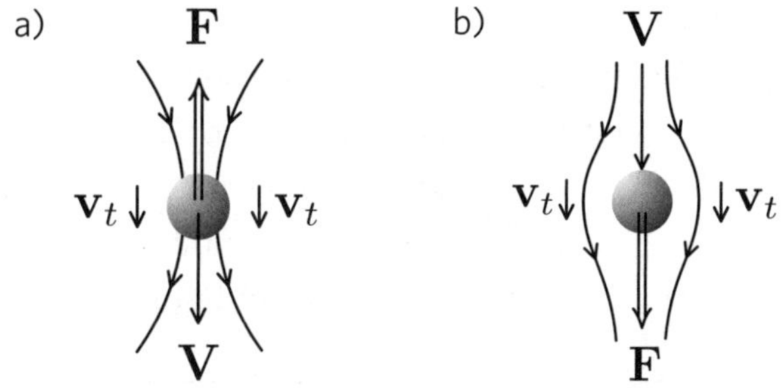

Figure 12-2. *a) Chute d'une bille dans un liquide au repos à faible nombre de Reynolds. La force de frottement visqueux* **F** *est proportionnelle à la vitesse de la bille* **V***. Du liquide est entraîné autour de la bille avec une vitesse v_t qui diminue quand on s'éloigne de la bille. b) Une bille fixe placée dans un écoulement uniforme de vitesse* **V** *subit une force de poussée* **F***.*

liquides de forte viscosité comme de l'huile ou du miel, ainsi que pour des particules assez petites, les écoulements, dits laminaires, autour d'une particule qui sédimente sont réguliers et prévisibles. Par contre, si les objets sont suffisamment gros et les mouvements rapides, comme pour une bille de 1 cm de diamètre tombant dans de l'eau, l'écoulement fluide induit par la chute présente des structures tourbillonnaires caractéristiques qui dépendent du temps de façon imprévisible : on a un *écoulement turbulent**. Les progrès récents prennent en compte la complexité de ces écoulements et leur modification induite par les particules dont le mouvement est couplé à celui du fluide.

La chute d'une bille

Le problème de Stokes

Le déplacement d'un grain unique dans un fluide est un préalable nécessaire à l'étude des suspensions contrôlées par l'effet de la viscosité. De nouveau, nous aurons recours à notre bille sphérique et nous la regarderons tomber dans un liquide de plus faible densité (figure 12-2).

La vitesse de chute V sous l'effet de son poids, corrigé de la poussée d'Archimède, est verticale. Elle induit un mouvement du fluide autour et au-dessus d'elle et est freinée par une force de friction F due à la viscosité du fluide qui croît proportionnellement à V. Le *problème de Stokes** traite de la force de frottement F que subit une bille isolée de rayon R se déplaçant à une vitesse V dans un liquide de viscosité η.

La formule de Stokes

La formule de Stokes exprime la relation de proportionnalité entre la vitesse **V** d'une particule de rayon R qui chute dans un liquide de viscosité η et la force de frottement : $F = -6\pi\eta RV$.

Si cette formule est simple, sa démonstration est compliquée mais inutile pour notre propos. Elle nous renseigne sur ce qui est essentiel et sur ce qui est contingent au cas particulier traité. Le signe « moins » nous dit que la force est dans le sens contraire de la vitesse : la friction s'oppose au mouvement. La proportionnalité de F à V est un résultat essentiel lié aux propriétés linéaires des fluides visqueux, dits *fluides newtoniens* : « Doublez les efforts, vous doublerez les vitesses. » La proportionnalité de la force à la viscosité η est aussi une caractéristique des fluides visqueux. Le facteur R provient du fait qu'un plus gros objet présente une résistance plus grande à l'écoulement.

La loi de Stokes est « robuste » : si on ne tient pas compte du coefficient numérique de proportionnalité, elle est la même pour des objets de formes très différentes mais de même taille moyenne. Pour une tige fine de longueur R, ou encore un disque très plat de diamètre R, tous deux tels que la petite dimension soit faible devant R, la force de frottement à une vitesse donnée sera voisine à un facteur deux ou trois près de celle d'une sphère de rayon R. Cela peut sembler paradoxal. Mais voilà : les écoulements visqueux ont une longue portée ; si on induit un mouvement de liquide en des points distants de R, c'est tout le volume liquide sur une distance de l'ordre de R qui est mis en mouvement. Voici au moins ici un résultat simple malgré la complexité de la forme de tous les types de grains en suspension dans des fluides. On n'aura pas besoin de connaître leur forme exacte pour évaluer l'ordre de grandeur des effets hydrodynamiques.

L'inertie du fluide

Si on laisse tomber une bille assez grosse dans un grand bocal rempli de liquide, on constate que la bille fait des oscillations en chutant. Ce mouvement se fait en réaction à des mouvements

Nombre de Reynolds

Les deux expressions très différentes de la force F correspondent à deux mécanismes différents. Pour en saisir l'influence relative, on peut en faire le rapport puisque ce sont des quantités de même nature, soit : $\rho SV^2/(\eta RV) = \rho RV/\eta$ (dans l'esprit d'une analyse de dimensions, nous avons éliminé les facteurs numériques multiplicatifs de cette formule). Cette quantité sans dimension, ou *nombre de Reynolds** noté *Re*, joue un rôle considérable en mécanique des fluides. Elle permet de distinguer les régimes d'écoulement rapides et lents, ainsi que de mettre en correspondance des écoulements autour d'obstacles dans des conditions très différentes de vitesse, de viscosité, de taille.

Ce qui compte n'est pas un de ces facteurs à lui tout seul, mais bien la combinaison sans dimension qui - elle - a un sens global. Dire qu'un enfant est petit ou grand n'a guère de sens ; dire qu'il est petit par rapport à une moyenne de son âge a un sens. Ce *rapport analogique* tient une place cruciale dans le raisonnement physique. Il faudrait bannir de notre langage scientifique des expressions comme écoulement rapide, fluide visqueux... pour ne plus retenir que des expressions : nombre de Reynolds grand, petit. Une faible valeur de Re signifie que les effets des forces visqueuses l'emportent : c'est le cas des écoulements laminaires ; c'est aussi celui de l'écoulement de Poiseuille dans un tube illustré par la figure 11-3. Une valeur élevée veut dire que l'inertie est importante ; on observe alors des structures turbulentes.

tourbillonnaires produits derrière la bille, et qui étaient absents dans l'écoulement laminaire précédent. On est entré dans un *régime turbulent*. Dans ce cas, le module de la force de frottement F est donné par le produit $C_x.\rho SV^2$. La force croît comme le carré de la vitesse, soit plus vite que dans un fluide visqueux. Elle ne dépend plus de la viscosité mais varie comme la masse volumique ρ du liquide : ce qui compte est *l'inertie* du liquide entraîné par la chute de la bille. S est la surface que présente l'obstacle à l'écoulement. Le coefficient C_x prend en compte les effets de finesse du profil ; il est petit pour des formes bien profilées (comme la Citroën qui avait pris ce nom).

Diffusion et mobilité

Nous avons souvent parlé du mouvement désordonné de « petits » grains de matière par *agitation thermique**. Nous pouvons évaluer l'importance de ce mouvement par rapport à celui de la sédimentation. Un résultat, facile à retenir, permet de fixer les ordres de grandeur : une bille de 0,5 µm de diamètre, deux fois plus dense que l'eau, tombe à une vitesse de 0,5 µm par seconde. Sa vitesse due à l'agitation thermique à la température ambiante T, est aussi de 0,5 µm par seconde. À cette échelle de taille, les mouvements imposés par les forces extérieures et l'agitation thermique sont comparables. Quant au nombre de Reynolds, il est de l'ordre d'un millionième : les effets d'inertie sont tout à fait négligeables !

Il existe un nombre sans dimension qui permet de prédire si une particule a un mouvement brownien important devant les effets de l'écoulement : le *nombre de Péclet**. Il remplace le nombre de Reynolds d'un écoulement ; le coefficient de *diffusion** d'une telle petite bille dans un fluide prend la place de la viscosité d'un fluide. Ce nombre compare l'effet de l'écoulement et la diffusion. S'il est grand, les mouvements désordonnés dus aux chocs browniens sont négligeables devant les effets de l'écoulement. Dans le cas contraire, l'agitation thermique l'emporte.

Les particules en interaction

Une bille dans un tube

Commençons par le comportement aux petits nombres de Reynolds. Que se passe-t-il quand une particule seule chute dans un tube ? Les parois latérales freinent l'écoulement induit par le mouvement de la bille et la ralentissent : si le diamètre du cylindre est dix fois celui de la bille, la diminution est de l'ordre de 10 %. C'est un résultat étonnant : la bille semblait pourtant tout à fait à son aise dans un tube aussi large ! Cela prouve qu'aux faibles nombres de Reynolds les effets de l'écoulement autour d'un objet se font sentir loin de celui-ci. Regardons maintenant une bille approchant le fond du récipient. Il est difficile de chasser le très mince film liquide entre la bille et le plan. On parle de *lubrification** pour décrire la friction entre les deux corps solides proches séparés par une mince couche liquide présente entre les deux. Ses effets sont importants pour de nombreux problèmes industriels, bien au-delà de nos problèmes de suspensions, et concernent le champ d'étude de la *tribologie**. Nous avons vu l'importance des infimes irrégularités de surface sur le contact entre deux grains et nous avons eu l'occasion d'en parler à propos du contact sec entre deux grains. Le mince film liquide entre deux objets très voisins qui se dirigent l'un vers l'autre limite leur vitesse d'approche.

L'entraide entre deux billes

L'écoulement induit par une particule qui se déplace a un effet sur ses voisines. Celui-ci existe pour un vol groupé d'oiseaux migrateurs ou pour le peloton d'une course cycliste : les interactions bénéfiques entre l'oiseau ou le coureur de tête et ceux qui le suivent ne sont pas cependant symétriques (le second n'aide pas le premier !), ce qui est une caractéristique du grand nombre de Reynolds dans ces exemples. Aux petits nombres de Reynolds, il y a une assistance réciproque entre les grains.

La chute d'un ensemble de billes

Si l'on place quelques billes côte à côte, par cet effet d'entraide chacune se déplace plus vite que si elle était seule : le paquet va plus vite qu'une bille seule, comme si elles étaient attachées ensemble. Cela semble bien raisonnable, et pourtant ! Si on extrapole ce raisonnement, on arriverait à un résultat surprenant : en augmentant indéfiniment le nombre de particules, leur vitesse de chute – *la vitesse de sédimentation* – devrait devenir très grande. En réalité, cette vitesse pour un grand ensemble de particules diminue lorsqu'on augmente suffisamment la densité de particules !

La raison est que nous n'avons pas tenu compte de l'écoulement en retour du liquide qui a été mis en mouvement par les particules. Pour un ensemble de particules dans un milieu infini, cet effet d'entraide existe et peut conduire à des écoulements en paquet couplés au fluide qui ont été étudiés récemment. Par contre, dans un tube fermé le fluide entraîné par les grains doit

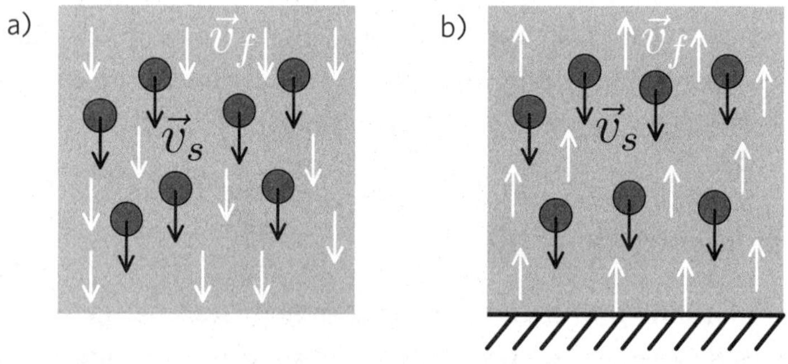

Figure 12-3. *a) Lorsqu'un paquet de grains sédimente, le fluide est entraîné vers le bas. À sa vitesse propre de chute v_s s'ajoute une contribution supplémentaire v_f due à la chute des grains voisins. b) Si les grains tombent dans un récipient fermé, un contre-écoulement v_f apparaît entre les grains et les ralentit ; la vitesse de sédimentation diminue quand la concentration augmente.*

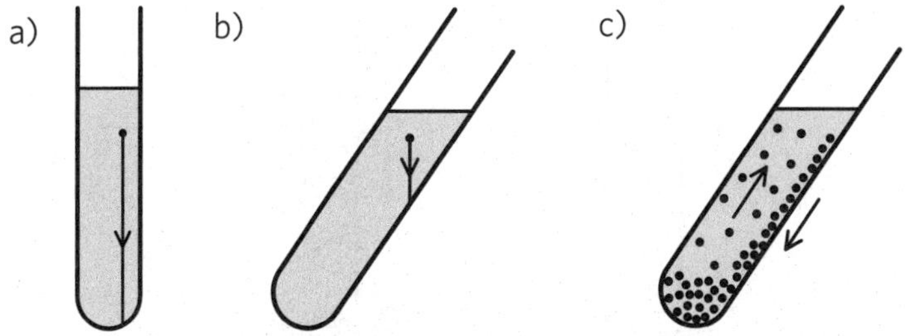

Figure 12-4. *Effet Boycott. La longueur de la trajectoire d'un grain qui sédimente a) est très raccourcie b) lorsqu'on incline le tube, par rapport à la sédimentation naturelle. La sédimentation est accélérée et permet c) des mouvements de matière granulaire et de liquide dans des zones différentes du tube.*

remonter ; la vitesse de contre-écoulement v_f freine la chute des grains (figure 12-3b).

Cet effet est illustré par l'*effet Boycott*, du nom du médecin qui a noté que, s'il inclinait le tube dans lequel il mesurait la sédimentation de globules rouges, celle-ci se faisait plus vite que pour un tube vertical. Dans cette dernière situation, la sédimentation est lente : les particules descendent le long du tube alors que le liquide remonte le long de sa paroi supérieure ; les flux sont canalisés (figure 12-4) ! C'est le même effet que l'on recherche pour améliorer la circulation lorsque de nombreux piétons se déplacent dans des directions opposées.

La sédimentation

Versons dans un tube à essai rempli de liquide un ensemble dilué de grains microscopiques (figure 12-5). Après avoir rendu la suspension homogène en secouant, laissons les grains sédimenter. La partie supérieure se clarifie. La limite entre le fluide clair au-dessus et la suspension homogène en dessous descend à une vitesse v_s : c'est aussi la vitesse à laquelle les particules dans tout le volume descendent elles-mêmes. Lorsque la concentration de départ augmente, cette vitesse diminue par suite de la friction visqueuse

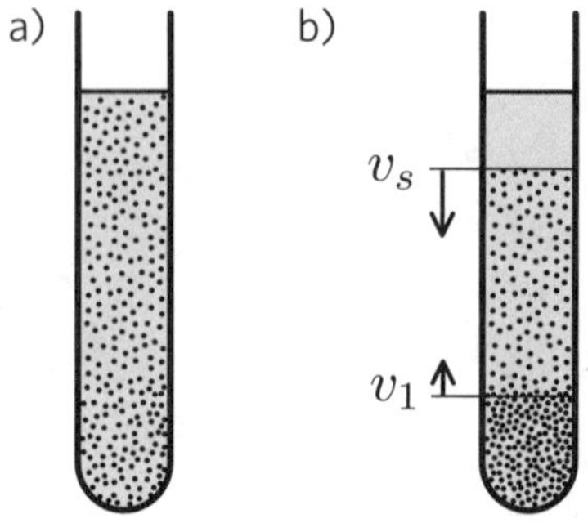

Figure 12-5. *Dans la sédimentation à partir de a) une suspension homogène, des particules identiques tombent dans le liquide à une vitesse individuelle* v_s *qui est aussi la vitesse du front qui sépare du liquide pur. Par contre, le front supérieur du sédiment qui se forme monte à une vitesse plus faible* v_1.

entre grains ; cette diminution devient de plus en plus importante lorsqu'on s'approche de la concentration maximale de billes (billes en contact). À la fin de la sédimentation, les particules s'accumulent au fond du récipient, formant un empilement lâche de grains, le sédiment, dont l'épaisseur croît à la vitesse v_1 au fur et à mesure de la sédimentation.

La formation des sédiments

La sédimentation conduit, sur des temps géologiques, les ensembles de grains à former ces *roches sédimentaires** qui couvrent les trois quarts de la surface de la Terre. Les roches portent la trace des strates produites par la sédimentation ainsi que d'effets d'écoulements. Une fois séché, un sédiment est généralement peu compact ; on peut en faire l'expérience en s'enfonçant dans un fond de lac asséché. En effet, au cours de la formation du dépôt, le ralentissement de la chute des particules par la viscosité du liquide et les effets de lubrification quand celles-ci se rapprochent ne permettent pas aux grains de se réorganiser suffisamment pour atteindre une compacité élevée.

Les interactions chimiques

La compacité est encore plus faible s'il existe des interactions chimiques entre les particules. C'est le cas des particules colloïdales où des tout petits grains se collent l'un à l'autre, formant un objet fractal évoquant un flocon de neige aléatoire (figure 2-9). En sédimentant, les particules colloïdales, telles que celles qui composent une boue argileuse, entrent en contact par agitation thermique, et se collent. On obtient ainsi des flocons dont la vitesse de sédimentation croît avec leur taille. Le processus s'accélère jusqu'à ce que ces objets « pleins de vide » viennent en contact. Ils forment alors un filet très lâche, un *gel*. En mettant une concentration de 5 % d'une argile bentonite dans l'eau, la sédimentation s'arrête alors que seulement la moitié de la suspension s'est clarifiée. Ces 5 % remplissent alors la moitié du volume !

On peut évaluer l'importance de la physico-chimie en observant la viscosité d'une suspension de petits grains de silice ; leur faible taille est responsable de fortes attractions entre grains. Ces grains ont tendance à s'agréger, ce que contrarient les charges électriques de même signe à la surface des particules. En faisant varier l'acidité – le pH – de la solution, on fait varier ces charges. L'expérience d'*électrophorèse* permet de mesurer cet effet. On étudie la mobilité des particules soumises à un champ électrique. En milieu acide, nos particules de silice se déplacent dans le sens du champ, tandis qu'en milieu basique elles se déplacent en sens inverse. Entre les deux, il existe un *point isoélectrique* où l'effet de charge disparaît. La viscosité de ces suspensions présente un maximum autour de cette valeur de pH isoélectrique parce que, ne se repoussant plus l'une l'autre, les particules forment des gros paquets qui augmentent la viscosité.

Les effets de charge ne sont pas les seuls à créer des répulsions qui limitent l'agrégation de particules. La science et l'ingénierie des colloïdes reposent sur les traitements que l'on fait subir à des grains pour les recouvrir d'une couche qui les maintient séparés. Les recherches sur les polymères montrent comment recouvrir une surface solide par ces chaînes polymériques. Il suffit de penser aux différents types de chevelure : en brosse, crépue ou afro, emmêlée, étirée par un vent fort, pour penser à quelques-unes des organisations possibles de ces cheveux polymériques microscopiques qui maintiennent les grains à distance comme dans le cas des grains de carbone en suspension dans l'encre de Chine.

Des particules agitées

Dans la sédimentation, nous avons vu les particules tomber sous l'effet de leur propre poids dans un liquide au repos et interagir les unes avec les autres par l'écoulement qu'elles induisent dans leur chute. Qu'en est-il pour des ensembles de particules en l'absence de sédimentation ?

Les valses des particules

Commençons par une situation telle que leur poids puisse être négligé, en ajustant la densité du fluide dans lequel elles baignent. On pourrait aussi les étudier dans un satellite en apesanteur, ce qui serait nettement plus onéreux !

L'écoulement le plus classique est celui d'un *cisaillement simple** dont nous avons fait connaissance au chapitre 4. Plaçons un grain formé de petites billes collées à mi-distance de deux plaques de vitesses opposées séparées par un liquide (figure 12-6a). La vitesse du liquide dans le plan médian est nulle : le grain ne se déplace pas mais tourne sur lui-même à une vitesse angulaire donnée par la quantité γ, le taux de cisaillement. La rotation est due à la friction du liquide qui est de sens contraire sur les bords haut et bas du grain.

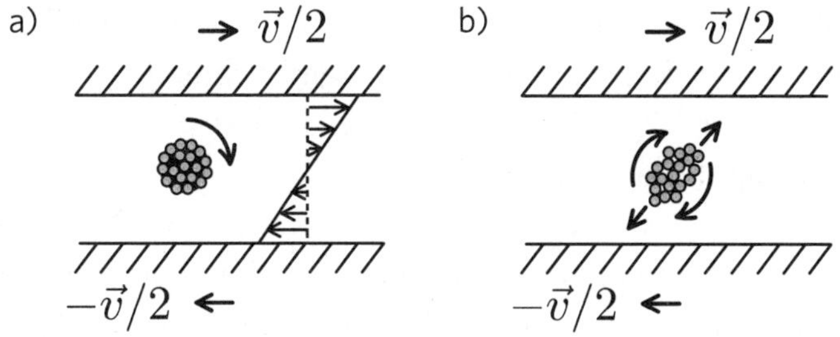

Figure 12-6. *Placé dans un cisaillement entre deux plaques parallèles se déplaçant à des vitesses opposées, un grain formé d'un ensemble de billes collées a) tourne sur lui-même avec une vitesse angulaire qui correspond au taux de cisaillement. b) Si les billes de ce même ensemble sont libres, le paquet s'allonge en biais par rapport à l'écoulement.*

Dans un écoulement de cisaillement simple, à cet effet de rotation en bloc se superpose un effet d'*élongation** : le liquide près de la paroi supérieure est entraîné vers la droite et celui de la paroi inférieure vers la gauche, ce qui étire en quelque sorte le liquide.

Faisons maintenant la même expérience avec un amas de petites billes sans la colle (figure 12-6b). Les billes continuent à tourner sur elles-mêmes et les unes autour des autres par suite de l'effet de rotation du liquide. Mais, par suite de l'élongation, elles changent de partenaires en attirant des nouveaux grains et en en perdant d'autres. Nous avons l'amorce d'un ballet dont le chorégraphe est la nature de l'écoulement.

La fluidisation

Au lieu de laisser chuter des grains dans un liquide au repos sous l'effet de leur poids, on imagine facilement le cas complémentaire de particules qui sont maintenues en lévitation par un jet de liquide ou de gaz dirigé de bas en haut. C'est le cas pour une balle de ping-pong flottant au sommet d'un jet d'eau. Si le frottement exercé par le fluide sur les particules équilibre l'effet du poids des particules, celles-ci restent suspendues. Lorsque la vitesse du fluide ascendant est suffisamment élevée, les mouvements des billes suspendues seront agités dans un écoulement turbulent. L'opération ainsi réalisée est la *fluidisation**, qui se produit pour des écoulements plus rapides que précédemment.

Partons d'une expérience modèle (figure 12-7). On place un ensemble de grains identiques au-dessus d'une grille assez fine pour les retenir et on injecte un fluide par en dessous. Tant que la

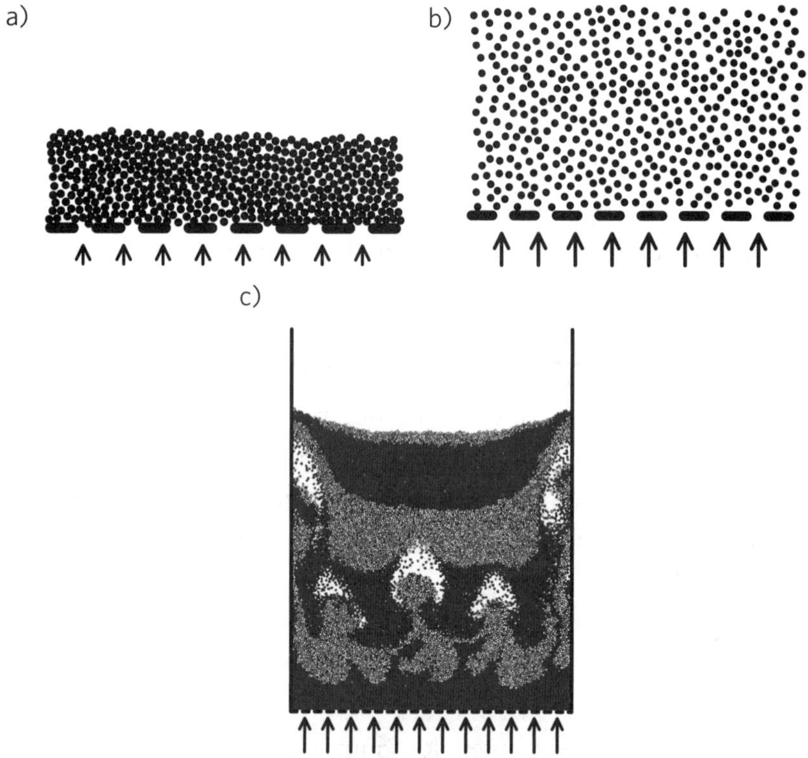

Figure 12-7. *a) Lorsque la vitesse du fluide ascendant est insuffisante, le fluide circule à travers le poreux des billes fixes. Au seuil de fluidisation, v_F, qui est de l'ordre de grandeur et opposé à la vitesse de sédimentation, le lit se soulève, b) le poids des billes étant équilibré par la friction qui tend à les soulever. Pour des plus grandes vitesses de fluidisation, le lit fluidisé est instable, c) avec des bulles de fluide qui montent à travers le lit, comme le montre la simulation (image S. McNamara).*

vitesse ascendante reste faible, l'ensemble des grains se comporte comme un filtre de grains fixes à travers lequel circule le fluide (figure 12-7a). Au-dessus d'un seuil de vitesse tel que la poussée du fluide équilibre le poids d'une particule, le lit de particules se soulève uniformément (figure 12-7b). On peut obtenir un lit stable juste au-dessus de la valeur du seuil de fluidisation, ce qui n'exclut pas que les grains soulevés soient en mouvement incessant les uns par rapport aux autres. Si l'on augmente encore la vitesse d'écoulement, les mouvements des particules deviennent erratiques. L'écoulement lui-même devient turbulent, et des bulles de fluide pur montent à travers le lit comme si on avait deux phases en présence – du fluide pur et du fluide contenant des grains (figure 12-7c). Le fluide pur est moins dense que le fluide chargé de particules, et le mouvement des bulles évoque un phénomène convectif où du liquide chaud et moins dense monte en « plumes thermiques » au milieu d'un liquide plus froid et dense. De telles instabilités sont très importantes si la fluidisation se fait avec un gaz, à cause de la grande différence de densité entre les grains solides et le fluide, et peuvent nuire au fonctionnement de colonnes industrielles qui nécessitent une bonne homogénéité du mélange.

Le lit fluidisé peut être considéré comme un nouvel état de la matière : il est à la fois peu dense et cohérent, mais sans forme propre. On l'utilise dans de nombreuses applications de génie industriel où l'on cherche à maintenir en contact actif de fins grains de matière et un fluide. On pourra, par exemple, faire réagir une fine poussière de charbon avec de l'air chaud en soulevant cette couche à l'aide d'un courant d'air ascendant. Les grains sont brassés et offrent une grande surface d'échange avec l'air, ce qui permet leur combustion efficace. Cela, indirectement, réduit les effets de la pollution atmosphérique produite par une combustion incomplète.

La viscosité d'une suspension

Comment la viscosité varie avec la concentration

Une méthode simple pour évaluer la viscosité d'un liquide consiste à mesurer le temps de chute d'une bille dans ce liquide : c'est le principe du viscosimètre à bille. D'autres types d'appareils sont fondés sur le principe du *cisaillement simple**, comme un cylindre tournant à l'intérieur d'un cylindre concentrique fixe, le viscosimètre de Couette. Dans des écoulements laminaires, il y a proportionnalité entre la vitesse de déplacement et les efforts subis : le rapport entre ces deux quantités donne la valeur de la viscosité de la suspension η_s.

La figure 12-8, qui montre l'augmentation de cette quantité avec la concentration de particules C, va guider notre discussion. Aux faibles valeurs de C, la viscosité augmente linéairement à partir de la valeur $\eta_s(0) = \eta$, viscosité du liquide pur, par suite de la friction visqueuse entre grains induite par le cisaillement. Cette variation devient plus rapide lorsque les grains se rapprochent. Mais il existe une nouvelle contribution due aux effets mécaniques entre les grains en contact. Tant qu'on utilise des liquides conventionnels,

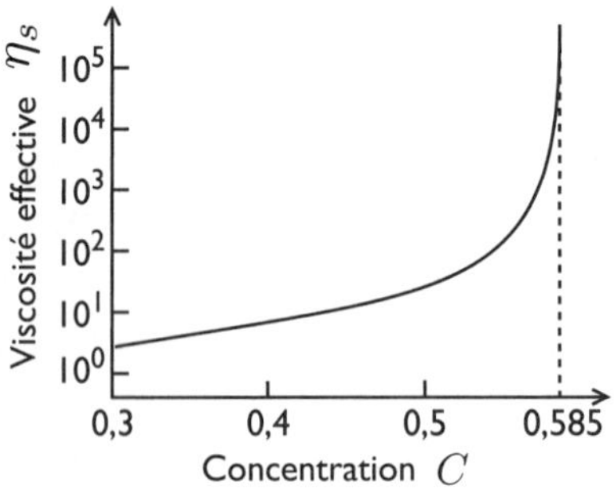

Figure 12-8. *La viscosité effective d'une suspension en fonction de sa concentration C.*

la valeur mesurée de la viscosité est la même quel que soit le type de viscosimètre, et c'est heureux ! Ce n'est toutefois plus le cas aux fortes concentrations, car l'arrangement des grains et, par suite, la dissipation d'énergie dans leurs déplacements dépend du type d'écoulement.

Une suspension diluée

Considérons un petit pourcentage de grains. La viscosité augmente par suite de la friction entre le fluide et les grains. Le résultat se résume dans une formule établie par Einstein alors qu'il s'intéressait au mouvement brownien. La viscosité d'une suspension diluée de particules de concentration C est égale à celle du liquide suspendant η multipliée par un coefficient supérieur à l'unité, fonction de la concentration : $\eta_s = \eta(1 + 2{,}5C)$. Ainsi, pour une concentration de grains en volume de 4 %, la viscosité de la suspension est de 10 % supérieure à celle du liquide pur. Remplacer un liquide pur par un liquide chargé de particules solides est donc une façon d'augmenter sa viscosité. Ce qui est remarquable dans ce résultat, c'est qu'il ne dépend pas de la taille des billes.

Aux fortes concentrations

La viscosité augmente de plus en plus vite avec la concentration de particules jusqu'à ce que les billes commencent à se toucher en formant un réseau de plus en plus dense de contacts. Comme dans un écoulement de grains secs (figure 8-1), les contraintes sont transmises par ce réseau des contacts entre particules, mais aussi par le fluide. Plaçons-nous dans une configuration à pression *P* contrôlée, comme dans le chapitre 8. Dans le cas sec, on avait comparé la force due à ce confinement par la pression *P* à celle résultant du cisaillement. Dans le cas humide, une nouvelle contribution des particules due à la viscosité doit être prise en compte.

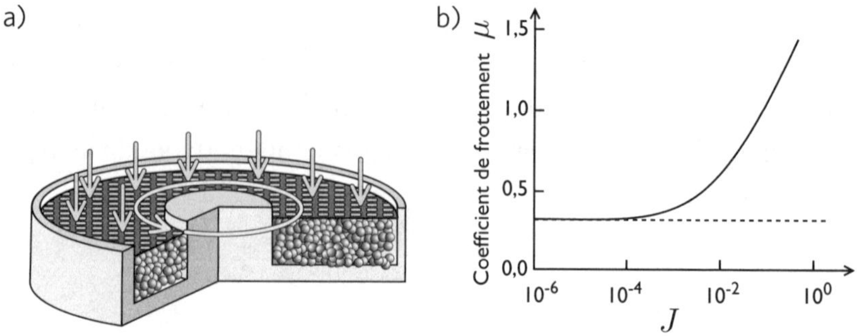

Figure 12-9. *a) Rhéomètre pour les suspensions à pression contrôlée : les grains immergés dans un liquide sont confinés entre deux cylindres fixes avec un couvercle poreux qui laisse passer le liquide (mais pas les grains) et est mis en rotation. Une pression est appliquée sur le couvercle et la suspension est cisaillée par la rotation du cylindre interne. b) Le coefficient de frottement μ de la suspension est mesuré en divisant la contrainte de cisaillement par la pression appliquée sur le couvercle. Cette courbe montre comment varie le frottement en fonction du nombre J, qui est le rapport entre la contrainte visqueuse exercée par le fluide sur les grains et la contrainte de confinement (voir l'encadré).*

Pour étudier l'écoulement à pression contrôlée, un nouveau *rhéomètre* a été mis au point à l'université Aix-Marseille (figure 12-9). Dans cet appareil de forme cylindrique, l'ensemble des grains est immergé dans un liquide et est confiné par une paroi poreuse qui peut se déplacer verticalement et qui laisse passer le liquide. Une pression de confinement est appliquée sur cette paroi mobile. Comme le liquide peut aisément traverser cette paroi, toute la pression exercée est supportée par les grains. La rotation de cette paroi autour de l'axe cisaille directement les grains de façon continue. Ce rhéomètre permet ainsi d'étudier la résistance de l'assemblage de grains au cisaillement en présence d'un liquide pour différentes valeurs de la pression de confinement et de la viscosité du liquide.

Le nombre visqueux

On a vu précédemment que la contrainte visqueuse est proportionnelle au produit de la viscosité η du fluide par le taux de cisaillement γ. Le rapport entre cette contrainte et la contrainte normale (pression) P est $J = \eta\gamma/P$. Ce nombre sans dimension, dit *nombre visqueux*, mesure l'importance relative des forces visqueuses par rapport à celles dues à la pression de confinement. Notons au passage que, dans un milieu granulaire sans confinement appliqué, la force induite par la pression doit être remplacée par le poids mg d'un grain. Comme la masse m varie comme le cube du rayon d'une particule, J varie comme l'inverse du rayon d'une particule et donc est d'autant plus faible que les grains sont gros.

La rhéologie de l'écoulement des grains est ainsi caractérisée par la façon dont le *coefficient de frottement effectif* μ et la concentration (ou compacité) C varient avec le nombre J. L'effet de J peut être étudié de deux points de vue différents.

• Du *point de vue des particules*, on se trouve dans une situation similaire à celle des écoulements secs. La rhéologie est cette fois contrôlée par le *nombre visqueux* J, tenant compte de la présence du fluide, au lieu du *nombre inertiel* I défini au chapitre 8. Lorsque J augmente (par une diminution de P, une augmentation de γ ou une diminution des tailles des grains) la friction μ augmente alors que la compacité C diminue, comme on le voit sur la figure 12-9b. La limite dense (forte concentration C) correspond à des faibles valeurs de J, c'est-à-dire des grandes valeurs de P ou des faibles valeurs de la viscosité du fluide. C'est la limite quasi-statique rencontrée au chapitre 8.

• Du *point de vue du fluide*, on contrôle la géométrie mais pas la pression. Dans un rhéomètre classique, la distance entre les plaques mobiles est fixe ainsi que le volume de la cellule. L'écoulement est caractérisé par sa viscosité η_s, et non plus par le frottement μ. En utilisant la définition de la viscosité effective

$\tau = \eta_s \gamma = \mu P$ et du *nombre visqueux* $J = \eta\gamma/P$, on trouve $\eta_s = \mu\eta/J$. Comme on le voit sur la courbe de la figure 12-8, l'augmentation rapide de la viscosité avant qu'elle ne diverge est un reflet du passage d'un état dominé par le fluide vers un état dominé par les contacts entre particules. Dans cette limite, l'encombrement est tel que les particules ne peuvent plus se déplacer les unes par rapport aux autres et forment un solide ; l'ensemble se bloque lorsque le volume est imposé et que sa compacité est proche de sa valeur critique.

Effets conjugués de la viscosité et de l'inertie des grains

Dans l'analyse qui précède, nous avons omis les effets inertiels, à la fois des grains et du fluide. Il s'agissait d'un régime *visqueux*. Si les effets inertiels des grains sont importants, comme c'est le cas dans les écoulements géologiques rapides, il faut prendre en compte aussi les forces inertielles des particules, et donc introduire à la fois le nombre inertiel I (chapitre 8) et le nombre visqueux J. Les travaux récents montrent que les effets inertiels et visqueux sont additifs : un écoulement inertiel de grains secs sur une pente, par exemple, ressemble à un écoulement visqueux de grains immergés dans un fluide. Pour mieux comprendre ce lien, il faut se rappeler que la viscosité d'un fluide résulte des mouvements erratiques des molécules. Lorsqu'on ajoute des grains agités à un fluide, on ne fait qu'augmenter la viscosité d'ensemble. Il existe une différence majeure cependant : les mouvements erratiques des molécules sont contrôlés par la température alors que ceux des grains sont contrôlés par le cisaillement et par la pression de confinement (ou les poids des grains).

L'inertie du fluide

L'inertie des grains ne signifie pas pour autant que le fluide aussi est dans un régime inertiel. Cette dernière caractéristique doit être évaluée par le *nombre de Reynolds** qu'il faut prendre en compte au côté des nombres *I* et *J* pour savoir si l'écoulement est turbulent. Nous avons dit le mot… *turbulence*, un des plus redoutables problèmes ouverts de la physique actuelle ! Des progrès considérables associant des expériences numériques nécessitant des ordinateurs très puissants et une expérimentation couplée à l'ordinateur permet une mesure très fine des champs de vitesse non stationnaires ; elle a amélioré notre compréhension des écoulements instables. En particulier, l'imagerie consistant à suivre simultanément les trajectoires de tout un ensemble de petites particules présentes dans un fluide en écoulement (ou PIV, *Particule Image Velocimetry*) permet d'avoir une carte en volume des vitesses instantanées d'un fluide. Cette technique a détrôné d'autres techniques d'anémométrie plus intrusives. Elle permet dans le même temps d'analyser des mouvements de particules.

Les écoulements mixtes grains-fluide examinés dans ce chapitre sont à *nombre de Reynolds** faible. Le cas de nombre de Reynolds élevé se rencontre souvent dans les sciences de la Terre : aux grandes échelles spatiales terrestres, les effets de viscosité d'un fluide sont secondaires devant l'inertie.

Les mouvements de petites particules diluées présentes dans un écoulement turbulent sont présents dans de nombreux exemples naturels. Face à la complexité de ce problème qui met en jeu simultanément la viscosité, l'inertie et le frottement, nous reviendrons à un modèle de type homogénéisation : à un niveau élémentaire, la présence de particules maintenues en suspension par la turbulence de l'écoulement et les collisions entre grains peut être décrite en termes d'une viscosité effective sans avoir recours à la structure interne du fluide.

Un exemple impressionnant est celui d'une tempête de sable. Elle se caractérise par un gros nuage de poussière s'avançant au niveau du sol, qui fait penser à une grande vague qui déferle. L'avancée du nuage est induite par la différence de densité entre l'air chargé de grains de sable qui prend la place de l'air non chargé et moins dense en avant du nuage. On peut simuler un tel courant de gravité en déposant au fond d'un récipient rempli d'eau une goutte épaisse de sirop sucré. Elle s'étale en occupant tout le fond. Un même mécanisme est à l'œuvre dans les *courants de turbidité* sous-marins où l'écoulement qui peut être induit par la pente des fonds est suffisant pour soulever des blocs de grande taille et provoquer une véritable avalanche.

*

* *

Ces derniers exemples marquent la limite que nous nous étions fixée pour cet ouvrage. Il convient de passer la main aux spécialistes des divers domaines dans les sciences de la Terre ou en technologie tout en espérant que notre présentation de base des milieux granulaires contribuera à éclaircir leurs études. Si l'on revient plusieurs décennies en amont, correspondant à un premier ouvrage sur le sujet ainsi que d'autres de physique et mécanique sur le thème, nous voyons que l'effort mené depuis a été très significatif et a contribué à faire passer de nombreuses données dans le camp des modèles scientifiques, avec un souci d'unification. Nous sommes confiants que l'effort collectif et la volonté de parvenir à des descriptions unifiées mais réalistes continueront à porter leurs fruits.

Conclusion

Ce livre a été inspiré par l'intérêt qu'a, de tout temps, suscité la matière en grains pour ses applications et pour les modèles qu'elle a permis d'élaborer dans d'autres disciplines. Nous avons la conviction que cette science des matériaux granulaires ne va pas cesser d'inspirer les inventeurs de demain et qu'elle constitue la clé de description d'une vaste classe de phénomènes, pourtant interprétables au regard d'un simple sac de billes ! Dans ses fameux cours, Richard Feynman, prix Nobel de physique, demandait à ses jeunes étudiants du California Institute of Technology ce qui résumerait au mieux notre connaissance du monde. Sa réponse : « La matière est faite d'atomes ! » Il illustre alors ce que ces atomes nous apprennent des états de la matière. Leur point commun avec les grains est, qu'en s'empilant, avec leurs propres lois d'interaction, les uns et les autres donnent naissance aux riches propriétés de la matière, en atomes d'une part et en grains de l'autre ; le dénominateur commun étant leur état d'empilement ou d'agencement.

Tout au long de ce livre, nous avons insisté sur le rôle joué par le désordre géométrique de l'assemblage de grains. Il ne s'agit pas d'un petit écart à l'ordre cristallin que l'on rencontre dans les matériaux solides à l'échelle atomique mais plutôt d'un « grand désordre », celui de voyageurs entassés dans un train à l'heure de pointe. On a vu que, au sein de ce désordre, apparaissent des comportements collectifs : des chaînes de force concentrent la transmission des contraintes sur un faible nombre de grains ; des microvoûtes se forment à la sortie d'un silo et en contrôlent le débit ; les orientations privilégiées des contacts entre particules confèrent un caractère anisotrope aux matériaux granulaires que l'on déforme. Leurs propriétés statiques ou en écoulement sont fondamentalement liées à ces structures internes qui leur permettent de s'adapter aux déformations et contraintes auxquelles ils sont soumis. Ce caractère « accommodant » plastique et maniable est au cœur de bien des applications industrielles de la matière en grains. C'est le même qui est à l'origine de la « magie » du sable de la plage, d'une pâte à modeler ou, encore, de ces pâtes « cinétiques » que l'on trouve dans les boutiques pour enfants et qui remplacent les traditionnels empilements de cubes par des constructions émergeant d'un désordre que l'on organise.

Peut-on supprimer ou affaiblir les chaînes de force pour favoriser l'écoulement des grains ? Peut-on renforcer l'édifice granulaire pour concevoir des matériaux plus légers, biodégradables, résistants et tenaces ? Comment contrôler la perméabilité des assemblages et leur surface spécifique pour la filtration ou la catalyse de nouvelles molécules ? Peut-on jouer sur la connectivité des grains pour maîtriser la conductivité thermique, électrique ou même la transmission d'onde ? Comment favoriser l'autoassemblage à l'origine de propriétés étonnantes comme dans les nanoparticules ? Ce sont tant de questions qui motivent aujourd'hui ce que l'on pourrait appeler l'« ingénierie des grains ». Par analogie avec le bâtisseur qui associe parpaings, pierres et autres éléments pour réaliser une architecture mûrement réfléchie, les grains doivent être choisis avec soin ou fabriqués pour s'associer en une « archi-texture » aux propriétés recherchées et qui tire parti de son désordre naturel. Cet élan vers la conception de métamatériaux ne fait que commencer.

La composition d'un matériau granulaire ne s'exprime pas qu'en termes d'espèces chimiques, il faut également préciser la distribution des tailles et des formes des grains et les forces induites par la présence de phases solide ou liquide modifiant les interactions au niveau des contacts. Les méthodes et procédés de préparation modifient la manière dont les grains sont empilés et s'assemblent. Dans ce vaste espace de possibilités, il n'est pas aisé de prédire les combinaisons optimales de paramètres pour obtenir les propriétés souhaitées. Les modèles théoriques et les outils d'imagerie et de mesure à haute résolution aident à définir des stratégies pour se rapprocher de textures idéales. Les imprimantes en 3 dimensions permettent de fabriquer des grains de différentes formes et tailles par une procédure d'additions successives de couches. Les traitements mécaniques, chimiques ou par plasma et la fonctionnalisation des surfaces aident à contrôler les interactions à petite échelle. Les propriétés de ces assemblages de grains de différentes compositions de mieux en mieux maîtrisées devront être étudiées d'une manière systématique et donneront sûrement lieu dans un avenir proche à des textures aux fonctions encore inédites.

Il faut enfin rappeler que, dans cette perspective, le grain occupe une place privilégiée entre deux échelles : l'échelle des interactions atomiques d'une part, et l'échelle d'un empilement de grains d'autre part. Les sciences des interactions moléculaires qui déterminent les propriétés de la matière constitutive du grain (physico-chimie) et celles qui gouvernent les empilements de grains (mécanique et physique) sont d'habitude étudiées dans des ouvrages différents. Dans ce livre, nous avons pris parti pour un rapprochement entre ces deux échelles. William Blake, dont nous avons cité le beau poème au premier chapitre de ce livre, décrit ce grain de sable comme le détenteur des secrets du monde. Sur un plan scientifique, ce double horizon s'ouvre à un grain à notre échelle tourné vers le monde atomique d'une part, et vers la matière en grains d'autre part. Cet horizon *multi-échelles* définit le décor qui accueillera très probablement les futurs développements et inventions autour des matériaux granulaires.

Un grain, c'est TOUT !

Glossaire

Agitation thermique. Elle est la manifestation du mouvement spontané et incessant de la température thermodynamique T, d'un système dilué de petites particules dites browniennes.

Aire spécifique. Surface totale offerte par unité de volume d'un matériau divisé ou poreux. Elle a pour mesure l'inverse d'une longueur. Cette longueur caractérise parfois l'échelle de taille des pores.

Anisotropie. Elle rend compte d'effets dépendant de la direction de l'espace.

Argile. Particules élémentaires de taille inférieure au micron et constituées de très fines plaquettes d'aluminosilicates.

Béton. Ce mot décrit l'assemblage de granules de tailles variées, d'un matériau qui les consolide et de composants qui peuvent renforcer ses propriétés mécaniques comme des fibres.

Brownien. Lié au comportement de particules suffisamment petites pour que l'agitation thermique soit importante.

Capillarité. Effet résultant de la cohésion superficielle d'un liquide et se manifestant par des forces en surface d'un liquide ou de son interface avec un solide.

Céramiques. Par cuisson de pâtes argileuses, et plus généralement de matériaux granulaires non métalliques, on obtient des structures solides.

Chaîne de force. Dans un milieu fait de grains libres en contact et soumis à une pression, les efforts de compression se manifestent de façon hétérogène en formant des chaînes désordonnées et continues.

Cisaillement. Déformation d'un solide ou d'un liquide contenu entre deux plaques parallèles soumises à un déplacement relatif. Deux modes sont accessibles suivant que l'on fixe la distance entre plaques ou une pression pour les maintenir séparées.

Cisaillement simple. En mécanique, effet d'un effort appliqué entre deux plans parallèles que l'on pousse dans des directions différentes, en conservant leur distance. Si l'espace entre les deux plans contient un solide, le cisaillement est un déplacement. Si c'est un liquide, ce sera un écoulement.

Coefficient de frottement. Lorsqu'on applique un mouvement de cisaillement entre deux surfaces de matériaux en contact, il existe une résistance au déplacement qui s'oppose (statique) ou freine (dynamique) le mouvement.

Coefficient de restitution. À la différence d'un gaz dont les chocs sont élastiques, dans un rebond entre deux grains solides seule une partie de l'énergie incidente est restituée. Le reste est dissipé en chaleur dans le choc.

Cohésion (c). Décrit la force qui maintient des particules soudées entre elles.

Colloïdes. Particules suffisamment petites pour que l'effet de l'agitation thermique y soit important. Elles peuvent être obtenues par voie chimique. La grande variété des organisations possibles est fonction des interactions électriques et physico-chimiques entre grains. Dans les *cristaux colloïdaux*, les interactions de répulsion entre grains chargés, généralement de même taille, conduisent à des organisations périodiques dans l'espace à l'échelle de quelques milliers d'angströms.

Compacité (C). Fraction de volume occupée par la phase solide d'un milieu granulaire.

Compacité critique. La valeur atteinte par la compacité d'un empilement après un cisaillement long dans la même direction.

Compression uniaxiale. Effet des forces de pression s'exerçant le long d'une direction donnée.

Consolidation. Création de soudures entre des grains solides.

Contact de Hertz. Décrit la déformation de deux sphères élastiques pressées l'une contre l'autre.

Contrainte. Mesure des efforts par unité de surface exercés sur un solide pour le déformer ou sur un liquide pour le faire s'écouler. La pression est une contrainte appliquée normalement à une surface.

Contrainte hydrostatique. La contrainte s'applique également dans toutes les directions.

Coordinence (z). Dans un réseau, nombre de proches voisins d'un site. Dans un empilement, nombre moyen de contacts par grain.

Courbure moyenne. La courbure moyenne est définie par la somme des inverses des rayons de courbure principaux (figure 9-3). Elle intervient dans les phénomènes capillaires présentés dans cet ouvrage.

Cristaux colloïdaux. Des particules chargées de silice de tailles micrométriques formant un réseau périodique.

Déformation. Modification des positions relatives des éléments d'un solide ou d'un liquide sous l'action de *contraintes* qui leur sont appliquées.

Darcy. Voir **Perméabilité**

Désordre (petit, grand). Le petit désordre s'applique lorsqu'une description en termes de moyenne permet de décrire les propriétés d'un matériau hétérogène. Le grand désordre correspond à des descriptions nécessitant un recours à des échelles multiples (comme dans la percolation).

Diffusion. Voir **Diffusivité**.

Diffusivité. Coefficient caractéristique du système physique étudié et traduisant l'étalement spontané d'un matériau à l'intérieur de l'autre, par exemple une goutte d'encre dans de l'eau ou sur papier buvard (voir **Mobilité**).

Dilatance. Un milieu granulaire compact soumis à un cisaillement augmente de volume pour permettre les mouvements relatifs des grains.

Dislocations. Défaut de position dans un empilement périodique, responsable de la disparition de l'ordre de position à grande distance. Les dislocations et les accumulations de dislocations dans les joints de grains permettent de rendre compte des propriétés mécaniques de solides usuels.

Écoulements laminaires. S'obtiennent pour des écoulements suffisamment lents, à petite échelle, et pour des fluides visqueux, et sont caractérisés par une faible valeur du *nombre de Reynolds*. Ces écoulements sont tels que le débit soit proportionnel aux pressions qui les sollicitent. Ils ne dépendent pas du temps, si les conditions de l'écoulement ne varient pas.

Écoulements turbulents. Aux nombres de Reynolds assez grands, les écoulements varient de façon imprévisible au cours du temps. On n'a rencontré que peu de tels écoulements dans ce livre, car les grains et les intervalles entre grains entre lesquels circule un fluide sont souvent faibles.

Effet de voûte. Les efforts s'exerçant sur une chaîne continue de grains formant une voûte et soulageant l'effet de pression en dessous de celle-ci.

Élasticité. Caractéristique d'un solide permettant d'établir une relation entre contraintes élastiques et déformations. Sous faible déformation, la contrainte est proportionnelle à la déformation (élasticité linéaire). À de plus fortes déformations, on observe des comportements non linéaires et irréversibles (plasticité, rupture).

Élongation. L'allongement d'un solide sollicité dans une direction et accompagné par une diminution de taille dans les autres directions.

Empilement apollonien. Empilement modèle multi-échelles de sphères tel qu'on puisse juste placer dans les vides d'une échelle de grains des grains de taille plus faible.

État critique. Pour un seuil d'un paramètre de contrôle d'un système physique (comme sa température) il se produit une transition de phase entre des états différents. Le comportement de ce matériau au voisinage du seuil possède des caractéristiques universelles indépendantes des détails du système. Dans un sol, on parle d'état critique quand on le cisaille à volume constant.

Expériences de coin de table. Expériences nécessitant un faible équipement, visant souvent à une représentation analogique d'un phénomène naturel et évitant le recours à l'effet « boîtes noires » des expériences usuelles. Elles visent à des résultats qualitatifs plus que quantitatifs.

Filtration. Un ensemble de techniques utilisées pour séparer des grains suivant des critères géométriques.

Fluidisation. Technique du génie des procédés consistant à maintenir des particules solides suspendues par un courant vertical ascendant liquide ou gazeux.

Fractals. Objets et structures géométriques dont la structure ne change pas, exactement ou en moyenne, lors d'un changement d'échelle. Les objets fractals sont caractérisés par une dimension fractale D_F non entière.

Frittage. Opération qui consiste à souder des grains entre eux pour obtenir un matériau cohérent. Le frittage peut se faire par apport de matière étrangère ou, plus fréquemment, sous l'effet de la chaleur.

Frittés. Matériaux solides cohérents obtenus par *frittage* à partir d'un empilement de grains par effet de température et de pression.

Gel. Structure solide généralement faible et facilement déformable, constitué d'un réseau moléculaire tridimensionnel dans un solvant. Les brins du réseau peuvent être des chaînes polymériques ou des grains mis bout à bout. Au seuil de gélation, obtenu pour une concentration critique de liens, on passe du *sol* au *gel*, ce qui se traduit par l'apparition d'un comportement élastique.

Grès. « Pierre de sable », obtenue par la soudure de grains de sable ou de silice. Il constitue la phase ultime d'un processus de sédimentation.

Homogénéisation. Dans des matériaux à petit désordre, on peut obtenir certaines propriétés à grande échelle à partir d'une étude moyenne sur un petit volume représentatif.

Imbibition et drainage. Ce sont les deux phases de remplissage ou de vidage d'un milieu poreux par un fluide mouillant les pores en présence d'un second fluide non mouillant.

Laplace (loi de). C'est la relation entre la différence de pression entre les deux faces d'une paroi liquide et sa courbure moyenne. Le coefficient de proportionnalité est sa tension superficielle.

Lubrification. Opération qui consiste à interposer un film fluide entre deux solides, de manière à diminuer le frottement entre eux.

Marche au hasard ou brownienne. C'est le mouvement spontané et aléatoire de petites particules qui est une manifestation de sa température absolue (T+ 273 degrés).

Matière molle. Décrit les propriétés rhéologiques de certains matériaux facilement déformables. Les polymères, gels, bulles de savon, suspensions et boues et par extension les milieux granulaires sont des exemples de matière molle.

Métamatériaux. Arrangement de grains à une échelle supérieure à celui des atomes d'un solide et dont les propriétés sont l'objct d'utilisations récentes avec les procédés d'impression en 3 dimensions.

Microscopie à force atomique (AFM). La mesure de la force entre une pointe très fine se promenant parallèlement à une surface permet de caractériser celle-ci à des échelles nanoscopiques.

Microscopique ; nanoscopique. S'applique à des systèmes ayant des tailles de l'ordre du micromètre ou du nanomètre.

Milieu saturé (non saturé). Milieu poreux rempli en totalité (ou partiellement) par une phase fluide telle que de l'eau.

Mobilité (m). Soumise à une force, une particule va se déplacer dans le sens imposé par cette force F, avec une vitesse v, proportionnelle à la force v = m F. Le coefficient m est la mobilité de la particule. La mobilité décrit l'aptitude de la particule à se déplacer dans un processus de diffusion.

Module élastique. En mécanique du solide, décrit la relation entre la déformation et la contrainte. Un faible coefficient d'élasticité veut dire un matériau facilement déformable.

Nombre inertiel. Nombre comparant les effets inertiels des grains en mouvement aux effets liés à la pression de confinement. Il joue un peu le même rôle que le nombre de Reynolds des écoulements fluides.

Nombre de Péclet (Pe). Nombre caractérisant l'efficacité relative des effets des écoulements et de la diffusion sur le transport. Aux petits nombres de Péclet, la diffusion moléculaire l'emporte.

Nombre de Reynolds (Re). Combinaison sans dimension de la viscosité, de la taille et de la vitesse dans un écoulement, caractérisant le domaine d'existence des régimes laminaires et turbulents. Une autre façon de définir le nombre de Reynolds est de dire qu'il mesure l'efficacité relative de la convection et de la diffusion pour la vitesse.

Opales. Empilements naturels compacts périodiques en volumes de grains de silice hydratée. Comme les distances caractéristiques de ce cristal de grains sont de l'ordre de la longueur d'onde de la lumière visible, il en résulte des réflexions sélectives de la lumière conduisant aux irisations qui font la valeur de ces bijoux.

Ordre à courte distance. Caractérise l'organisation locale d'éléments (disques, sphères) autour d'un élément central. Il existe généralement pour des empilements compacts désordonnés.

Ordre à grande distance. Caractérise l'existence d'ordre ou de corrélations en des points éloignés l'un de l'autre comme dans un cristal. Des défauts tels que les *dislocations* font perdre l'ordre à grande distance.

Pédologie. Étude de la science du sol (à distinguer de podologie faisant référence au pied !).

Percolation. Décrit la variation progressive de la connexité et des propriétés qui lui sont attachées dans un système établissant des contacts aléatoires. Le seuil de percolation correspond au pourcentage pour lequel un chemin continu apparaît pour la première fois. Pour un mélange de grains conducteurs et isolants géométriquement identiques, ce seuil correspond à une proportion de 30 % environ de billes conductrices.

Perméabilité (K) ou conductivité hydraulique. Propriété caractéristique d'un milieu poreux. L'unité pratique est le darcy, qui vaut un micron au carré. La loi de Darcy exprime que la perméabilité est le rapport entre le débit et la chute de pression convenablement normalisés.

Phénomène critique. Comportement autour d'un *point critique* de changement d'état comme dans le cas de l'apparition du magnétisme ou du point critique d'un fluide. Les propriétés du corps au voisinage de ce point ont des caractéristiques qui ne dépendent pas des détails locaux.

Photoélasticité. Permet l'étude d'un milieu solide transparent dont l'indice est fonction de la contrainte qui lui est appliquée. Placé entre polariseurs croisés, la lumière transmise rend compte de l'anisotropie des contraintes.

Plasticité. Sollicitée au-delà de la déformation *élastique* d'un solide, la déformation devient irréversible et la relation entre la contrainte et la déformation devient non linéaire.

Poiseuille (loi de). L'écoulement d'un fluide visqueux dans un tube cylindrique à faible nombre de Reynolds. L'effet de freinage au niveau des parois conduit à un débit qui varie comme le carré de la section.

Porosité (Φ). Complémentaire de la compacité C : $\Phi = 1 - C$.

Pression uniaxiale ; hydrostatique ; lithostatique. Force par unité de surface appliquée à un corps dans une direction unique ; de façon uniforme sur la surface de tout le corps ; en profondeur dans un sol.

Rhéologie. Science des écoulements de la matière. La célèbre expression *panta rei* (tout s'écoule) s'applique aux liquides, à la plasticité d'un solide, et aux différents modes de déformation de la *matière molle*.

Roche sédimentaire. Matériau résultant de la soudure, au cours du temps, d'un ensemble de grains (un grès par exemple).

Rupture. Stade ultime de la déformation d'un solide qui le sépare en plusieurs éléments. La *rupture fragile* se produit alors que l'on est encore dans le domaine de l'élasticité linéaire. La *rupture ductile* se produit au bout d'une phase de déformation plastique.

Sédimentation. Dépôt de grains au fond de la couche liquide où ils étaient en suspension.

Sphères dures (ou disques durs dans une géométrie plane). Modèle décrivant une interaction entre des particules qui se limite à leur impénétrabilité. Dans le cas contraire, on parle de *sphères molles*. Les modèles numériques et les simulations analogiques de sphères dures ou, moins souvent, molles, sont à la base d'une bonne partie de notre compréhension de la physique des gaz, des liquides… et de la matière en grains.

Stéréologie. Discipline qui permet d'obtenir à partir de coupes bidimensionnelles des propriétés d'objets dans l'espace, à condition que le système soit aléatoire et isotrope.

Stokes. Nom associé aux écoulements de fluides visqueux dans des conditions à faible *nombre de Reynolds*. Il caractérise en particulier la loi de chute d'une bille.

Surface spécifique. Voir **Aire spécifique**.

Synchrotron (lumière). Source de lumière très intense avec une large distribution continue de longueurs d'onde, émise à partir de la trajectoire courbe de particules dans un accélérateur de ces particules.

Tension superficielle (interfaciale). Force par unité de longueur ou, ce qui revient au même, énergie par unité de surface rendant compte de la cohésion d'une surface libre ou d'une interface entre deux corps.

Tomographie. Analyse des propriétés géométriques moyennes en volume d'un matériau hétérogène à partir de coupes. Voir **Stéréologie**.

Transitions de phases. La plupart des substances peuvent exister sous différents états physiques. Une transition de phase correspond au passage de l'une à l'autre. C'est, par exemple, le cas de l'eau qui passe de l'état solide à l'état liquide quand on élève la température (cette température de fusion est de 0 °C à la pression atmosphérique).

Tribologie. Science des contacts et du frottement. Cette science classique connaît des développements actuels importants associant les études microscopiques et multi-échelles des surfaces solides et la physico-chimie des interfaces. En ce sens, la tribologie peut être rangée dans le champ d'étude de la matière molle.

Van der Waals. Physicien hollandais dont la thèse, datant de bien plus d'un siècle, est à la base de notre compréhension des états physiques des corps purs. L'*interaction de Van der Waals* caractérise la force entre des ensembles d'atomes et est d'origine électrique. Pour deux grains sphériques, la force croît proportionnellement à leur taille et en raison inverse de leur séparation. En pratique, les interactions de Van der Waals deviennent importantes pour des grains de taille inférieure au micron.

Viscosité. Grandeur qui traduit la résistance d'un fluide à l'écoulement. Cette résistance résulte de forces de frottement au sein du fluide, qui sont à l'origine de processus dissipatifs qui transforment en chaleur une partie de l'énergie mécanique fournie au fluide.

Volume élémentaire représentatif. Au-delà d'un certain volume autour d'un grain, les propriétés moyennes ne dépendent plus du volume sur lequel elles sont évaluées.

Bibliographie

www.matiereengrains.fr

Références générales

É. Guyon et J.-P. Troadec, *Du sac de billes au tas de sable*, Odile Jacob, 1994.

L. Fontaine et R. Anger, *Bâtir en terre*, Belin, 2009.

J. Duran, *Sables émouvants*, Belin, 2003.

B. Andreotti, Y. Forterre et O. Pouliquen, *Les Milieux granulaires. Entre fluide et solide*, EDP sciences, 2011.

Préface

Terre Loire. Kôichi Kurita à Chambord, Yannick Mercoyrol (commissaire de l'exposition), catalogue édité par le Domaine national de Chambord, octobre 2016.

Terres de Paris. De la matière au matériau, Alexandre Labasse (directeur général du Pavillon de l'Arsenal), Paul-Emmanuel Loiret et Serge Joly (architectes), catalogue édité par les Éditions du Pavillon de l'Arsenal, octobre 2016.

Chapitre 1

C. Allègre, *De la pierre à l'étoile*, Fayard, 1985.

M. Mattauer, *Ce que disent les pierres*, Belin, 1998.

J. Lapaire et P. Miéville, *Le Sable et ses mystères*, BRGM éditions, 2012.

D. Louapre, *Mais qui a attrapé le bison de Higgs ?*, Flammarion, 2016.

Chapitre 2

A. Prost, *La Terre : 50 expériences pour découvrir notre planète*, Belin, 2001.

Chapitre 3

A. Guinier et R. Jullien, *La Matière à l'état solide. Des supraconducteurs aux superalliages*, Hachette-CNRS, 1987.

B. Cabane et S. Hénon, *Liquides, solutions, dispersions, émulsions et gels*, Belin, 2003.

Chapitre 5

P.-G. de Gennes, F. Brochard et D. Quéré, *Gouttes, bulles, perles et ondes*, Belin, 2002.

Chapitre 6

E. Falcon et B. Castaing, « L'effet Branly continu », *Bulletin SFP*, 2005, 148, p. 9-12.

D. Bideau, É. Guyon, J.-P. Hulin, *La Matière en désordre*, EDP sciences, 2014.

Chapitre 7

F. Radjai, « La double vie du sable », *La Recherche*, 1997, 304, p. 44.

J. Kerisel, *Pierres et hommes*, Presses Ponts et Chaussées, 2005.

Chapitre 10

R. Anger, L. Fontaine, H. Houben et H. Van Damme, « Construire avec des grains », *Graines de science*, 8, Le Pommier, 2007.

Chapitre 11

É. Guyon, J.-P. Hulin et L. Petit, *Hydrodynamique physique*, EDP sciences, 2014 (3e édition), chapitre 8.

H. Van Damme, « La terre, un béton d'argile », *Pour la science*, 2013, 423.

Chapitre 12

P. Coussot, H. Van Damme et C. Ancey, « Des solides coulants », *Pour la science*, 2000, 273.

Index

Remerciements

Nous dédions cet ouvrage à la mémoire du mathématicien montpelliérain Jean Jacques Moreau, récemment disparu. Reconnus internationalement, les outils numériques qu'il a mis au point à partir de ses travaux sur la mécanique non régulière (en particulier, la méthode de dynamique des contacts), ont ouvert un nouveau champ d'expérimentation virtuelle. Il a partagé avec nous sa science des milieux granulaires avec pédagogie et disponibilité.

Nos remerciements vont d'abord à nos collègues de travail à Montpellier, Paris ou Boston. C'est par le contact et les échanges quotidiens informels que s'élaborent ou se testent des idées, se partagent des informations, avant une lecture d'article, de participation à un séminaire ou un congrès.

Henri Van Damme nous a éclairés de sa vaste culture en physicochimie et en science des matériaux. Nous lui sommes reconnaissants d'avoir bien voulu préfacer ce livre.

Nous sommes reconnaissants plus particulièrement à Romain Anger et Lætitia Fontaine, Émilien Azéma, Philippe Claudin, Éric Clément, Jean-Claude Daniel, Jean-Pierre Hulin, Olivier Pouliquen, Jean Rajchenbach, Vincent Richefeu, Thierry Ruiz, Paul Shuhmacher, Alfredo Taboada, Vincent Topin, Anthony

Wachs… et tous les collègues qui nous ont conseillés ou fourni des documents que nous présentons ici. Merci à Nicolas Witkowski pour ses conseils éditoriaux.

Ce livre a bénéficié d'une lecture attentive de Joseph et Marie-Claude et de Marie-Yvonne, Sonia et Nourieh qui nous ont accompagnés au long de ce travail.

Crédits photos

Les figures et illustrations ont été réalisées par les auteurs du livre à l'exception de celles listées ci-dessous.

Figure 1-3. Photographie Alfredo Taboada, Géosciences Montpellier, université de Montpellier.

Figure 2-6. Photographie Rémy Guadagnin, Jeunesse préhistorique et géologique de France (JPGF).

Figure 2-8. Micrographie Thierry Ruiz, Laboratoire IATE Montpellier, et Didier Cot, Institut européen des membranes, Montpellier.

Figure 2-9. Micrographie D. Weitz, Harvard University, États-Unis.

Figure 2-10. E. K. Jessberger, Institut für Planetologie, Westfälische Wilhelms-Universität, Heidelberg.

Figure 3-1c. Crédit photo T. Wittermans.

Figure 3-2. Courtoisie Knut W. Urban, Institute of Solid State Research, Jülich, Allemagne.

Figure 3-8. Crédit photo A. Imhof, Debye Institute, Utrecht University, Pays-Bas.

Figure 3-9. Cliché G. Meille, *Sac de billes*, Odile Jacob.

Figure 3-11. Courtoisie Jérome Lagoute, Laboratoire matériaux et phénomènes quantiques, CNRS, université Paris-Diderot.

Figure 3-13b. Image réalisée avec le logiciel Neper de Romain Quey, CNRS, École des mines de Saint-Étienne.

Figure 3-14. Courtoisie D. V. Stäger et H. J. Herrmann, ETH Zurich, Suisse.

Figure 4-1. Courtoisie M. Cloitre et C. Allain, ESPCI ParisTech.

Figure 4-2. Crédit photo Karola Dierichs, ICD Aggregate Pavilion 2015, Institute for Computational Design, University of Stuttgart.

Figure 4-3. Courtoisie P. Chaikin, Princeton University, États-Unis.

Figure 4-5. Simulation E. Azéma, Laboratoire de mécanique et génie civil, université de Montpellier.

Figure 4-9. Droit Réservé, document O. Pouliquen, CNRS, Institut universitaire des systèmes thermiques industriels, université d'Aix-Marseille.

Figure 5-7. Courtoisie J. Rajchenbach, Laboratoire de physique de la matière condensée, université de Nice-Sophia-Antipolis.

Figure 7-1. Crédit photo R. Behringer, Duke University, États-Unis.

Figure 7-2a. Simulation C. Voivret, Laboratoire de mécanique et génie civil, université de Montpellier.

Figure 7-2b. Simulation D. H. Nguyen, Laboratoire de mécanique et génie civil, université de Montpellier.

Figure 7-6. Simulation J.-J. Moreau, Laboratoire de mécanique et génie civil, université de Montpellier.

Figure 7-7. Crédit photo L. Vanel et É. Clément, Laboratoire de physique et mécanique des milieux hétérogènes, ESPCI ParisTech.

Figure 8-3. Courtoisie R. Behringer, Duke University, États-Unis.

Figure 9-11. Crédit photo R. Anger et L. Fontaine.

Figure 9-12. Crédit photo R. Zwart, Rotterdam, Pays-Bas.

Figure 9-13. Crédit photo J. Barès et S. Mora, Laboratoire de mécanique et génie civil, université de Montpellier.

Figure 10-2b. Crédit photo L. Olmos et D. Bouvard, Institut national polytechnique de Grenoble.

Figure 10-3. Crédit photo L. Olmos et D. Bouvard, Institut national polytechnique de Grenoble.

Figure 10-5. Micrographie M. Regourd et H. Van Damme, ESPCI ParisTech.

Figure 10-6. Micrographie E. Chichti et V. Lullien-Pellerin, Laboratoire IATE Montpellier.

Figure 10-8. Simulation V. Topin, Laboratoire de mécanique et génie civil, université de Montpellier.

Figure 11-2. Figure adaptée de Technical Review Schlumberger.

Figure 11-6. Document J.-P. Hulin.

Figure 11-7. Simulations N. S. Martys, National Institute of Standards and Technology, Gaithersburg, États-Unis.

Figure 11-9. Document P. A. Scholle, American Association of Petroleum Geologists.

Figure 12-1. Courtoisie S. Gominet, Institut des risques majeurs, Grenoble.

Figure 12-7b. Simulation S. McNamara, Institut de physique de Rennes, université Rennes-I.

Table

Du même auteur
Étienne Guyon

Du sac de billes au tas de sable, avec Jean-Paul Troadec, Odile Jacob, 1994.

Granites et fumées. Un peu d'ordre dans le mélange, avec Jean-Pierre Hulin, Odile Jacob, 1997.

Ce que disent les fluides, avec Jean-Pierre Hulin, Belin, 2005.

Matière et matériaux : de quoi est fait le monde ?, Belin, 2010.